农林剩余物
高值化利用

High-value Utilization of Agricultural
and Forestry Residues

武建新 宋晓文 编著

化学工业出版社

·北京·

内容简介

本书系统梳理了农林剩余物的资源现状、分布特点、理化性质及其主要成分的结构与特性，以及常见的高值化利用方式，并着重介绍了利用农林剩余物制备的无黏结剂板材、纸浆模塑包装材料、菌丝体复合材料、生物炭材料及其他功能性复合材料，对材料的制备、表征与性能调控行了详细阐述，并介绍了工业化制备的流程和参数。

本书理论与实践相结合，基础研究与技术应用并重，可供材料科学、环境科学、农业工程及林业领域的研究人员参考使用。

图书在版编目（CIP）数据

农林剩余物高值化利用 / 武建新，宋晓文编著. --
北京 ： 化学工业出版社，2025. 10. -- ISBN 978-7-122-
48839-8

Ⅰ．X7

中国国家版本馆CIP数据核字第20254KC662号

责任编辑：韩霄翠　　　　　　　　　　装帧设计：王晓宇
责任校对：李雨晴

出版发行：化学工业出版社（北京市东城区青年湖南街 13 号　邮政编码 100011）
印　　装：北京天宇星印刷厂
710mm×1000mm　1/16　印张 14½　字数 267 千字　2025 年 10 月北京第 1 版第 1 次印刷

购书咨询：010-64518888　　　　　　　售后服务：010-64518899
网　　址：http://www.cip.com.cn
凡购买本书，如有缺损质量问题，本社销售中心负责调换。

定　　价：148.00元　　　　　　　　　　版权所有　违者必究

　　全球人口增长与经济发展加剧了资源消耗与生态保护矛盾，农业和林业产生的秸秆等农林剩余物"量大面广"，兼具"用则利、弃则害"的特性。受技术、成本及回收体系制约，我国近半数农林剩余物未被高值化利用，传统处理方式引发的污染与资源浪费，已成为农业绿色转型和生态文明建设的瓶颈。同时，全球面临化石资源萎缩及气候、环境问题倒逼产业转型的双重压力，寻找绿色替代资源已成共识。农林剩余物富含天然高分子成分，是优质可再生资源，其碳中性特征在绿色能源与生物基材料领域前景广阔。因此，通过科技将其转化为高附加值产品，实现"变废为宝"与"节能减排"，是相关领域前沿课题，也是推动农业可持续发展、助力"双碳"目标的现实需求。

　　本书正是在此背景下产生。全书系统梳理了农林剩余物的资源现状、分布特点、理化性质及其主要成分的结构与特性，以及常见的高值化利用方式，并着重介绍了利用农林剩余物制备的无黏结剂板材、纸浆模塑包装材料、菌丝体复合材料、生物炭材料及其他功能性复合材料。从制备工艺的优化，到产品性能的表征，再到实际应用流程，都进行了细致入微的阐述，为相关领域的科研工作者、工程师和企业决策者提供了极具价值的参考依据。本书内容力求理论与实践相结合，基础研究与技术应用并重。全书由武建新、宋晓文共同撰写，其中武建新负责第1章、第4章、第6章、第8章，宋晓文负责第2章、第3章、第5章、第7章，本书正式编写历时一年多。感谢杜乐、何聪、任杰、赵漪、陈硕业等硕士研究生对本书相关具体实验的验证工作。

　　本书是在内蒙古自治区科技计划项目和内蒙古高等教育研究项目研究成果的基础上编写。在此对内蒙古自治区科学技术厅、教育厅和内蒙古工业大学表示衷心的感谢。感谢化学工业出版社编辑的辛勤付出。

　　由于本书内容涉及多学科的交叉，书中难免有疏漏，诚恳地希望读者批评、指正。

编著者

2025 年 7 月

目录

CONTENTS

第 **3** 章　农林剩余物制备无黏结剂板材　　　　　　　　054

第7章 农林剩余物制备功能性复合材料   186

第8章 农林剩余高值化利用的未来发展方向   217

第**1**章

农林剩余物资源概述

农林剩余物资源是农业和林业生产过程中产生的副产品，包括各种作物的秸秆、果蔬废弃物、木材加工废料、树皮、枝叶等。这些剩余物数量庞大，种类繁多，在各个生产环节中都会产生。随着农业和林业产业的不断发展，农林剩余物的产量逐年增加，成为资源循环利用、环境保护和绿色经济发展的重要基础。

农林剩余物大多数具有较高的有机物质含量，如纤维素、木质素、蛋白质等成分，具有较大的资源利用潜力。它们的高值化利用不仅有助于减少资源浪费，降低环境污染，还能转化为能源、肥料、饲料、新型材料等高附加值产品。因此，农林剩余物的有效利用对于实现资源的循环利用、推动绿色经济、促进农业现代化和林业产业升级具有重要的战略意义。

随着科技进步，农林剩余物的高值化利用技术逐步成熟，从简单的堆肥、燃烧到生物质气化、发酵转化等高效利用方式的应用，不仅提高了剩余物的利用效率，还促进了相关产业的技术创新和可持续发展。未来，农林剩余物资源的科学管理和高效利用将为我国的绿色发展、能源安全、农业转型及环境保护做出重要贡献。

1.1 农林剩余物的定义、成分及理化特点

1.1.1 农林剩余物的定义

农林剩余物是指在农业和林业生产、加工、利用等过程中产生的，未被作为主要产品收获或利用，而以副产品、废弃物、边角料等形式存在的有机或无机物质。这些剩余物通常来源广泛，包括种植、养殖、采伐、加工、储存、运输等各个环节，涵盖农作物秸秆、果蔬废弃物、畜禽粪便、林木枝丫、树皮、锯末等不同类型。

农林剩余物因其来源和性质的不同，可能具有不同的物理状态和形态，既可以是固体，如木屑、稻壳；也可以是液体，如畜禽养殖废水；还可能表现为气体，如农业生产过程中释放的有机废气。图 1-1 所示为农业剩余物。尽管农林剩余物在传统生产过程中往往被视为废弃物，但实际上，它们具有较大的再利用价值，能够通过多种方式进行资源化利用，如饲料化、肥料化、能源化、基料化等，提高农业和林业的综合效益，减少环境污染，实现资源的高效循环利用。

在不同的应用背景下，农林剩余物的具体定义可能有所不同，例如，在生物质能源开发中，农林剩余物主要指可用于燃料或发酵产气的生物质资源，而在农业生态循环系统中，农林剩余物则更强调其作为有机肥料或土壤改良剂的功能。因此，农林剩余物的定义需要结合具体的产业背景、技术条件和政策导向来理解和应用。

(a) 农作物秸秆   (b) 畜禽养殖废水

图 1-1　农业剩余物

1.1.2　农林剩余物的主要成分

农林剩余物的成分复杂多样，主要由有机成分（如纤维素、半纤维素、木质素、可溶性糖类和淀粉、蛋白质及其衍生物、脂类和油脂化合物等）和无机成分（如钾、硅等矿物质及水分）构成。这些成分的种类、比例差异显著，直接影响其在能源生产、饲料加工、土壤改良等领域的资源化路径。只有深入剖析其成分特性，选择适配的技术手段，才能优化利用效率并提升环境效益。

（1）纤维素、半纤维素和木质素

纤维素、半纤维素和木质素是农林剩余物中最主要的有机成分，尤其在秸秆、木材加工废料、树皮、枝丫等生物质资源中含量较高。纤维素是由葡萄糖单元组成的长链多糖，具有较强的稳定性，是植物细胞壁的主要组成部分。半纤维素相较于纤维素更易分解，它是一类由多种糖单元（如木糖、阿拉伯糖、甘露糖等）组成的杂多糖，在不同植物中的含量和组成比例有所不同。木质素是一种复杂的芳香族高分子化合物，主要起到支撑植物结构、增强抗病性和提高耐腐蚀性的作用，其含量通常随着植物种类的不同而变化，如图 1-2 所示。例如，禾本科作物的秸秆纤维素含量较高，而阔叶树木的木质素含量则相对较高。这些成分的存在决定了农林剩余物的物理化学特性，如耐腐性、热值、可降解性等，也影响其后续的资源化利用方式，如生物质能源转化、饲料利用或造纸制浆等工艺。

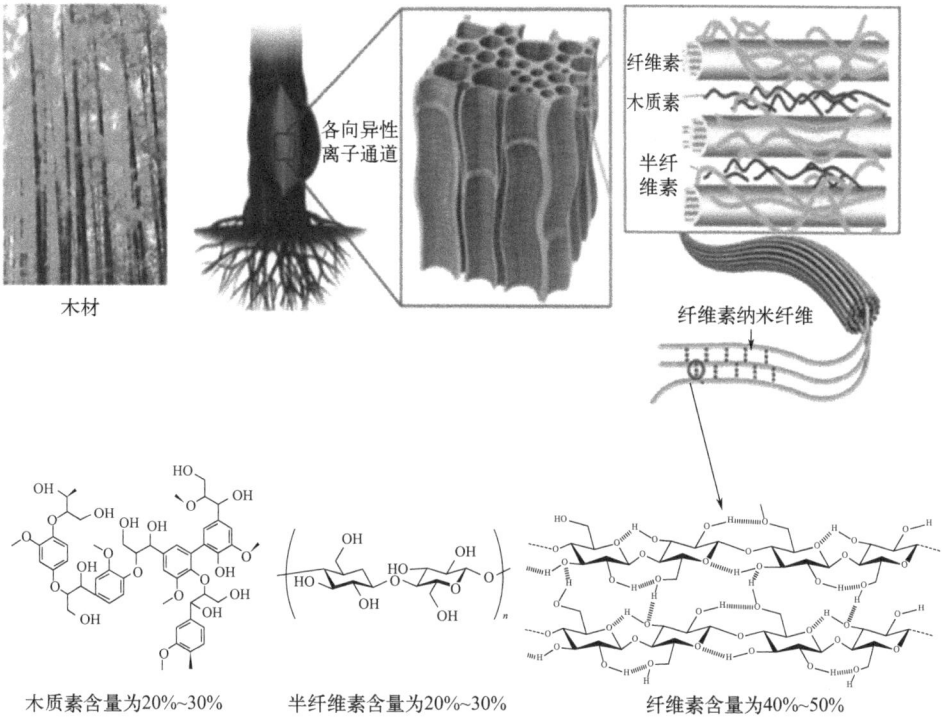

木材

各向异性离子通道

纤维素
木质素
半纤维素

纤维素纳米纤维

木质素含量为20%~30%　　　　半纤维素含量为20%~30%　　　　纤维素含量为40%~50%

图 1-2　木材中的纤维素、半纤维素、木质素

（2）可溶性糖类和淀粉

农林剩余物中通常含有一定量的可溶性糖类和淀粉，特别是在水果加工废弃物（果皮、果渣）、甘蔗渣、薯类加工残渣等物质中含量较为丰富。可溶性糖类主要包括葡萄糖、果糖、蔗糖等，它们能够较快地被微生物降解利用，因此在厌氧发酵、堆肥以及饲料发酵过程中具有重要作用。淀粉作为一种高聚合度的碳水化合物，在谷物秸秆、薯类加工剩余物中占据较高比例，常用于酿酒、发酵制乙醇或作为牲畜饲料的成分之一。这类成分的含量受农作物种类、成熟度、加工工艺等因素的影响，在农产品加工副产物中的比例通常较高，决定了其适宜的资源化利用方向，如糖化、发酵或饲料化等。

（3）蛋白质及其衍生物

在部分农林剩余物中，蛋白质含量较高，例如豆科作物秸秆、油菜籽粕、酒糟、动物源农林剩余物（如屠宰场废弃物）等。蛋白质的成分主要包括多种氨基酸，其含量和质量对农林剩余物的利用价值有着重要影响。例如，豆粕、菜籽粕、棉籽粕等因蛋白质含量丰富，常被用于饲料原料，而酒糟由于含有酵母菌体蛋白，在畜禽饲养中也具有较高的营养价值，如图 1-3 所示。此外，在某些微生物发酵过程中，蛋白质可以分解为氨基酸、胺类或其他小分子有机物，为微生物生长提供氮源。这些蛋白质成分在农林剩余物的肥料化、饲料化以及生物炼制等领域都有广泛的应用价值。

图 1-3　农林剩余物的肥料化、饲料化

（4）脂类和油脂化合物

部分农林剩余物含有较高的油脂类化合物，如油料作物的压榨残渣（花生饼粕、芝麻饼粕、大豆油渣等）、餐厨废弃物、果皮及果核等。这些物质的主要成分包括甘油三酯、脂肪酸及其酯类衍生物，在不同的原料中含量有所差异。例如，油棕废弃物（如棕榈仁粕）含有丰富的脂肪酸，适合用于生物柴油生产；某些果核（如橄榄核、杏仁壳）则含有较高比例的不饱和脂肪酸，具有较高的经济价值。农林剩余物中的油脂成分不仅可用于生物燃料生产，还可作为动物饲料、化工原料等被进一步开发利用，如图 1-4 所示。

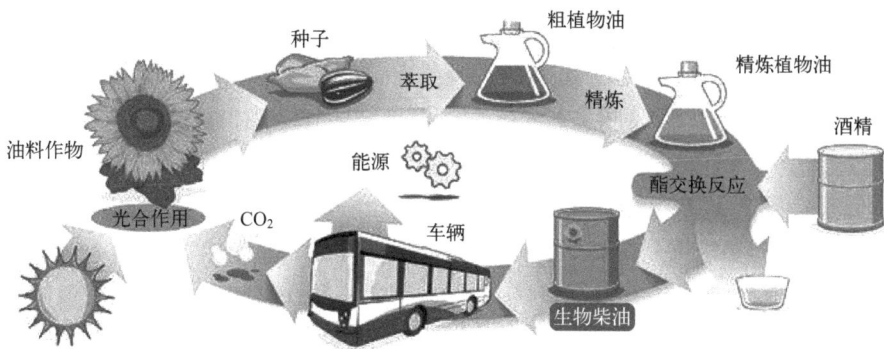

图 1-4　油脂类化合物材料利用循环

（5）矿物质和无机成分

农林剩余物中通常含有一定量的矿物质和无机成分，如钾、磷、钙、镁、硅等元素，具体含量与农作物的种类、土壤条件、施肥情况以及加工工艺等因素密切相关。例如，稻壳中含有较高比例的硅，而玉米秸秆和甘蔗渣则富含钾和钙。这些无机成分在生物质燃烧过程中可能形成灰分，影响其燃烧特性，并可能在高温下产生结渣问题，影响燃烧设备的运行。但另一方面，这些矿物质成分也具有资源化利用的潜力，如在生物炭制备过程中形成富含钾磷的土壤改良剂，或作为农业有机肥的重要成分回归农田，提高土壤肥力，如图 1-5 所示。此外，在某些特殊工艺中，如生物质气化、热解等，这些无机成分可能会影响催化剂的活性或产物的质量，因此在农林剩余物的加工利用中需要综合考虑其矿物质成分的影响。

图 1-5　农林剩余物还田

（6）水分和其他挥发性成分

农林剩余物的含水率因其来源、种类和存储方式的不同而存在较大差异。例如，刚采收的农作物秸秆、果蔬废弃物、屠宰废弃物等通常含有较高的水分，而经过一定时间存放的干燥木材加工废料、稻壳等则含水率较低。含水率的高低直接影响其储存稳定性、运输成本以及资源化利用方式，如高含水率的有机废弃物更适用于厌氧发酵或堆肥，而低水分的农林剩余物则更适合直接燃烧或热解。此外，一些农林剩余物中可能含有挥发性有机物，如某些植物释放的芳香族化合物、生物发酵产生的醇类、酯类等，这些成分在某些特定应用场景下可能具有附加价值，如可提取精油、发酵生产生物醇类等，如图 1-6所示。

图 1-6　农林剩余物提取精油

综上所述，农林剩余物的成分组成复杂多样，涵盖纤维素、糖类、蛋白质、油脂等有机物，以及矿物质、水分等无机物。这些成分的含量和性质决定了农林剩余物在能源、饲料、肥料、材料等不同领域的应用潜力，同时也影响其存储、运输和加工的方式。在农林剩余物的高效利用过程中，需要根据其成分特性采取合适的处理技术，以实现资源的最大化利用和环境效益的优化。

1.1.3　农林剩余物的物理化学特点

（1）密度与孔隙率特性

农林剩余物的密度通常较低，尤其是农作物秸秆、锯末、树皮等松散轻质材料，其堆积密度往往在 $100 \sim 300kg/m^3$ 之间。这种低密度特性使其在储存和运输过程中占据较大体积，导致运输成本较高，存储管理难度较大。由于其天然的多孔结构，农林剩余物通常具有较高的孔隙率，使其在吸湿性、透气性和生物降解性方面表现出独特的优势。例如，木材加工剩余物中的锯末和刨花孔隙率较大，能够吸收大量水分或其他液体，因此在生物质发酵、堆肥或作为吸附材料时具有良好的应用价值。然而，孔隙率较高也可能导致堆积过程中易燃、易受潮变质等问题，因此在储存和利用过程中需要采取合适的密度调节措施，如压缩成型（如生物质颗粒燃料）或混合其他材料以改善其物理稳定性。

（2）含水率及吸湿性

农林剩余物的含水率受原料种类、收获季节、存储方式等因素影响较大，一般分为高水分（如果蔬废弃物、畜禽粪便）、中水分（如玉米秸秆、甘蔗渣）和低水分（如稻壳、干燥木屑）三类。由于其主要成分为木质纤维素等亲水性物质，大多数农林剩余物具有较强的吸湿性，容易从空气中吸收水分，在潮湿环境下容易霉变、腐败，影响后续利用。尤其是在高温高湿环境中，微生物会迅速繁殖，导致有机物的分解，产生臭味或释放有害气体。因此，在储存和加工过程中，通常需要采取干燥、密封或其他防潮措施，以延长农林剩余物的保存时间，提高其利用效率。

（3）可燃性及热值

许多农林剩余物（如秸秆、树皮、锯末、果壳等）具有良好的可燃性，其热值通常在 $12 \sim 20MJ/kg$ 之间，与褐煤相当，因而具有较高的生物质能源利用价值。其可燃性主要由组成决定，例如，纤维素和半纤维素含量高的材料易燃，木质素含量高的材料燃烧缓慢且热值较高。并且农林剩余物的燃烧特性也受到灰分含量和挥发分的影响，如稻壳的灰分较高，可能会在燃烧过程中形成结渣，影响燃烧设备的效率。因此，在能源利用过程中，常需要通过加工处理（如造粒、炭化、气化等）来提高其燃烧性能，并降低燃烧残渣对环境的影响。

（4）化学成分的稳定性与降解性

农林剩余物的化学稳定性主要由纤维素、半纤维素和木质素的比例决定，其中纤维素和半纤维素较易被微生物分解，而木质素因其复杂的芳香结构较难降解。例如，秸秆类农林剩余物因半纤维素含量较高，相对容易在堆肥或厌氧发酵过程中降解，释放甲烷或作为有机肥的腐殖质。而木材类剩余物因木质素含量较高，通常更难降解，因此常被用于生物炭、燃料或化工原料的生产。对于不同类型的农林剩余物，其化学降解特性决定了它们适合的处理方式，如高木质素材料适用于热解或燃烧，而高半纤维素材料更适合生物降解或饲料利用。

农林剩余物的化学组成可以分为主要成分和少量成分两部分。主要成分是构成细胞壁和胞间层的物质，是植物生长过程中直接参与的成分。这些主要成分在所有植物材料中广泛且大量存在，包括非农林剩余物中，其总量可达到90%或更高。相对而言，抽提物虽然有时也会沉积在细胞壁中，但大多数情况下存在于细胞腔或特殊组织中，与植物的生理作用直接或间接相关。抽提物的含量因植物种类而异，有些成分仅在特定植物中发现。

农林剩余物的化学成分如图1-7所示，将其作为特定化合物进行定量分离是有一定难度的。通常将纤维素和半纤维素合并称为综纤维素，这是一种高聚糖。

① 纤维素　纤维素在农林剩余物中约占50%，是一种不溶于水的简单聚糖。它是由D-葡萄糖单元通过β-1,4-糖苷键连接形成的链状高分子化合物，具有独特的X射线衍射图谱。纤维素的分子式可以用（GH）$_n$表示，其中"GH"代表葡萄糖基，"n"代表聚合度。在天然状态下的棉、麻和木纤维素中，聚合度"n"接近10000。

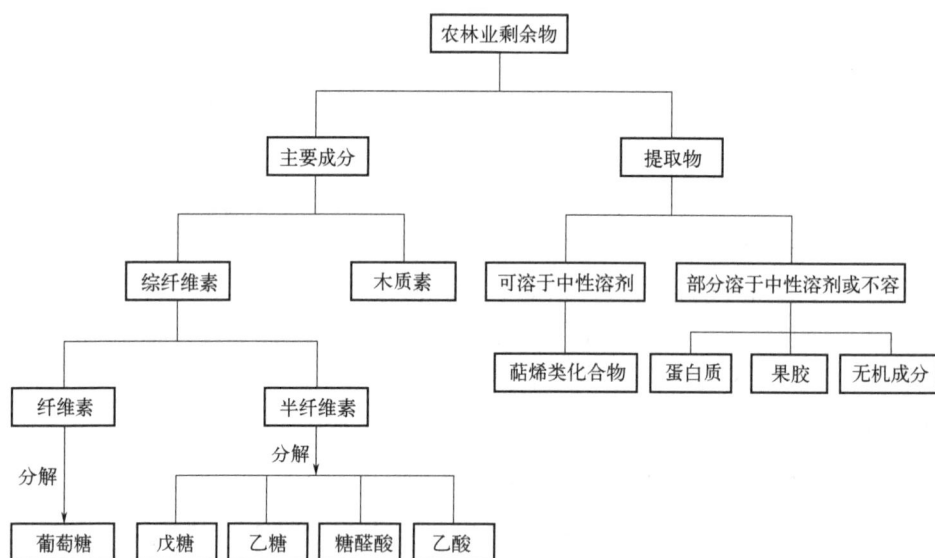

图1-7　农林剩余物的化学成分

纤维素由许多不同长度的巨分子链组成微纤丝，而细胞壁的骨架则是由这些微纤丝以不同角度缠绕而成。关于微纤丝的具体结构和尺寸，目前尚有不同说法。比较公认的两种结构理论认为，微纤丝内的纤维素巨分子链并不是杂乱无章地纠缠在一起，而是以不同程度的规律性排列。排列紧密的区域显示出晶体特征，称为结晶区；排列较为松散的区域则称为无定形区。据测量，构成针叶材最基本的微纤丝直径约为 3.5nm，其中结晶部分约占整个体积的 70%。纤维素巨分子链之所以能够有序排列，是因为其上自由羟基之间的距离在 0.25 ～ 0.3nm 时可以形成氢键。分子链间氢键的存在对纤维素的吸湿性、溶解度、反应能力等都有显著影响。

纤维素是一种白色、无臭、无味、各向异性的高分子物质，密度在 1.52 ～ 1.56g/cm³ 之间，比热容约为 0.32J/(kg·K)。根据分子链主价键能计算，纤维素的理论拉伸强度可达 8×10^8Pa，但天然纤维素中强度最高的亚麻，其拉伸强度仅为 1.1×10^8Pa。这是因为纤维素的破坏主要是由于分子链之间的相互滑动引起的，因此其强度主要取决于分子链之间的结合力。结晶度越高，定向性越好，纤维素的强度越大。此外，当分子链的聚合度在 700 以下时，随着聚合度的增加，强度显著提高；当聚合度在 200 以下时，纤维素几乎丧失强度。纤维素的无定形区存在大量的游离羟基，这些羟基具有吸湿性，能够吸引极性水分子并形成氢键。因此，纤维素的无定形区具有吸湿性，而结晶区则没有。吸湿性的大小与空气的湿度有关，湿度越高，纤维素无定形区越大，吸湿量越多。纤维素吸湿、吸水后会产生膨胀，无定形区原有的少量氢键会破裂，产生新的游离羟基，与水分子形成新的氢键，有时还能形成多层吸附。这些吸附的水称为结合水。当吸附水量达到饱和后，水就不能再与纤维素产生结合力，这些水成为游离水（自由水）。纤维素无定形区占的百分比越大，则结合水越多。吸湿性大，会影响制品的物理力学性能，因此在选用原料和制定工艺时要从多方面考虑。

根据纤维素的化学结构，可以了解其化学性质。在人造板中，最常见的反应是降解反应。降解是指通过物理、化学或物理化学方法使高分子化合物的尺寸减小、聚合度降低的现象。纤维素的降解类型很多，主要包括水解（有酸性和碱性之分）、氧化降解、热降解等。在人造板生产过程中，经常发生的两种降解是酸性水解和热降解。

酸性水解是指纤维素在酸性条件下，其 β-1,4-糖苷键断裂，发生水解反应。水解后，纤维素的聚合度降低，还原能力增强，吸湿性提高，但力学性能下降。在高温蒸煮原料时，纤维素会经历酸性水解降解，酸性主要来源于纤维素自身分解产生的有机酸（如甲酸、乙酸），这些有机酸起到催化作用。

热降解是指高分子物质在受热时聚合度降低的过程。纤维素的热降解程度与温度、作用时间、介质中的水分和氧气含量密切相关。加热时间越长，降解越严重。氧气对热降解速度的影响很大，例如，在空气中加热至 140℃ 以上时，纤维素的聚合度显著下降；而在相同温度的惰性气体中加热，聚合度下降速度则明显减缓。这表明，纤维素在空气中加热时，首先发生氧化反应，然后才是分解。水分可以缓解热对纤维素的破坏作用，例如，在热和水同时作用下，即使温度达到150℃，纤维素的变化也不大，只有当温度超过150℃时才开始脱水。纤维素对酸或碱的耐受性比半纤维素更强。木材纤维素的降解反应主要发生在纤维板生产中的纤维分离阶段和人造板的热压阶段。

② 半纤维素　半纤维素是农林剩余物中占20%～30%的非纤维素多糖类物质，大部分可溶于碱。它也被称为戊聚糖，是除纤维素以外的所有非纤维素碳水化合物的总称（少量果胶质和淀粉除外）。通过水解方法，半纤维素可以分解为D-木糖、L-阿拉伯糖等戊糖，以及D-甘露糖、D-半乳糖和D-葡萄糖等己糖，还有D-葡糖醛酸和D-半乳糖醛酸等糖醛酸。这些糖类在构成半纤维素时，并不是由单一糖类组成的均聚物，例如葡甘露聚糖和4-O-甲基葡糖醛酸基木聚糖等。半纤维素的分子链通常带有支链和侧链，主分子链的聚合度约为200。不同来源的农林剩余物的半纤维素具有不同的化学结构，且半纤维素没有结晶区，属于无定形物质。

由于其结构特点，半纤维素的吸湿性和润胀能力比纤维素更强，这有助于提高原料的塑性和人造板的强度。然而，半纤维素含量过高可能会对人造板制品的耐水性和尺寸稳定性产生不利影响。各种半纤维素在水和碱液中的溶解度与其结构的分枝度（即支链上的糖基数与主链聚合度之比）有关，对于同一溶剂，分枝度较高的聚糖溶解度更大。

半纤维素分子链中含有多种糖基和不同的连接方式，其中一些可以被酸溶解，一些可以被碱破坏，因此半纤维素的抗降解能力比纤维素弱。在人造板生产过程中，任何涉及水和热的工序都可能引发不同程度的半纤维素降解反应。

③ 木质素　木质素在农林剩余物中占20%～30%的比例。它与半纤维素共同构成植物纤维中的结合物质，存在于细胞间层和细胞壁的微纤丝之间。木质素的一部分与半纤维素有化学连接。作为一种复杂的芳香族物质，木质素属于天然高分子聚合物，其分子量较大，范围在800～10000之间。木质素的基本单元是苯丙烷，这些取代的苯丙烷单元通过碳-碳键和醚键结合在一起，形成高分子芳香族物质，大部分不溶于有机溶剂。木质素的结构中含有甲氧基、羟基、羰基、烯醛基和烯醇基等官能团。原木中的木质素通常呈白色或浅黄色，而分离出来的木质素则具有较深的颜色。木质素与某些试剂会发生特殊的颜色反应，这种反应可用于判断木质素的存在。

木质素是一种热塑性物质，由于其无定形的特性，没有固定的熔点。不同来源的农林剩余物的木质素其软化温度和熔点也不同，熔点最低为140～150℃，最高为170～180℃。木质素的软化温度与含水率密切相关。分离木质素的玻璃化转变温度因树种、分离方法、相对分子质量等因素而异，绝干试样的玻璃化转变温度在 127 ～ 235℃，但在吸水润胀时则降低至 72 ～ 128℃。这是因为水起到了木质素的增塑剂作用，降低了其玻璃化转变温度。木质素的热塑性是制定人造板生产工艺条件的重要依据之一，在纤维分离时，其塑性提高可降低能耗；在热压时，其塑性提高可改善板坯的可压缩性能，对湿法纤维板的成板胶接起着重要作用。

木质素的结构中含有多种化学官能团，因此化学活性较高，可以发生氧化、酯化、甲基化、氢化等多种反应，还可以与酚、醇、酸及碱等物质反应。这些特性对人造板的制造与改性研究具有重要意义。在人造板生产过程中，木质素主要在受水热作用时发生水解，处理温度越高、时间越长，木材各组分的水解越严重。

在农林剩余物的主要成分中，木质素的抗水解降解能力最强，纤维素次之，半纤维素最弱。水热作用能够激活木质素的降解，在持续的热作用下，木质素又能重新缩合。例如，在纤维原料蒸煮时，木质素的自缩合反应从 130℃开始。此后，降解与缩合两个相反方向的反应同时进行。在 140 ～ 160℃时，木质素的缩合反应加速。水对木质素的缩合反应速度有显著影响。当有水存在时，高温下降解的碳水化合物溶于水，使活化的降解木质素暴露出来，并促进其相互接触而缩合。在无水状态下，覆盖在木质素表面的降解碳水化合物起到隔离作用，阻碍了缩合反应的进行，因此木质素的降解速度比有水存在时更大。这就是高温下水对木质素的保护作用。木质素降解产物和碳水化合物的降解产物与木质素相似，因此这类物质被称为假木质素或类木质素。

④ 其他化合物　农林剩余物中的化学成分非常复杂，除了主要成分纤维素、半纤维素和木质素之外，还包括多种其他化合物，这些化合物对剩余物的性质和应用有着重要影响。

a.脂肪族化合物　脂肪族化合物包括烃类、醛类、醇类和脂肪酸等。脂肪酸主要分布在木射线的薄壁组织中，且在边材中的分布比心材更为丰富。由于在制浆造纸过程中可能导致树脂障碍，脂肪酸受到了关注。部分脂肪酸以高级醇的酯类形式存在。草酸通常以钙盐的形式存在。

b.芳香族化合物　在抽提物中，芳香族化合物种类繁多，包括苯酚类、二苯乙烯类、香豆素类、色酮类、黄酮类、鞣质类、醌类、卓酚酮类和木酚素类等。这些芳香族化合物因其对木材颜色的影响以及在亚硫酸盐法制浆过程中难以蒸解的特性而受到关注。

c.萜烯类化合物　通常情况下，针叶材中的萜烯类化合物无论是在数量还是种类上都比阔叶材丰富。萜烯类化合物在木材利用过程中会产生多种影响。例如，在制浆造纸过程中可能导致树脂障碍，在制造胶合板时可能引起胶接缺陷等问题。

d. 含氮化合物　农林剩余物中都含有 0.05% ～ 0.4% 的氮，主要来源于细胞原生质中的蛋白质。除了蛋白质外，不同树种中还可能含有微量的氨基酸和各种生物碱。

e. 无机成分　农林剩余物中的灰分含量一般为 0.3% ～ 1.0%，某些热带木材的灰分含量有时会超过 1%。灰分的主要成分是钙，而某些澳大利亚产木材则富含铝和硅。

针叶材与阔叶材相比，针叶材的木质素含量较高，而阔叶材中半纤维素含量较高，两者在纤维素含量上的差异较小。

在同一树种中，树干与树枝的化学组分存在显著差异，主要体现在两个方面：树干的纤维素含量高于树枝，而树枝的热水抽提物含量高于树干。以枝材为原料生产的刨花板和纤维板，在生产过程中应注意这些差异，因为它们不仅影响原料的利用率，还会影响产品的质量。

树皮的化学组分与树干木质部的化学组分有很大不同。树皮中热水抽提物含量较高，而纤维素和半纤维素含量较少，木质素含量则变化较大。纤维原料中树皮含量较高时，会导致板材性能变差，如强度下降、吸水率高、板面色泽不均匀，从而影响制品的使用范围。

f. 抽提物与酸碱缓冲量　农林剩余物的抽提物是指除纤维素、半纤维素和木质素以外，通过中性溶剂（如水、乙醇、苯、乙醚、水蒸气或稀酸、稀碱溶液）抽提出来的物质的总称。抽提物的含量因树种、树龄、树干部位和生长立地条件的不同而有所差异，一般心材的抽提物含量高于边材。抽提物不仅决定了原料的性质，还是制定人造板生产工艺的重要依据之一，它不仅影响制品的质量，有些还会对设备造成腐蚀。

农林剩余物的酸碱缓冲量是原料重要的化学性质之一，包括细胞腔和细胞壁中物质经水抽提后得到的抽提液的 pH 值、总游离酸含量以及酸碱缓冲容量等方面的性质。

农林剩余物的 pH 值反映了其水溶性物质的酸碱程度。研究和测试结果表明，世界上绝大多数木材呈弱酸性，只有少数木材呈弱碱性，通常 pH 值在 4.0 ～ 6.1 之间。这是因为木材中含有乙酸、蚁酸、树脂酸等酸性物质。此外，在储存过程中，酸性物质的含量会逐渐增加，在干燥过程中，半纤维素的乙酰基水解会生成游离乙酸，从而呈现弱酸性反应。

（5）灰分及矿物质含量

农林剩余物中通常含有一定量的灰分，其含量和成分因来源不同而变化。例如，稻壳、甘蔗渣、玉米秸秆等灰分较高，其中富含硅、钾、钙等矿物元素，而木质类废弃物的灰分较低，燃烧后残渣较少。灰分的存在不仅影响生物质的燃烧特性，还在某些应用领域具有利用价值，如生物炭的生产可以提高土壤肥力，而高硅灰分可用于制造耐火材料或吸附剂。在燃烧或热解过程中，灰分成分的不同还可能影响炉渣的形成与排放，因此在能源利用过程中需要控制灰分含量，以减少设备结焦和污染物排放。

(6) C/N比及营养元素含量

农林剩余物的碳氮比（C/N比）是衡量其适用于堆肥、厌氧发酵或饲料化利用的重要指标。一般来说，秸秆类农林剩余物的C/N比较高（50～100∶1），不利于微生物的快速分解，而畜禽粪便、豆粕等富含氮的有机废弃物C/N比较低（10～20∶1），容易被微生物降解。在堆肥过程中，合理调整C/N比（通常为25～35∶1）有助于促进有机物的分解，提高堆肥效率。此外，农林剩余物中还富含多种营养元素，如钾、磷、钙等，这些成分可以通过有机肥或土壤改良剂的形式回归农田，提升农业生产的可持续性。

(7) 挥发性有机化合物及气味

部分农林剩余物在分解或加工过程中会释放挥发性有机化合物（VOCs），如醇类、酯类、酚类等，这些化合物可能带有芳香气味或不良气味。例如，果渣、酒糟等在厌氧发酵过程中会释放醇类和醛类物质，带有发酵的香味，而畜禽粪便在分解过程中可能释放氨气、硫化氢等恶臭气体，影响环境质量。在某些应用领域，如精油提取、香料制造等，这些挥发性成分可被提取和利用，而在环境管理和废弃物处理过程中，则需要采取适当的控制措施，如通风、密封存储或化学中和等。

综上所述，农林剩余物的物理化学特点决定了其在不同领域的利用方式和价值。密度低、吸湿性强、易降解、可燃性高等特点使其适合能源、饲料、肥料等多种用途；灰分成分、C/N比、矿物元素等则影响其在农业循环利用和土壤改良中的作用。在具体利用过程中，需要结合不同农林剩余物的特性，采用适当的处理技术，以实现资源的高效化和环境影响的最小化。

1.2　中国农林剩余物资源及分布

1.2.1　中国农林剩余物资源

中国的农业和林业生产规模庞大，农林剩余物的种类和数量也非常丰富。随着农林产业的快速发展和结构调整，农林剩余物不仅在数量上呈现逐年增长的趋势，而且其成分、结构和应用潜力也越来越被重视。这些剩余物既是农业生产的副产品，也是重要的再生资源，具有很高的利用价值。根据其来源不同，农林剩余物可以分为多种类型，包括农作物剩余物、林业剩余物、畜牧业废弃物、林下经济产品的废弃物等。

（1）农作物剩余物

农作物剩余物是中国农业生产中的主要农林剩余物，种类繁多，涵盖了各类作物的秸秆、果实废弃物、种子外壳等。随着农业的种植规模扩大，这些剩余物的数量呈逐年增加的趋势，特别是在粮食生产、油料作物、棉花和糖料作物的种植中，农作物剩余物的产生量巨大。

① 秸秆类剩余物　秸秆是指农作物收获后，植物的茎、叶、根部等部分，它们通常被视为农业生产中的废弃物。中国的主要秸秆类剩余物包括稻秆、小麦秸秆、玉米秸秆、大豆秸秆、甘蔗渣等，如图1-8所示。这些秸秆具有丰富的纤维素、半纤维素和木质素等成分，尤其在稻麦、玉米、棉花等主要农作物的种植地区，秸秆的产量庞大，成为一种重要的资源。秸秆作为一种农业剩余物，既可以通过燃烧、堆肥、还田等方式进行回收利用，也可以通过气化、发酵等技术转化为生物质能源。

(a) 甘蔗渣　　　　　　　　　　　(b) 小麦秸秆

图 1-8　秸秆类剩余物

② 果蔬废弃物　随着中国水果和蔬菜种植业的快速发展，大量的果蔬废弃物成为了农业生产中的重要剩余物。这些废弃物包括未成熟或过熟的水果、腐烂的蔬菜、果皮、果核、果梗等，如图1-9所示。果蔬废弃物富含糖类、纤维素、矿物质等营养成分，可以通过堆肥、发酵等方法转化为有机肥料，或者用于提取果汁、天然香料等产品。同时，这些废弃物的能源化潜力也很大，特别是在生物质气化和生物质燃料生产中有着重要应用。

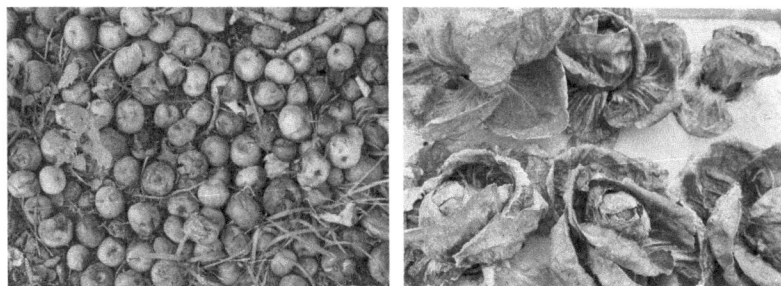

(a) 过熟的水果　　　　　　　　　　　(b) 腐烂的蔬菜

图 1-9　果蔬废弃物

③ 种子外壳和副产品　中国的油料作物如大豆、花生、油菜等的种植广泛，其产生的种子外壳、果壳及榨油后的副产品（如花生壳、菜籽粕、大豆粕等）也属于农作物剩余物的一部分。这些副产品富含蛋白质、脂肪和纤维等成分，可以作为饲料、肥料和生物质能源的原料。此外，菜籽粕、大豆粕等在制备过程中还富含丰富的营养成分，是农牧业中重要的饲料资源。

（2）林业剩余物

随着中国林业的快速发展，林业剩余物的种类和数量也在不断增加。林业剩余物通常来源于木材的采伐、加工以及森林的管理和维护。这些剩余物包括树木的枝叶、树皮、树根、锯末等，它们不仅在木材生产中占有一定比例，也成为了重要的能源和资源化利用对象。

① 木材加工废料　在木材加工过程中，产生大量的废料，如锯末、木屑、刨花、木片、树皮等。这些废料中大部分富含木质素、纤维素等有机成分，具有较高的能源价值，可以作为燃料用于生物质发电，也可以通过生物炭制备、造纸、木质板材加工等方式进行再利用。尤其在一些木材加工业发达的地区，木材加工废料的再利用已经成为产业链中不可忽视的一部分。

② 林下废弃物　林业生产中还会产生一些林下废弃物，如枯枝、落叶、林草等。这些林下废弃物通常富含有机质，可以通过堆肥、覆盖还田等方式提高土壤肥力，促进森林生态系统的健康发展。同时，随着现代化林业管理的推进，林下废弃物也被逐渐用作生物质燃料或通过生物化学技术转化为其他化工产品。

③ 林木枝叶及树皮　林木枝叶和树皮是林业生产中常见的剩余物。尤其在森林采伐后，大量的树枝和树皮被丢弃或作为废料处理，这些废弃物具有较高的木质素和纤维素含量，是重要的生物质能源原料之一，如图 1-10 所示。树皮和枝叶也可以作为有机肥料，或者通过热解、气化等工艺转化为生物能源。

(a) 森林采伐后的枝叶   (b) 森林采伐后的树皮

图 1-10　林业废弃物

（3）畜牧业废弃物

中国作为世界上最大的畜牧业生产国之一，畜牧业废弃物的种类和数量也在逐年增长。畜牧业废弃物主要包括畜禽粪便、尿液、饲料残渣等，它们不仅在农业和生态环境中有着重要的影响，也在农业循环利用和资源化方面具有巨大的潜力。

① 畜禽粪便　畜禽粪便是中国畜牧业中最为常见的废弃物之一，主要来源于猪、牛、羊、鸡等家畜和家禽。畜禽粪便富含有机质、氮、磷、钾等元素，常被用作有机肥料。然而，随着规模化养殖业的兴起，畜禽粪便的处理和利用成为一个重要的环境问题。有效的处理方式包括堆肥、厌氧发酵、沼气利用等，这些方式不仅能减少对环境的污染，还能回收其中的营养成分，提高农业土壤肥力。

② 饲料残渣与废弃物　在养殖过程中，动物饲料的剩余部分也属于重要的畜牧业废弃物。尤其是一些蛋白质含量较高的废弃饲料，如豆粕、玉米残渣等，不仅富含蛋白质和氨基酸，可以作为饲料资源继续利用，还可以用于生物发酵、堆肥等技术的开发，转化为高效的有机肥料，如图 1-11 所示。

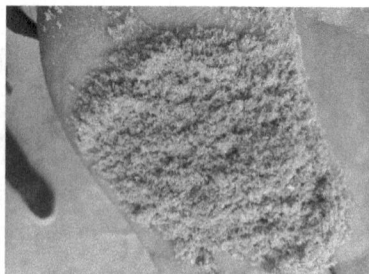

(a) 畜禽粪便   (b) 废弃饲料

图 1-11　畜牧业废弃物

（4）林下经济废弃物

中国的林下经济随着绿色发展战略的推进，也在快速发展，林下经济产品包括中药材、食用菌、森林果实等。然而，在这一过程中，也会产生大量的废弃物，这些废弃物有着较大的资源利用价值。

① 中药材残余　林下种植的中药材在采收过程中，会产生大量的废料，如药材根、茎、叶、花等部分。这些残余物含有丰富的植物活性成分，可以通过提取或发酵等方式进一步加工利用，获得天然药物或有机肥料。

② 食用菌废弃物　食用菌的种植也产生了大量的废弃物，如菌棒、菌袋等。这些废弃物富含有机物，可以经过发酵、堆肥等处理后，用作有机肥料或土壤改良剂，提高土地的肥力，如图 1-12 所示。

(a) 中药材残余　　　　　　　　　(b) 食用菌废弃物

图 1-12　林下经济废弃物

综上所述，剩余物资源种类丰富，涵盖了农业、林业、畜牧业和林下经济等多个领域。这些剩余物不仅占据了农业生产中的较大份额，也是生态农业和可持续发展的重要组成部分。随着资源化利用技术的不断发展，农林剩余物的高效回收和综合利用正成为推动中国绿色发展、实现循环经济的重要路径。

1.2.2　中国农林剩余物资源分布及特点

中国是一个农业大国，广袤的土地、丰富的气候条件以及多样的作物种植使得农林剩余物的种类、数量和分布呈现出区域性和季节性的特点。随着现代农业和林业的蓬勃发展，农林剩余物的产量逐年增加，这些剩余物不仅是资源循环利用的重要原料，也是推动绿色发展的重要组成部分。下面，我们将从农业和林业生物质资源的分布、特点以及产量等方面进行详细描述。

（1）农业生物质资源分布及特点

农业生物质资源是指在农业生产过程中产生的各类有机废弃物，主要包括秸秆、果蔬废弃物、作物副产品等。这些资源在中国的分布具有明显的地区差异，不同作物的生长环境、气候条件以及生产方式等因素都会影响其数量和质量。

① 秸秆类剩余物的分布和特点 中国秸秆类生物质资源的产量十分庞大，根据统计数据，稻秆、小麦秸秆、玉米秸秆等是主要的农作物剩余物。

a. 稻秆 稻米是中国的主粮之一，特别是在长江流域、华南和东北地区，稻谷的种植面积极为广泛。稻秆是稻谷生产的主要剩余物之一，尤其在南方稻田中，稻秆的产量非常可观，南方的水稻主产区每年产生的稻秆量可达数千万吨。稻秆具有较高的纤维素和半纤维素含量，但木质素含量较低，因此在堆肥、厌氧发酵等方面具有较强的生物降解性。

b. 小麦秸秆 小麦是中国北方和华北地区的主粮之一，尤其在黄淮海平原、西北等地，小麦种植面积庞大。每年收获后，大量的小麦秸秆成为农田中的剩余物。小麦秸秆一般较为坚韧、纤维含量较高，其营养成分也适用于生物能源的开发，尤其是在秸秆发电、秸秆炭化等技术中有着重要应用。

c. 玉米秸秆 玉米主要分布在东北、华北和西南等地。玉米秸秆产量巨大，特别是在东北的黑土地区域。玉米秸秆的纤维素和木质素含量适中，在农业中被广泛用作有机肥料或生物质燃料。玉米秸秆由于其较强的坚韧性和较高的能源价值，常常被用作生物质气化、燃烧或转化为生物乙醇等。

② 果蔬废弃物的分布和特点 中国是世界上最大的水果和蔬菜生产国之一，种植的水果和蔬菜品种繁多，生产量庞大。随着农业技术的不断发展，果蔬废弃物的处理和再利用逐渐成为一个重点问题。

a. 水果废弃物 在中国，苹果、橙子、葡萄、柑橘、梨等水果的种植广泛，尤其在华北、华东和西北地区，水果生产量居全球前列。大量的果实废弃物、果皮、果核、果梗等是农业生产中不可忽视的副产品。这些果蔬废弃物富含糖类、纤维素、矿物质等营养成分，是潜在的有机肥料和生物能源的重要来源。

b. 蔬菜废弃物 中国的蔬菜生产十分广泛，特别是北方地区的白菜、土豆、胡萝卜、黄瓜等农作物生产量巨大。每年产生的蔬菜废弃物种类繁多，主要包括不合格的蔬菜、残根、茎叶等。蔬菜废弃物富含营养成分，可以通过堆肥、发酵等处理转化为有机肥料，或者通过生物质气化转化为能源。

③ 作物副产品的分布和特点 作物副产品主要是油料作物副产品。中国是全球重要的油料作物生产国之一，油菜、大豆、花生等作物的种植面积广泛。油料作物的副产品主要包括花生壳、菜籽粕、大豆粕等。这些副产品富含脂肪、蛋白质及纤维素，具有较高的营养价值，是农牧业和生物能源生产的重要资源。

（2）林业生物质资源分布及特点

中国的林业资源丰富，尤其是森林覆盖率逐渐提高，林业生物质资源也在不断增长。林业剩余物主要包括木材加工废料、树皮、枝叶等，这些剩余物主要分布在我国的森林资源丰富的地区，如东北、华北、西南等地。

① 木材加工废料的分布和特点　木材加工废料主要来源于木材的伐采和加工过程，具体包括锯末、木屑、刨花等。这些废料的分布主要集中在木材加工产业较为发达的区域，如东北的林业基地和华东的木材加工区。木材加工废料含有较高的木质素和纤维素，是一种重要的生物质能源原料。近年来，随着木材深加工产业的崛起，木材加工废料的利用逐步转向高附加值产品的生产，例如通过木材加工废料生产木质板材、生物炭，以及生物质燃料等。

② 林木枝叶的分布和特点　林木枝叶是森林管理过程中的常见废弃物，主要来源于森林采伐、修剪等操作。这些废弃物的产量在中国的森林资源丰富地区尤其巨大，主要集中在东北的阔叶林区、华北的人工林区、西南的天然林区等。林木枝叶不仅具有较高的木质素含量，还富含有机质和矿物元素，适合作为生物质燃料、堆肥、土壤改良等多种用途。

③ 树皮和林下废弃物的分布和特点　树皮、枯枝、落叶等林下废弃物是中国林业生产中重要的资源。尤其在森林采伐后，树皮常被视为一种废弃物，但实际上它富含木质素和单宁酸等有机成分，具有一定的燃料价值。树皮和林下废弃物的分布较广，尤其在林区采伐之后，这些废弃物的数量相对较大。树皮和林下废弃物的资源化利用，如通过热解转化为生物炭，不仅有助于减少废弃物对环境的影响，还能提高土壤肥力和森林生态系统的可持续性。

1.2.3　农林剩余物产量分析

2024 年，中国各区域作物布局与剩余物资源分布呈现显著差异：华北以小麦、玉米秸秆为主，南方聚焦水稻和热带作物剩余物，东北则依托玉米和大豆秸秆资源。林业剩余物开发需结合区域特色，如南方竹材加工、东北林间间伐等。

（1）地域资源潜能

① 华北地区（包括北京、天津、河北、山西、内蒙古等）　华北地区的农业剩余物以玉米秸秆为主，年资源潜力约 1.5 亿吨，主要分布于河北、山西等玉米主产区。林业剩余物则集中于内蒙古的木材加工剩余物（如木屑、枝丫材），占区域总量的 30% 以上。此外，华北北部边际土地适合种植柳树和芒草等能源作物，生物质资源开发潜力较大。

② 南方地区（包括长江流域及华南各省，如江苏、广东、湖南、湖北等）

南方农业剩余物以水稻秸秆为主，资源潜力约 2.8 亿吨，集中于长江中下游及华南平原。林业剩余物主要来自木材加工（如竹材边角料）和竹林间伐，福建、江西的竹材加工剩余物占全国 40% 以上。能源作物方面，云南、四川的边际土地适合种植桉树和芒草，生物质能开发潜力达全国总量的 25%。

③ 东北地区（黑龙江、吉林、辽宁）　东北农业剩余物以玉米秸秆和大豆秸秆为主，年资源潜力约 2.2 亿吨，其中黑龙江占 50% 以上。林业剩余物集中于大兴安岭和小兴安岭的林间间伐剩余物（如松针、枝丫材），年开发量约 5000 万吨。能源作物方面，东北北部边际土地适合种植耐寒芒草，生物质能潜力达全国总量的 15%。

④ 其他区域补充　西北地区（新疆、甘肃等）以小麦、玉米为主，新疆棉花和特色林果（如红枣、葡萄）产量增长显著。农业剩余物以小麦秸秆为主，林业剩余物集中于防护林间伐。西南地区（云南、贵州等）山地农业特征明显，马铃薯、茶叶产量提升，云南的咖啡豆种植面积扩大。生物质资源潜力集中于边际土地能源作物开发。

（2）地域产量分析

中国的农林剩余物产量庞大，具体的产量会因气候、种植面积和农林产业的发展而有所波动，但根据统计数据，秸秆类剩余物是产量最大的农林剩余物。根据最新统计数据，2024 年中国农林剩余物的产量如下：

① 农作物秸秆产量　2024 年，全国粮食总产量达到 7.065 亿吨，比 2023 年增加 1109 万吨，增长 1.6%。主要粮食作物的产量如下：稻谷：产量为 2.075 亿吨，比上年增加 186 万吨，增长 0.5%。小麦：产量为 1.401 亿吨，比上年增加 351 万吨，增长 2.6%。玉米：产量为 2.949 亿吨，比上年增加 607.5 万吨，增长 2.1%。

② 其他农作物副产品　蔬菜废弃物，约 1 亿吨。油料作物副产品（如菜籽壳、花生壳），约 5000 万吨。甘蔗渣，约 1.2 亿吨，主要来自广西、广东和云南等糖业发达地区。畜禽养殖废弃物，超过 35 亿吨，主要分布在畜牧业发达的东北、华北和西南地区。

③ 林业剩余物产量分析　根据以往数据，林业剩余物年产量约为 1 亿吨以上，其中木材加工废料和林木枝叶占较大比例。

综上所述，中国的农林剩余物资源在产量、分布和特点上呈现出明显的区域差异。农业剩余物主要集中在稻田、麦田、玉米田等大规模作物种植区，而林业剩余物则分布在东北、华北和西南的森林资源丰富地区。随着资源化利用技术的发展，这些剩余物将继续为中国的循环经济和绿色发展提供重要支撑。

1.3 农林剩余物高值化利用的研究意义

农林剩余物作为农业和林业生产中的副产品，随着产业规模的不断扩大，其数量逐年增加。尽管这些剩余物富含有机物质、纤维素和木质素等天然成分，具有潜在的高价值，但在实际应用中，它们往往被焚烧、堆放或简单处理，这不仅造成了资源浪费，还带来了严重的环境问题。因此，研究农林剩余物的高值化利用具有重要的意义。

高值化利用能够有效减轻环境污染。在许多地区，农林剩余物的处理通常依赖于焚烧，这不仅释放大量有害气体，如二氧化碳、氮氧化物等，还会造成空气质量下降和温室气体排放。通过高值化利用技术，这些剩余物能够转化为有用的产品，如生物质能源、有机肥料、饲料等。这样，不仅减少了废弃物的负面影响，还能推动农业和林业的可持续发展，避免了传统处理方式的弊端。

与此同时，农林剩余物的高值化利用能推动资源的循环利用和绿色经济发展。传统上，农林剩余物常被视为低价值的废弃物，主要用于简单的肥料或燃料，而通过现代化技术，它们可以转化为生物质燃料、精细化学品、木质板材等高附加值的产品。这不仅有效提高了资源的利用率，也为经济发展提供了新的动力。例如，秸秆转化为生物质燃料，不仅能为农村地区提供清洁能源，降低能源成本，还能替代传统的化石燃料，减少对环境的影响。在这一过程中，农林剩余物加工和转化为高端产品，不仅提高了附加值，也为产业链增添了新的发展机遇。

科技创新在农林剩余物高值化利用中的作用至关重要。通过深入研究这些剩余物的物理化学特性，结合生物技术、化学工程技术和材料科学等手段，可以有效开发出针对不同类型剩余物的高值化利用途径。例如，秸秆和木材加工废料可以通过发酵、催化转化、热解等方法生产出有价值的化学品、能源或新型材料。这样的技术进步，不仅能大幅提高资源利用效率，也有助于相关产业的发展，推动产业技术的创新和升级。

在农村地区，农林剩余物的高值化利用还有助于推动当地经济发展。随着农林剩余物的高效利用，不仅能够减少环境污染，改善生态环境，还能为农村带来新的经济机会。例如，秸秆加工厂和生物质能源生产企业等的兴起，能为当地提供大量的就业机会，推动农村经济多元化发展。高值化利用不仅推动了农村产业结构的转型，也为农业现代化提供了新的支撑。通过转化这些剩余物为高附加值产品，不仅能增加农民收入，还能促进农业生产方式的绿色转型，如图1-13所示。

(a) 为农村提供就业机会   (b) 农林剩余物作为生物质燃料

图 1-13　农林剩余物的高值化利用促进农村经济发展

此外，农林剩余物的高值化利用在提升国家能源安全和资源保障方面也具有深远的意义。在全球能源危机和气候变化日益严重的背景下，农林剩余物作为可再生的绿色能源，其高效利用不仅能降低对传统能源的依赖，还能有效缓解能源供需矛盾。通过将农林剩余物转化为生物质能源，不仅有助于保障能源供应的稳定性，也能促进能源结构的优化，推动绿色能源的发展。尤其是在一些能源匮乏的偏远地区，农林剩余物转化的能源可以提供稳定的能源来源，带动地区经济和社会的可持续发展。

综合来看，农林剩余物的高值化利用不仅可以提高资源利用效率，减少资源浪费，还能带动经济增长、促进绿色转型和推动科技创新。通过对这些剩余物的有效转化，不仅能够解决环境污染问题，还能为农村经济发展和能源安全提供强有力的支持。随着科研技术的不断进步和社会各界的关注，农林剩余物的高值化利用将为我国的绿色发展目标和循环经济体系的建设贡献重要力量。

参 考 文 献

[1] 段新芳，周泽峰，徐金梅，等.我国林业剩余物资源、利用现状及建议[J].中国人造板，2017，24（11）：1-5.

[2] 杨艺，彭华，邓凯，等.农作物秸秆纤维提取技术研究进展[J].农业环境科学学报，2023，42（11）：2386-2397.

[3] 刘锐佳.废弃生物质热解过程的化学行为与机理及环境效益研究[D].中国科学技术大学，2022.

[4] 吴晓梅，叶美锋，吴飞龙，等.农林废弃物生物炭的制备及其吸附性能[J].生物质化学工程，2023，57（04）：27-33.

[5] 汪坤.澳洲坚果壳生物载体及附着生物膜特性研究[D].安徽工业大学，2022.

[6] 罗庆，寇力月，魏忠平，等.不同原料来源及热解温度下林业废弃物生物炭理化性质差异研究[J].沈阳农业大学学报，2024，55（03）：285-297.

[7] 张蓓蓓. 我国生物质原料资源及能源潜力评估 [D]. 中国农业大学，2018.

[8] 高霁. 气候变化综合评估框架下中国土地利用和生物能源的模拟研究 [D]. 首都师范大学，2012.

[9] 贾倩，串丽敏，王爱玲，等. 国内外农业废弃物资源化利用技术对比研究 [J]. 世界农业，2023，（11）：19-30.

[10] 孟雪，李慧欣，伍卉. 农作物秸秆降解技术研究进展 [J]. 南方农业，2024，18（23）：113-116.

[11] 曹起涛. 农业废弃物微氧发酵产酸及调控机理研究 [D]. 中国农业科学院，2024.

[12] 聂永芳，聂倾国. 农作物秸秆饲料营养价值及经济效益分析研究进展 [J]. 中国饲料，2024，（16）：93-96.

第 **2** 章

农林剩余物的高值化利用

农林剩余物具有"量大、面广,用则利,弃则害"的特点,作为与农业产出同等重要的农业生产"另一半",是亟待有效利用的重要资源。推进农业废弃物资源化利用和无害化处理,既能提升其资源化利用和无害化处理率,实现"化害为利、变废为宝",有效遏制农业环境污染。

随着绿色发展理念的深入推进,农林剩余物的高值化利用逐渐成为资源循环利用和可持续发展的重要方向。农林剩余物的高值化利用主要包括能源化、材料化、饲料化和化学品提取等方式,其中,农林剩余物制备新型材料因其广泛的应用前景和较高的经济价值,成为研究和实践的重点。本章将首先概述农林剩余物的主要高值化利用方式,随后重点探讨其在材料化方向的利用现状及通用预处理技术。

2.1 高值化利用方式

农林剩余物的高值化利用可促进农业和林业的可持续发展,农林剩余物如图 2-1 和图 2-2 所示。通过将这些剩余物转化为有价值的资源,可以减少对化石燃料的依赖,降低温室气体排放,提高土壤肥力,改善生态环境。此外,高值化利

图 2-1 农业剩余物

图 2-2 林业剩余物

用还能为农民和林农带来额外的经济收益,提升其生活水平,促进农村经济的发展。因此,农林剩余物的高值化利用不仅是资源管理的重要内容,也是实现绿色发展、推动循环经济的重要途径。

农林剩余物有着丰富多样的利用途径。农业废弃物资源化利用技术主要分为能源化利用、饲料化利用,化学品提取,土壤改良与肥料化。

2.1.1 农林剩余物饲料化利用

部分农作物秸秆、果渣等可加工为饲料,提高饲料资源的利用效率。农作物秸秆是畜牧主要饲料之一,具有丰富的营养价值,其主要成分有木质素、纤维素和半纤维素,经过适当的物理、化学和生物处理,使秸秆饲料转化增值,能够极大地提高其适口性和营养价值。例如玉米秸秆多在乳熟期至蜡熟期收割,秸秆的含水率及营养成分处于理想状态。如图 2-3 所示,收割后的秸秆要迅速运往青贮窖,切成小段压实密封,借助厌氧环境促使乳酸菌繁衍,将秸秆糖类转化为乳酸抑制有害菌,经 40 ~ 60 天发酵,秸秆质地柔软,适口性大幅提升,成为牛羊冬季的优质粗饲料。

图 2-3 玉米秸秆青储

秸秆还可进行氨化处理。以小麦秸秆为例，将干燥秸秆用尿素水溶液喷洒均匀，尿素用量一般占秸秆干物质重量的 3%～5%，然后用塑料薄膜密封包裹，利用尿素分解产生的氨气与秸秆中的纤维素发生化学反应，打断部分纤维素分子链，增加秸秆的含氮量，提高其消化率。氨化时间依环境温度而定，常温下约需4～6周，处理后的秸秆颜色变深，气味刺鼻但牲畜适应后采食积极，是反刍动物重要的饲料补充。

发挥农作物秸秆在种养循环中的纽带作用，合理利用可以有效缓解饲料原料短缺的压力，推动种植业和畜牧业高效结合。现有推广的秸秆饲料化利用技术有秸秆青（黄）贮技术、秸秆碱化/氨化技术、秸秆压块饲料加工技术、秸秆揉搓丝化加工技术、秸秆挤压膨化技术和秸秆汽爆技术。

棉花种植所产生的棉副产品如棉秸秆、棉粕、棉籽壳是巨大的饲料资源，其中棉籽壳是棉籽经过剥壳后得到的，棉籽壳木质素含量较高，而且残留有棉酚、单宁、非淀粉多糖和植酸等抗营养因子，长期大量饲喂可能会引起尿结石或神经毒等中毒现象，反刍动物对棉酚具有一定的耐受性，在实践生产中，南疆地区的养殖户仍将棉籽壳作为主要的粗饲料来源。也可以在进行脱毒处理后，根据猪、鸡等不同畜禽的生长需求，适量添加到它们的饲料当中，既能有效补充膳食纤维，优化饲料营养结构，又能巧妙降低饲料成本，在不影响畜禽正常生长的前提下，实现养殖效益的最大化。

2.1.2　化学品提取

从农林剩余物中提取的有效成分，如纤维素、半纤维素、木质素、单宁、生物活性物质等，这些成分可用于制备生物基化工产品，如可降解塑料、医药中间体、化妆品添加剂等。

（1）农林剩余物提取的主要成分

① 纤维素　植物细胞壁主要成分，是由葡萄糖组成的大分子多糖，力学性能和稳定性良好，是自然界丰富的可再生有机资源之一。其规整结构赋予较高强度，为植物提供支撑。

② 半纤维素　由多种单糖构成的不均一聚糖，常与纤维素、木质素交织，起黏结和填充作用。不同植物来源的半纤维素结构、组成差异大，比纤维素更易被化学或生物方法降解。

③ 木质素　复杂的芳香族聚合物，分子量高、结构刚性，赋予植物机械强度和抗微生物侵蚀能力。因其芳香环结构和活性官能团，在材料科学和化工领域潜力大。

④ 单宁　又称鞣质，是植物体内广泛存在的多元酚化合物，有收敛性和抗氧化性。按化学结构分为水解单宁和缩合单宁，在医药、食品等领域有重要应用。

⑤ 生物活性物质　包含黄酮类、生物碱、萜类化合物等，在植物生长发育、防御反应中有关键作用，对人体有抗氧化、抗炎、抗菌、抗肿瘤等生理活性。

（2）化工产品的应用

① 可降解塑料　农业剩余物中的纤维素和半纤维素是天然的高分子材料，通过化学改性或与其他生物可降解聚合物共混，可以制备出性能优良的可降解塑料（图 2-4）。例如，聚乳酸（PLA）是一种以乳酸为原料合成的生物可降解塑料，具有良好的生物相容性和力学性能，广泛应用于包装、一次性餐具等领域。此外，聚羟基脂肪酸酯（PHA）、聚丁二酸丁二醇酯（PBS）和聚己内酯（PCL）等也是常见的可降解塑料，它们在不同的应用场景中展现出独特的性能。

图 2-4　可降解塑料颗粒

可降解塑料的应用领域极为广泛。在农用领域，可降解地膜能够有效替代传统塑料地膜，减少农田土壤污染。在包装领域，可降解塑料制成的购物袋和快递包装不仅环保，还能在使用后自然降解，减少垃圾堆积。此外，可降解塑料还被用于一次性餐具、医疗用品以及纺织品加工等领域，为解决塑料污染难题提供了新的途径。

② 医药中间体　农业剩余物中还蕴含着丰富的生物活性物质和有机化合物，这些成分在医药领域具有重要的价值。医药中间体是合成药物的重要原料，而农业剩余物中提取的化合物能够为医药中间体的生产提供可持续的资源。

黄酮类化合物是从农业剩余物中提取的一类具有广泛生物活性的有机化合物。它们具有抗氧化、抗炎等多种功效，是合成抗氧化剂和抗炎药物的重要中间体。多项研究显示，从植物中提取的黄酮类化合物抗氧化活性显著，部分研究从细胞层面解释了其抗炎细胞信号通路及提高炎症微环境细胞生存率的作用，这可能与抗癌、保护心血管等密切相关。由于许多系统性疾病与氧化应激联系紧密，天然安全、生物相容性好的黄酮类化合物成为抗氧化、调节肠菌群、抗病毒等大健康产业产品的原材料选择之一。它能通过清除自由基、减少炎症反应相关蛋白等减轻氧化应激，通过提高细胞活力延缓衰老，通过抑制肠道菌群调节肠道微环境，还对某些病毒有抵抗作用。黄酮类化合物生物活性广泛、来源多样，为天然大健康产业提供丰富自然资源，在心血管疾病、癌症等防治中展现潜在应用价值。单宁具有抗菌、抗病毒的特性，可用于制备抗菌、抗病毒药物。这些从农业剩余物中提取的化合物不仅为医药行业提供了新的原料来源，还为开发新型药物提供了可能。

③ 化妆品添加剂　在竹产品的加工过程中，会产生大量剩余物，其中蕴含着巨大的价值。残余竹子废品中富含黄酮类、多酚类、生物活性多糖类，还有一些挥发性成分等化合物。以竹笋壳为例，其提取物里包含着大量营养活性物质，具备进一步开发利用的潜力。

竹产品加工剩余物中的黄酮类物质可作为化妆品中的防晒功能添加剂来使用，黄酮类化合物由于其共轭性，对紫外和可见光均显示出强的吸收性且高度稳定。研究发现，含竹叶黄酮 1.5% 的护肤霜能有效防止紫外辐射对皮肤的损伤，对 UVA 区的防护效果极佳。除此之外，植物类黄酮的抗衰老、美白和抑菌等作用也可以使竹产品加工剩余物应用到化妆品中。

单宁、生物活性物质等因具有抗氧化、保湿、美白、抗炎等功效，成为化妆品添加剂的优质选择。富含黄酮类化合物的提取物添加到护肤品中，能起到抗氧化、抗衰老作用。

2.1.3　土壤改良与肥料化

农作物秸秆富含纤维素、半纤维素等有机物质；畜禽粪便含有大量的氮、磷、钾以及有机质；农产品加工废弃物，如酒糟、果渣等亦蕴含丰富营养物质，三者均为可用于提升土壤肥力、提高农业生产效益的重要资源。

农业剩余物中的有机物质在土壤中经过一系列物理、化学和生物过程，能够促进土壤颗粒的团聚，形成稳定的团粒结构。这种团粒结构的形成有效地改善了土壤的通气性、透水性和保水性，为作物根系的生长和发育创造了良好的物理环境。研究表明，长期施用有机物料能够显著增加土壤中大团聚体的含量，提高土壤的孔隙度和持水能力，从而增强土壤对水分和养分的保持与供应能力。

在土壤微生物的逐渐分解下，其中的有机态养分被矿化为无机态养分，如铵态氮、硝态氮、有效磷和速效钾等，这些养分能够被作物根系直接吸收利用，从而提高土壤的肥力水平。此外，农业剩余物中的有机物质还能够与土壤中的矿物质颗粒发生相互作用，形成有机-无机复合体，增加土壤对养分的吸附和固定能力，减少养分的流失。相关研究数据显示，连续多年施用畜禽粪便堆肥可使土壤中的有机质含量提高 10% ～ 20%，碱解氮、有效磷和速效钾含量分别增加 15% ～ 30%、20% ～ 40% 和 10% ～ 25%。

农业剩余物为土壤微生物提供了丰富的碳源、氮源和能源物质，能够显著促进土壤微生物的生长和繁殖。土壤微生物在利用农业剩余物的过程中，进行着各种代谢活动，如有机物质的分解、氮素的固定、磷钾的活化等，这些活动不仅有助于提高土壤中养分的有效性，还能够改善土壤的生物活性和生态功能。研究发现，施用农业剩余物堆肥能够显著增加土壤中细菌、真菌和放线菌等微生物的数量和种类，提高土壤酶（如脲酶、磷酸酶和蔗糖酶）的活性，从而增强土壤的生物转化能力和养分循环效率。

不同类型的农业剩余物对土壤酸碱度具有不同的调节作用。秸秆还田是最为常见的一类。可分为直接还田与间接还田。直接还田操作简便，像小麦、水稻秸秆在收割时，利用秸秆粉碎装置就地粉碎，均匀抛洒在田间，经翻耕后深埋入土，秸秆在土壤微生物作用下逐步分解，释放氮、磷、钾等养分，滋养下一季作物。图 2-5 为广西岑溪市归义镇采取的水稻秸秆腐化分解还田技术。在微生物的分解过程中会产生有机酸，这些有机酸能够与土壤中的碱性物质发生中和反应，从而降低土壤的 pH 值，对碱性土壤具有一定的改良作用。相反，畜禽粪便通常呈碱性，将其施入酸性土壤后能够中和土壤中的酸性物质，提高土壤的 pH 值。通过合理利用不同酸碱性质的农业剩余物，可以有效地调节土壤的酸碱平衡，使土壤酸碱度更适宜作物的生长发育。

图 2-5 广西岑溪市归义镇采取的水稻秸秆腐化分解还田技术

直接还田可通过提升土壤腐殖质含量增加土壤有机质，改善耕地质量。土壤中腐殖质、有机碳含量与土壤保肥供肥能力密切相关：秸秆还田配施氮肥，能显著提高土壤总有机碳及各活性碳组分含量，增加土壤大粒径团聚体数量，增强土壤稳定性；同时，团聚体对土壤有机质起物理保护作用，进而提升土壤肥力。2021年据《农民日报》报道，广西岑溪市归义镇采用水稻秸秆腐化分解还田技术，通过无人机喷施有机生物制剂加速秸秆腐解还田培肥，该技术已在镇内思塘、金坡等村的稻田推广，节省大量人力物力，全镇水稻年增产达1.4万千克。

间接还田作为秸秆还田的重要分支，有着诸多精细且关键的操作环节。以玉米秸秆间接还田为例，在玉米收获后，及时将秸秆收集起来，进行堆沤处理，与畜禽粪便混合，调节好水分、碳氮比，堆积发酵数月，制成富含腐殖质的有机肥，该有机肥施用于果园后，能有效改善土壤板结状况，提高果实品质与产量。

秸秆深耕还田对土传病虫害及土壤特性存在影响。通过田间病圃小区试验，针对不同地力耕层土壤设置差异化秸秆用量的有机培肥处理，探究其对土壤肥力指标及玉米茎腐病的作用效应。结果显示，秸秆还田可提升高、中、低地力黑土的肥力水平，且对高地力土壤的改良效应更显著，同时能降低玉米茎腐病发生率。依据《秸秆综合利用技术目录（2021）》（农办科〔2021〕28号），当前推广的秸秆肥料化利用技术涵盖秸秆犁耕深翻还田、旋耕混埋还田、免耕覆盖还田、田间快速腐熟、生物反应堆、堆沤还田及炭基肥生产技术。

2.1.4 农林剩余物制备新型材料

传统上，大量农林剩余物被焚烧，释放二氧化碳、氮氧化物等温室气体及颗粒物等有害污染物。将其制备为新型材料，可规避焚烧环节，显著减少了二氧化碳、氮氧化物、颗粒物等污染物排放，对改善空气质量意义重大。同时，农林剩余物资源化利用减少了进入垃圾填埋场的废弃物量，降低渗滤液对土壤和地下水的污染风险，节约土地资源。

农林剩余物制备成新型材料催生了新的产业和市场，如生物质材料产业、生物基产品市场等。这些新兴产业为社会创造了大量就业机会，推动了地方经济发展。通过先进的加工技术，将廉价的农林剩余物转化为高附加值的材料和产品，如利用秸秆制造高性能纤维素材料，大大提高了农产品的经济价值。

目前，农林剩余物的利用已经取得了一定的进展，但仍面临诸多挑战。在技术层面，虽然各类材料的制备工艺不断发展，但部分关键技术仍有待突破。例如，生物基塑料的大规模低成本生产技术还不够成熟，导致其市场价格相对较高，限制了大规模推广应用；碳纳米材料的制备工艺复杂，产量较低，难以满足工业化生产的需求。

从市场应用来看，纤维素基纤维板材和生物基复合材料中的木塑复合材料在建筑和家具等领域应用相对广泛，市场接受度较高。而生物基塑料、生物可降解膜以及碳基材料中的碳纳米材料等，虽然前景广阔，但市场份额相对较小。这主要是因为消费者对这些新型材料的认知度和认可度不足，相关产品的市场推广力度不够。

在产业发展方面，农林剩余物利用产业尚未形成完善的产业链。原材料的收集、运输和储存体系不够健全，导致原材料供应不稳定；生产企业规模普遍较小，缺乏规模效应，产业集中度较低，难以形成强大的市场竞争力。同时，政策支持力度虽然在逐渐加大，但在补贴标准、税收优惠等方面还需要进一步细化和完善，以更好地促进产业发展。

目前，农林剩余物制备成新型材料主要涵盖纤维素基材料（生物基塑料、纤维板材）、半纤维素基材料（生物可降解膜）、生物基复合材料（秸秆增强复合材料、木塑复合材料等）、碳基材料（活性炭、生物炭、碳纳米材料等）等领域。

2.2 农林剩余物可制备的材料种类

农林生产过程中所产生的剩余物，其化学构成主要包括纤维素、半纤维素、木质素以及灰分这几大关键部分。对农林剩余物的物理化学性质起着至关重要的"塑造"作用，深刻影响着剩余物的各类性能表现。

各类剩余物在材料领域具有极大的价值途径，这些利用途径不仅实现了资源的有效回收，还减少了废弃物对环境的压力，推动了材料领域的可持续发展。

2.2.1 生物基复合材料

生物基复合材料主要由纤维素、半纤维素和木质素等来源广泛且可持续的天然可再生资源构成。纤维素分子的高强度、高模量特性为复合材料提供了出色的力学支撑，经物理或化学改性后，可显著增强复合材料的强度、刚性和韧性，比如通过合理的纤维增强工艺，能大幅提升其拉伸强度和弯曲强度，满足多种对材料力学性能要求较高的应用场景。

半纤维素和木质素的存在则改善了复合材料的加工性能，半纤维素提高材料柔韧性和可塑性，便于在成型过程中加工成各种形状和尺寸，木质素增强材料热稳定性，确保材料在较高温度加工时性能不劣化，保障加工工艺顺利进行。此外，这种由天然成分构成的生物基复合材料对生物体友好，无排斥反应，在医疗领域应用潜力巨大，可用于制造可降解的医用缝合线、组织工程支架等，在完成功能后能逐渐被人体吸收或自然降解，降低二次手术取出风险，减轻患者痛苦。生物基复合材料主要产品包括生物质增强塑料、纤维增强复合材料、生物降解包装材料等。应用于汽车制造、建筑材料、包装工业等领域。

（1）生物质增强塑料

生物质增强塑料是以纤维素、半纤维素等生物质材料作为增强相，与塑料基体（如聚丙烯、聚乙烯等）复合而成。通过特殊的加工工艺，使生物质材料均匀分散在塑料基体中，形成稳定的复合材料结构。

这种复合材料兼具了塑料的可塑性和生物质材料的高强度特性。与纯塑料相比，其强度和刚性得到显著提高，同时密度降低，减轻了产品重量。此外，生物质的加入还改善了塑料的透气性和生物降解性，使其更加环保。

在汽车制造领域，常用于制造汽车内饰件，如座椅靠背、仪表盘等。不仅减轻了汽车的整体重量，提高了燃油经济性，还为车内营造了更健康、环保的环境。在电子产品外壳制造中，也逐渐得到应用，既能满足产品对强度和外观的要求，又符合环保理念。

（2）纤维增强复合材料

纤维增强复合材料是以纤维素纤维为主要增强材料，搭配各种树脂基体（如环氧树脂、不饱和聚酯树脂等）制成，如图 2-6 所示。纤维素纤维具有高强度、高模量的特点，而树脂基体则提供了良好的黏结性和成型性，两者结合形成了性能优异的纤维增强复合材料。其具有极高的比强度和比模量，即在相同重量下，强度和刚性远高于传统材料。同时还具有良好的耐腐蚀性、耐疲劳性和可设计性，可以根据不同的应用需求，通过调整纤维的取向、含量以及树脂基体的种类，定制出满足特定性能要求的复合材料。植物纤维在 PLA 复合材料中的应用，主要受其纤维特性、表面结构以及与 PLA 基体之间的相互作用影响。在 PLA 复合材料中，竹纤维具有较高的强度、良好的吸湿性和生物降解性，是一种理想的 PLA 复合材料增强材料。竹纤维的尺寸和表面结构对复合材料的力学性能有显著影响。

在建筑领域，用于制造建筑结构件，如梁、柱、墙板等，能够有效减轻建筑物的自重，提高抗震性能。在航空航天领域，由于其轻质、高强的特性，被广泛应用于制造飞机机翼、机身结构件等，有助于降低飞行器的重量，提高飞行性能和燃油效率。

图 2-6 纤维增强热塑性材料

（3）生物降解包装材料

生物降解包装材料主要由纤维素、半纤维素、木质素以及一些可降解的助剂组成。通过特定的加工工艺，将这些天然材料制成具有良好包装性能的材料，如薄膜、片材、泡沫等，图 2-7 为可生物降解的薄膜。其具有良好的柔韧性、阻隔性和机械强度，能够满足包装产品的保护、储存和运输需求。同时，其最大的优势在于生物降解性，在自然环境中，可在微生物的作用下逐渐分解为二氧化碳、水等无害物质，不会对环境造成污染。

图 2-7 生物降解薄膜

在食品包装领域，广泛用于包装新鲜果蔬、烘焙食品、肉类等，既能保证食品的新鲜度和品质，又能在使用后自然降解。在快递包装行业，生物降解包装材料的应用也日益广泛，如快递袋、填充物等，有效减少了快递垃圾对环境的影响。

2.2.2 人造板及木基材料

人造板主要包括刨花板、中密度纤维板、胶合板等，利用木材加工剩余物或农业秸秆通过黏合剂压制成型。主要用于家具制造、室内装修、建筑结构等。

(1) 人造板及木基材料的类型

胶合板是由三层或多层薄木板通过胶合而成，这些薄木板的纹理方向通常交替排列，以直角方向交错。制造薄木板的方法包括旋切、刨切和锯切等，并且可以通过拼接形成大幅面的单元，通常使用旋切的薄木板。

木材作为建筑材料的主要缺点包括不均匀性、各向异性和吸水性。胶合板单板的交叉排列在很大程度上可以克服这些缺点，但这些改进并不适用于所有特殊用途。例如，如果需要很高的抗拉强度，就不能使用胶合板，因为胶合板表板的顺纹强度由于相邻单板（芯板）的纹理垂直于表板纹理而显著降低。用胶合板制造的大部分构件都具有很高的抗扭曲能力。木材（包括胶合板）的重要特性可以用强度对密度的比值（强重比）来表示，它具有高弹性、低热导率和大幅面等优点。胶合板易于胶合，与金属材料相比，它更容易加工，功率消耗低，价格较低，是一种绿色资源材料。另一个优点是，胶合板可以通过加工成饰面胶合板、厚芯合板或复合板等，有效地消除或缓解木材的固有缺陷，同时也可以使用少量的优质木材生产出纹理美观、性能优越的胶合板材。在 20 世纪初期生产的层压木就是为了生产顺纹抗拉强度高、横纹力学性能变化小的板材。

胶合板的主要类型见图 2-8。在美国和英国，单板交叉排列胶合的板子和厚芯合板均称为胶合板。

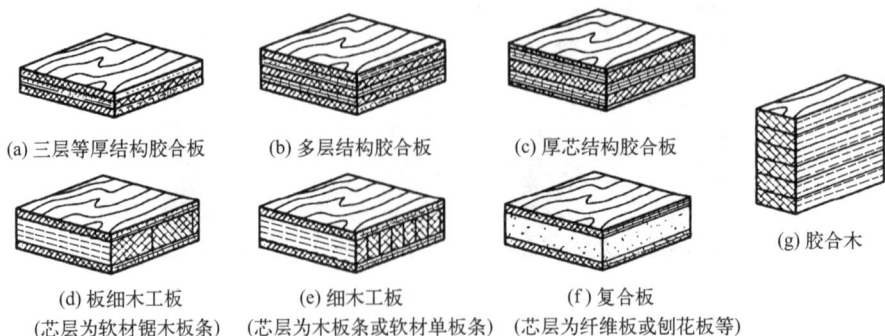

(a) 三层等厚结构胶合板　　(b) 多层结构胶合板　　(c) 厚芯结构胶合板

(d) 板细木工板　　　　　　(e) 细木工板　　　　　　(f) 复合板　　　　　　(g) 胶合木
(芯层为软材锯木板条)　　(芯层为木板条或软材单板条)　　(芯层为纤维板或刨花板等)

图 2-8　胶合板的主要类型

(2) 刨花板

刨花板是一种以木材或其他非木材植物纤维为原料制成的板材。它通过专门设备加工成刨花或碎料，并在加入胶黏剂和其他添加剂后进行热压成型。根据板材的结构，刨花板可以分为单层、三层、渐变结构和定向结构等多种类型。

刨花板的结构较为均匀，具有良好的加工性能，可以方便地加工成大幅面的板材，是制造家具的理想材料。刨花板产品可以直接使用，无须再次干燥，且具有良好的吸音和隔音性能。然而，刨花板的边缘较为粗糙，容易吸湿，因此在制作家具时，封边工艺尤为重要。此外，刨花板的密度相对较大，导致制品的重量也较重。

木质刨花板可以根据不同的标准进行分类。按照密度，刨花板可以分为低密度（0.25～0.45g/cm³）、中密度（0.55～0.70g/cm³）和高密度（0.75～1.3g/cm³）三种，通常生产的刨花板密度在0.65～0.75g/cm³之间。按照板坯结构，可以分为单层、三层（包括多层）和渐变结构三种。按照耐水性，可以分为室内耐水类和室外耐水类。按照刨花在板坯内的排列方式，可以分为定向型和随机型两种。此外，刨花板还可以利用非木材材料如棉秆、麻秆、蔗渣、稻壳等制成，以及采用无机胶黏材料制成的水泥木丝板、水泥刨花板等。刨花板的规格多样，厚度一般在4.0～40mm之间，其中19mm是标准厚度。在评估刨花板的质量时，通常会考虑其物理性能，如密度、含水率、吸水性、厚度膨胀率等；力学性能包括静力弯曲强度、垂直板面抗拉强度（内胶结强度）、握钉力、弹性模量和刚性模量等；工艺性质方面则有可切削性、可胶合性、涂料涂饰性等。对于特殊用途的刨花板，还需考虑电学、声学、热学以及防腐、防火、阻燃等性能。

根据刨花板表面处理情况，可以分为未饰面刨花板和饰面刨花板。未饰面刨花板包括砂光刨花板和未砂光刨花板；饰面刨花板则包括浸渍纸饰面刨花板、装饰层压板饰面刨花板、单板饰面刨花板、表面涂饰刨花板和PVC饰面刨花板等。刨花板模压技术是指一次压制成形的产品技术，成熟的工艺主要有三种。热模法可以减少或不使用胶料，依靠木质素在封闭热模中活化流动起到胶合作用，但需要冷却脱模，热量消耗大，生产效率低，已逐渐被淘汰。箱体成形法使用特殊压机加压，一次性加压制成产品，主要用于制造包装箱。热压成形法主要用于制造家具配件、室内装修配件和托板等产品，胶黏剂以脲醛树脂为主，制品表面通常用单板或树脂浸渍纸复贴，实现一次成形。此外，还有在已制成的刨花板表面或未经热压的成形板坯上用模板加压，制成浮雕图案的平面模压法等。

（3）纤维板

纤维板是一种以木材和其他植物纤维为原料的人造板，通过纤维分离、铺装交织成形，并利用纤维自身的胶黏性或添加胶黏剂、防水剂等助剂，经过热压成型。纤维板具有材质均匀、纵横强度差异小、不易开裂以及可直接雕刻等优点，因此应用范围广泛。制造 $1m^3$ 中密度纤维板需要 $2.0 \sim 2.5m^3$ 的木材，可以替代 $3m^3$ 的锯材或 $5m^3$ 的原木。

根据产品密度，纤维板可以分为低密度、中密度和高密度纤维板。按照生产方法，纤维板可分为非压缩型和压缩型两大类。非压缩型产品为软质纤维板（密度小于 $0.4g/cm^3$）；压缩型产品包括中密度纤维板（密度为 $0.4 \sim 0.8g/cm^3$）和高密度纤维板（密度大于 $0.8g/cm^3$）。根据板坯成形工艺，纤维板又可分为湿法纤维板、半干法纤维板、干法纤维板和定向纤维板。软质纤维板质量较轻，孔隙率大，具有良好的隔热性和吸声性，常用于公共建筑内部的覆盖材料。经过特殊处理后，可以得到孔隙更多的轻质纤维板，具有吸附性能，可用于空气净化。中密度纤维板结构均匀，密度和强度适中，具有较好的再加工性，产品厚度范围较宽，可用于家具、电视机壳体等多种用途。高密度纤维板的密度通常在 $0.8g/cm^3$ 以上，生产上已达到 $0.93g/cm^3$，达到欧美同类产品的先进水平。板面质地细密、平滑，在环境温湿度变化时尺寸稳定性好，容易进行表面装饰处理。内部组织结构细密，具有密实的边缘，可以加工成各种异形边缘，并且无需封边即可直接涂饰，能够取得良好的造型效果。组织结构均匀，内外一致，因此可以进行表面雕花加工和加工成各种断面的装饰线条，适合替代天然木材作为结构材料使用。

湿法硬质纤维板的产品厚度范围较小，在 $3 \sim 8mm$ 之间，强度较高，$3 \sim 4mm$ 厚度的硬质纤维板可以替代 $9 \sim 12mm$ 的锯材薄板材使用，多用于建筑、船舶、车辆等领域。但由于废水处理的技术和经济问题，目前已处于政策淘汰阶段。

（4）无甲醛胶黏剂的应用

传统胶黏剂大多以脲醛树脂、酚醛树脂等为主要成分，这些树脂在合成过程中使用了甲醛，导致胶黏剂中含有大量游离甲醛。在人造板及木基材料使用过程中，随着时间推移和环境温度、湿度的变化，板材中的甲醛会持续缓慢地释放到空气中。据研究表明，室内甲醛浓度超标 $1 \sim 2$ 倍时，就可能引发人体呼吸道疾病，如咳嗽、气喘等；长期处于甲醛超标的环境中，还容易引发过敏反应，出现皮肤瘙痒、红肿等症状，甚至可能诱发白血病、鼻咽癌等严重疾病，对人体健康造成极大危害。

无甲醛胶黏剂是丙烯酸类、聚氨酯类、环氧类、蛋白类、淀粉类、聚醋酸乙烯酯类等不同胶黏剂分类中非甲醛系木工胶的综合名称，统称无甲醛胶黏剂。目前在木材工业生产中应用比较成熟的主要有聚醋酸乙烯乳液（白乳胶）胶黏剂、水基乙烯基聚氨酯胶黏剂和大豆蛋白基胶黏剂三大类。随着技术的进一步发展，无甲醛胶黏剂采用全新配方和技术，从根源上杜绝甲醛产生。以大豆蛋白胶黏剂为例，它是以大豆蛋白为主要原料，通过化学改性、接枝共聚等技术手段，提高大豆蛋白的黏结性能。这种胶黏剂不仅黏结性能优异，其胶合强度能达到国家标准要求，确保板材的牢固性，而且在环保方面表现突出。经检测，使用大豆蛋白胶黏剂制成的人造板及木基材料，其甲醛释放量几乎为零，远低于国家 E1 级标准。此外，淀粉基胶黏剂也是常见的无甲醛胶黏剂之一，它以淀粉为基础，通过添加交联剂、增塑剂等助剂，改善淀粉的黏结性能。这类胶黏剂在使用过程中不会释放有害气体，为室内环境提供了健康安全保障。在木材加工行业，人造板材制造中异氰酸酯胶黏剂（MDI）等无甲醛胶黏剂可替代传统脲醛树脂胶，大幅降低甲醛释放，满足室内空气质量标准，用于室内装修、家具制造，实木拼接时能保证牢固性且不破坏木材天然环保特性；纺织行业里，织物涂层与复合中水性聚氨酯等无甲醛胶黏剂能赋予织物功能且不刺激人体，服装辅料黏接时保证服装整体环保性；包装行业中，纸质包装粘接采用水性丙烯酸酯胶黏剂，符合食品、药品行业环保标准，塑料包装复合用无甲醛胶黏剂满足功能需求且避免污染；建筑行业里，无甲醛瓷砖胶粘贴瓷砖牢固且环保，符合 GB/T 25181—2019 标准，无甲醛壁纸胶粘贴壁纸紧密且不释放有害气体；电子行业中，芯片封装、电路板粘接用有机硅类无甲醛胶黏剂保证稳定性和可靠性，符合 IEC 标准，显示屏粘接用无甲醛胶黏剂确保显示效果和使用寿命。无甲醛胶黏剂解决了传统胶黏剂的危害问题，未来需加强研究开发以扩大应用，助力绿色可持续发展。

（5）人造板及木基材料的应用领域

人造板及木基材料是制作各类家具的主要材料，如图 2-9 所示。在衣柜制作中，利用刨花板成本低、易加工的特点，可打造出不同款式和收纳功能的柜体；中密度纤维板表面光滑、平整度高，常用于制作衣柜的门板，通过贴面、喷漆等工艺处理，能呈现出多种美观的效果。橱柜制作中，胶合板的强度高、防潮性能好，适合作为橱柜的框架结构；而刨花板经过三聚氰胺贴面处理后，具有良好的耐磨性和耐污性，可用于制作橱柜的台面和抽屉面板。桌椅等家具则利用人造板及木基材料的强度和稳定性，满足日常使用需求，通过不同的设计和加工工艺，可满足不同风格和功能的家具需求，如现代简约风格的家具多采用简洁的板材造型，而欧式古典风格的家具则通过对板材进行雕花、镶边等工艺处理，展现出华丽的外观。

在墙面装饰上，可通过不同的板材造型和表面处理营造独特的视觉效果。例如，使用中密度纤维板制作造型复杂的欧式雕花墙面装饰板，通过雕刻、喷漆等工艺，打造出豪华大气的墙面效果；也可以利用胶合板制作简约的木质墙面护板，给人温馨舒适的感觉。在地面铺设中，一些强化复合地板以中密度纤维板为基材，表面覆盖耐磨层和装饰层，不仅具有良好的耐磨性和美观性，还能提供温暖舒适的脚感。天花板吊顶方面，可使用轻质的刨花板或纤维板，通过设计不同的造型，如圆形、方形、异形等，搭配灯光效果，为室内空间营造美观、舒适的环境，如在客厅吊顶中使用带有灯带的方形刨花板吊顶，能增加空间层次感和温馨氛围。

图 2-9　装饰用人造板材

在一些轻型建筑结构中，人造板及木基材料可作为结构板材。如在装配式建筑中，采用定向刨花板（OSB）作为墙体和屋面的结构板材，OSB 板具有较高的强度和稳定性，能够承受一定的荷载，同时其重量较轻，便于施工和安装。在轻钢龙骨建筑中，使用中密度纤维板或胶合板作为墙面和吊顶的覆面板材，与轻钢龙骨配合，形成坚固的建筑结构。这些人造板及木基材料凭借自身的物理性能，为建筑提供必要的强度和稳定性，确保建筑结构安全，同时还能提高施工效率，降低建筑成本。

2.2.3　纤维素及衍生物材料

纤维素作为地球上储量最为丰富的天然高分子聚合物，来源广泛，主要存在于农林剩余物中。基于纤维素开发的可降解材料，凭借其独特的物理化学性质、良好的生物相容性以及显著的环境友好特性，在包装、医用敷料、吸附材料等多个领域展现出了巨大的应用潜力，成为近年来材料科学领域的研究热点之一。

（1）包装领域

① 食品包装　纤维素基可降解材料在食品包装领域具有不可或缺的地位。以纤维素膜为例，如图 2-10 所示，其分子结构中存在大量的羟基，这些羟基通过分子间氢键相互作用，形成了一种致密的微观结构，从而赋予了纤维素膜优异

的阻隔性能，能够有效阻挡氧气和水汽的扩散。相关研究表明，氧气的存在会加速食品中油脂的氧化酸败，导致食品产生异味和营养成分流失；而水汽的侵入则会改变食品的水分活度，影响食品的质量和稳定性。使用纤维素膜包装新鲜肉类、烘焙食品等，可显著延长其保质期。在生鲜食品包装中，纳米纤维素增强的生物基塑料优势显著。纳米纤维素的高比表面积和优良的力学性能，使其与生物基塑料复合后，不仅提升了材料的柔韧性，能更好地贴合水果、蔬菜的不规则形状，而且通过引入抗菌基团或与天然抗菌剂复合，展现出良好的抗菌性能，有效抑制了生鲜食品表面微生物的滋生，减少了食品的损耗。

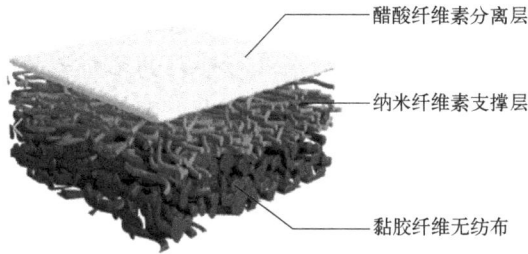

醋酸纤维素分离层

纳米纤维素支撑层

黏胶纤维无纺布

图 2-10　纤维素可降解薄膜

② 快递包装　随着电子商务的迅猛发展，快递包装材料的需求呈爆发式增长。纤维素基材料在快递包装领域具有广阔的应用前景。以纤维素泡沫材料为例，其独特的多孔结构是由发泡过程中形成的大量均匀气泡构成，这些气泡赋予了材料良好的缓冲性能。根据能量吸收原理，当受到冲击时，纤维素泡沫材料通过气泡的变形和破裂来吸收和分散冲击力，从而保护内部物品。有研究通过落锤冲击实验证实，纤维素泡沫材料对易碎物品的保护效果与传统聚苯乙烯泡沫相当，但其在自然环境中具有良好的可降解性。在土壤、水体等环境中，纤维素泡沫可被微生物分泌的纤维素酶逐步分解，最终转化为二氧化碳和水，有效减少了包装废弃物对环境的压力，为构建绿色物流体系提供了有力的材料支撑。

（2）在医用敷料领域的应用

① 伤口护理　纤维素基可降解材料凭借其优良的生物相容性和高吸水性，成为理想的医用敷料材料。羧甲基纤维素钠（CMC-Na）敷料是其中的典型代表。在 CMC-Na 分子中引入羧甲基基团，可使其具有良好的亲水性，能够快速吸收伤口渗出的组织液，降低伤口周围的湿度，抑制细菌的滋生和繁殖。同时，CMC-Na 在吸收渗出液后会形成一种水凝胶结构，这种结构为伤口愈合创造了一个湿润、低氧的微环境，有利于促进细胞的迁移、增殖和分化，加速伤口的上皮化过程。临床研究表明，使用 CMC-Na 敷料治疗烧伤、创伤等伤口，与传统纱

布敷料相比，伤口愈合时间缩短，感染率降低。

② 组织工程　纳米纤维素的直径通常在几十到几百纳米之间，这种纳米级尺寸使其具有极高的比表面积，能够为细胞的黏附、生长和增殖提供丰富的位点。作为组织工程支架，纳米纤维素可以构建三维多孔结构，模拟细胞外基质的微环境，为细胞提供物理支撑和营养物质传输通道。而且，纳米纤维素的可降解性使其在组织修复完成后，能够被人体自然代谢分解，避免了二次手术取出支架的风险。以纳米纤维素为敷料的基材，因为其多孔渗透结构可以高效地固定药物，保证皮肤能够垂直吸收药物的同时不会影响其它部分的皮肤。纳米纤维素也可以作为酶或者药剂的载体应用于生物医药和美容方面，具有分散性和生物活性的纳米纤维素有助于所载药剂被皮肤吸收。氧化后的纳米纤维素由于具有酸性基团与纳米尺度，可以成为各种酶和药剂的有利载体。氧化后的纳米纤维素与特定的高分子聚合物结合从而使得到的纳米纤维素复合材料在生物医药、治愈皮肤、改善皮肤状态等领域具有更高的应用价值。

(3) 在吸附材料领域的应用

① 水处理　纤维素基材料通过化学改性手段，在纤维素分子链上引入特定的功能性基团，可实现对水中特定污染物的高效吸附。例如，氨基化纤维素是通过在纤维素分子上接枝氨基基团制备而成，氨基具有较强的配位能力，能够与水中的铜离子、铅离子等重金属离子发生络合反应，形成稳定的络合物，从而实现重金属离子的去除。此外，纤维素基活性炭具有丰富的微孔结构和巨大的比表面积。活性炭的这种独特结构使其对水中的有机污染物，如苯酚、亚甲基蓝等具有很强的吸附亲和力。当含有机污染物的水通过纤维素基活性炭时，有机分子通过物理吸附和化学吸附作用被固定在活性炭的微孔表面，从而实现水质的净化，为水资源的循环利用提供了可行的技术方案。

② 空气净化　通过特殊的制备工艺，将纤维素制成多孔材料，或者与其他具有吸附性能的功能性材料复合，可显著提高其对空气中有害气体的吸附效率。例如，通过模板法等制备工艺得到的纤维素基分子筛，具有规则有序的微孔结构，孔径大小可精确控制在分子尺寸级别。这些微孔能够根据分子大小和形状选择性地吸附空气中的异味分子和有害气体，如甲醛、苯等。有害气体分子在进入分子筛微孔后，与孔壁表面发生物理吸附和化学吸附作用，被牢牢固定在其中，从而达到净化空气的目的。在低浓度甲醛环境下，可将甲醛浓度降低至安全标准以下，为改善室内空气质量提供了有效的材料保障。

2.2.4 活性炭与碳材料

将秸秆、果壳、木屑等农业废弃物制备成活性炭和生物炭，实现废弃物的资源化利用，具有显著的经济、环境和社会效益。活性炭主要应用于水处理、空气净化、能源存储（超级电容器、锂离子电池负极材料）等，如图 2-11 所示。

图 2-11　柱状活性炭

（1）活性炭制备工艺

① 原料预处理　秸秆、果壳、木屑等原料形态各异，其初始状态不利于后续加工。需要对原材料进行预处理。首先，使用锤片式粉碎机，将其粉碎成较小颗粒，以便在后续处理中能均匀受热和反应。接着采用热风烘干机，将粉碎后的原料烘干至含水率在 10% 以下，烘干时热风温度控制在 80 ～ 120℃，通过热空气与原料充分接触，带走水分，确保原料干燥程度满足工艺要求。最后，利用振动筛进行筛分，通过不同目数的筛网精准选取 20 ～ 80 目粒径的颗粒，保证原料粒径的一致性，为后续工艺提供稳定的基础。

② 炭化　把预处理后的原料放入炭化炉中，在缺氧或无氧的条件下加热。使原料中的纤维素、半纤维素和木质素等成分逐步分解。最终使原料中的非碳元素以二氧化碳、水蒸气、甲烷等气体形式逸出，形成炭化料。

③ 活化　将炭化料放入活化炉中，通入水蒸气、二氧化碳等活化气体。在800 ～ 1000℃的高温下，活化气体与炭化料发生化学反应，使炭化料原有的闭塞孔打开、孔隙扩大并创造出新孔。水蒸气与炭发生反应，活化时间为 1 ～ 5h，通过这种方式可以显著提高活性炭的比表面积和吸附性能。

④ 后处理　对活化后的活性炭进行筛分，利用不同目数的筛网将其按粒径大小分级，得到不同规格的产品，以满足不同应用场景对活性炭粒径的要求。用水或其他合适的溶剂对活性炭进行冲洗，通常采用多次水洗的方式，以去除其中

残留的杂质和活化剂。对于化学活化法制备的活性炭，还可能需要进行酸洗，以进一步去除金属离子等杂质。

最后，采用真空干燥或热风干燥等方式进行干燥处理，将洗涤后的活性炭干燥，使含水率降低至 5% 以下。确保活性炭的干燥程度，便于储存和运输。

（2）生物炭制备工艺

① 微波热解法　将秸秆、果壳、木屑等置于微波反应装置中，利用微波电磁辐射致使分子运动，诱导极性分子旋转，使分子间摩擦产生热量，从而实现对生物质的加热裂解。微波功率一般在 200～800W，处理时间为 5～30min。在微波作用下，原料内部迅速升温，能够快速实现热解，且热解过程相对均匀，可有效减少能耗和时间成本。

② 慢速热解法　把原料放入热解炉中，在 200～650℃的温度下缓慢加热分解。升温速率一般控制在 1～5℃/min，热解时间根据原料不同，在数小时到数十小时不等。在这个过程中，原料中的有机物质逐步分解，形成富碳固体以及可冷凝和不可冷凝的挥发性产物，如焦油、木醋液和可燃性气体等。

③ 快速高温裂解法　使生物质材料在低温缺氧、常压、超高的升温反应速度（一般升温速率大于 100℃/s）、超短的产物停留时间（一般小于 2s）的状态下，迅速升温到 400～650℃，发生大分子的分解，生成大量的小分子气体产物以及大量可凝性的挥发分，并产生少量的焦炭产物。这种方法能够高效地将生物质转化为生物炭，同时获得有价值的气体和液体产物。

④ 水热炭化法　将原料溶解在密封系统的水中，再将其加热到 180～300℃进行反应，反应时间为 2～10h。在水热环境下，原料中的纤维素、半纤维素等多糖类物质首先水解为单糖，然后单糖进一步脱水、聚合形成生物炭。操作条件和水的存在会使生成的生物炭具有更多化学官能团，如羟基、羧基等，这些官能团赋予生物炭更好的吸附性能和表面活性。

⑤ 气化法　在高温下，一般为 800℃以上，使原料在缺氧状态下与水蒸气、氧气等气化剂发生反应。当与水蒸气反应时，生成一氧化碳、氢气等可燃气体和生物炭等固体产物。通过控制气化剂的比例和反应条件，可以调节生物炭和气体产物的产量和质量，生物质热解气化系统如图 2-12 所示。

（3）活性炭与生物炭的主要应用场景

① 水处理领域　活性炭作为一种特殊的碳质材料，以其孔结构发达、比表面积大、稳定性好、吸附能力强、再生能力强等优点，在水处理的各个领域得到了广泛的应用，可有效地保证水资源的利用。在自来水厂的深度处理工艺中，常将活性炭加入到过滤池中，去除水中残留的微量有机污染物，如农药、

多环芳烃等，提升水质口感和安全性。在工业废水处理中，对于含有重金属离子的电镀废水，活性炭可以通过离子交换和表面络合等作用，有效吸附铜、铅、汞等重金属离子，使其达到排放标准。生物炭也具备一定的吸附性能，可用于处理农村生活污水，去除污水中的氮、磷等营养物质，减少水体富营养化的风险。

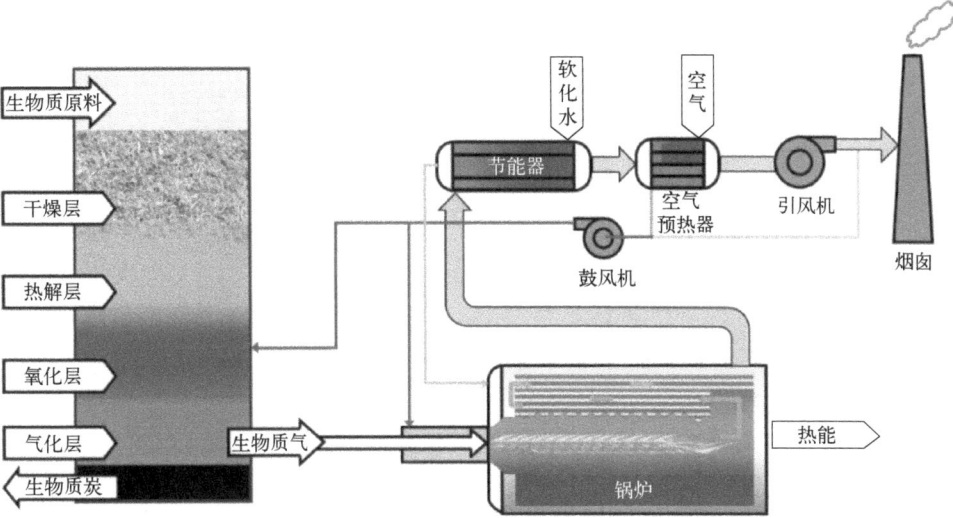

图 2-12 生物质热解气化系统

活性炭可以调节水的 pH 值，去除水中的余氯，使水质更加稳定。在水族箱中，放置活性炭可以净化水质，为水生生物提供良好的生存环境。生物炭还可以作为土壤改良剂添加到湿地中，通过吸附和离子交换作用，改善湿地的水质净化能力，促进湿地生态系统的健康发展。

② 空气净化领域　在室内装修后，空气中往往会残留甲醛、苯、二甲苯等有害挥发性有机化合物（VOCs）。活性炭制成的空气净化滤芯被广泛应用于空气净化器中，能够有效吸附这些有害气体，改善室内空气质量，保障人体健康。在一些新装修的办公室和家庭中，放置活性炭包也是常见的除味和净化空气的方法。

对于工业生产过程中产生的废气，如电厂、钢铁厂等排放的含有二氧化硫、氮氧化物等污染物的废气，活性炭可以通过吸附和催化氧化等作用，去除这些污染物。生物炭也可以与其他材料复合，用于吸附工业废气中的部分污染物，减少大气污染。例如，在一些小型工业锅炉的尾气处理中，使用生物炭基复合材料吸附废气中的颗粒物和部分有害气体。

③ 能源存储领域　活性炭具有高比表面积、良好的导电性和化学稳定性，是制备超级电容器电极材料的理想选择。如图 2-13，以活性炭为电极材料的超级电容器，具有充放电速度快、循环寿命长等优点，可应用于电动汽车的启停系统、智能电网的快速储能等领域。在电动汽车快速启动时，超级电容器能够迅速释放能量，辅助电池提供瞬间大电流，提高车辆的启动性能。

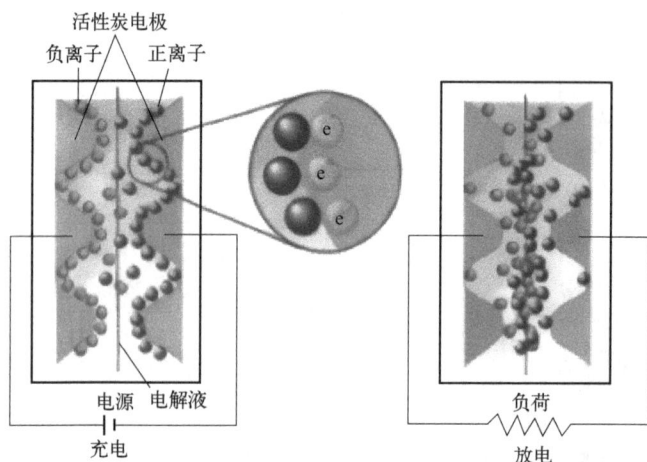

图 2-13　活性炭双层电容器

农林剩余物经热解制备的生物炭，经改性、复合等工艺调控，可获得锂离子电池负极材料。测试显示，该生物炭基负极的首次充电容量显著高于石墨基负极，可作为石墨的添加剂或部分替代物。生物炭丰富的孔隙结构能增加锂离子存储位点，提升电池比容量与充放电性能，在对能量密度和循环寿命要求较高的便携式电子设备中，有望借其优化电池整体性能。

2.2.5　生物质基胶黏剂与化学制品

以木质素、单宁、蛋白质等天然生物质为原料制备的环保型胶黏剂优势显著。木质素来源广泛、成本低、热稳定性和力学性能良好，经化学改性后，在木工行业可用于生产人造板材替代传统树脂胶黏剂，降低甲醛释放量并增强胶合强度，如图 2-14 所示。造纸行业中，能作纸张增强剂和表面施胶剂，提升纸张物理性能和印刷适性；纺织行业里，可用于织物涂层整理和纤维黏合，赋予织物特殊功能并使非织造布更环保。单宁富含酚羟基，化学活性高，在木工行业用于实木拼接和指接，固化快、胶合强度高、耐水性好且无毒无害；造纸行业中可增强纸张湿强。蛋白质同样具有独特化学结构，在各行业的应用也在不断开发拓展，这些环保型胶黏剂在木工、造纸、纺织等行业展现出广阔应用前景。生物基材料以可再生生物质为原料，具有绿色环保、可持续等特性，在化工行业展现出广阔应用前景。

图 2-14　生物质基胶黏剂

（1）生物基溶剂

生物基溶剂是指由可再生资源制成的溶剂，如植物、动物或微生物等，这些溶剂具有可生物降解、低毒性、低挥发性有机化合物（VOCs）排放等特点。

在涂料和油墨体系中，溶剂负责溶解树脂、分散颜料，对产品性能起关键作用。生物基溶剂，如源自生物质发酵的乙醇、丙二醇醚等，可替代传统石油基溶剂。其在溶解性能上与石油基溶剂相当，能有效分散涂料中的成膜物质，确保涂料均匀涂布，形成高质量漆膜，提升光泽度与平整度。同时，生物基溶剂的低 VOCs 排放，降低了对大气环境的污染，符合日益严格的环保法规要求。

在胶黏剂应用中，溶剂用于调节体系黏度和固化速度。生物基溶剂凭借其良好溶解性和低毒性，在胶黏剂生产中发挥重要作用。如在食品包装胶黏剂中，生物基溶剂可避免溶剂残留对食品的污染，保障食品安全。同时，其可调节胶黏剂的干燥时间，使其在不同环境条件下均能实现快速且稳定的黏结，提高生产效率。

在植物精油提取中，某些生物基溶剂对目标成分具有高选择性，能有效分离出高纯度精油，且相较于传统溶剂，其在后续分离步骤中易于回收，降低生产成本。在药物提取工艺中，生物基溶剂的温和性可减少对活性成分的破坏，提高产品质量。

（2）生物基树脂

生物基树脂在多个领域应用广泛，聚乳酸（PLA）作为生物基树脂在包装领域的典型代表，凭借良好的热稳定性和加工性能，可经吹塑、注塑等工艺制成各类包装容器和薄膜，其高透明度和光泽度满足美观需求，生物可降解性又符合可持续包装发展趋势，适用于食品、药品等高要求包装场景。

在复合材料制备中，生物基树脂作为基体与天然纤维复合，能制备出兼具高强度和良好成型性的高性能生物基复合材料，具有轻质、高强度、耐腐蚀等优点，在汽车内饰、建筑板材等领域前景广阔，像汽车内饰使用此类材料可减轻重量、降低能耗、提升空气质量；在涂料与涂层应用方面，生物基环氧树脂、聚氨酯树脂等表现出色，生物基环氧树脂涂料有优异的附着力、耐腐蚀性和力学性能，可用于金属、混凝土等基材防护，生物基聚氨酯树脂涂层以良好的耐磨性、柔韧性和耐候性，广泛用于家具、船舶等表面涂装，提供保护和装饰效果。

（3）生物基增塑剂

在PVC制品生产中，增塑剂是关键添加剂，用于改善PVC的柔韧性和加工性能。传统邻苯二甲酸酯类增塑剂存在潜在健康风险，生物基增塑剂，如柠檬酸酯类，成为理想替代品。柠檬酸酯类增塑剂与PVC相容性好，能有效降低PVC分子间作用力，提高其柔韧性和可塑性。同时，其无毒、不易挥发、生物降解性好，在PVC薄膜、人造革、电线电缆等产品中应用，可提升产品安全性和环保性。

生物基增塑剂在橡胶工业中用于改善橡胶的柔软度、弹性和耐寒性。天然橡胶和合成橡胶中添加生物基增塑剂后，可降低橡胶的玻璃化转变温度，使其在低温环境下仍保持良好弹性，拓宽橡胶制品的使用温度范围。在轮胎、橡胶密封件等产品中应用，可提高产品的使用寿命和性能。

在医疗用品领域，生物基增塑剂因其无毒、无刺激性和良好的生物相容性而备受青睐。如在医疗手套、输液管等一次性医疗用品中，使用生物基增塑剂可确保产品在接触人体时的安全性，避免传统增塑剂可能带来的过敏、细胞毒性等问题，保障患者健康。

生物基溶剂、树脂、增塑剂在化工行业各领域展现出良好应用性能和环保优势，为化工行业可持续发展提供有效途径。然而，目前生物基材料仍面临成本较高、性能有待进一步优化等挑战。未来需加强研发投入，改进生产工艺，提高生物基材料性能，降低成本，以推动其在化工行业更广泛应用，实现化工行业绿色转型升级。

2.3 农林剩余物制备材料的技术方法

农林剩余物的工业原料化需要经过收集、预处理、转化、精炼等多个环节，涉及多种关键技术，包括物理、化学和生物处理方法。

2.3.1 物理处理技术

（1）粉碎与筛分

粉碎与筛分是农林剩余物工业原料化处理的基础物理手段。粉碎过程主要是通过机械力，如冲击力、剪切力、研磨力等，使大块的农林剩余物破碎成较小的颗粒。常见的粉碎设备包括锤式粉碎机、辊式粉碎机、盘式粉碎机等。以锤式粉碎机为例，高速旋转的锤头对物料进行强烈的冲击，使其迅速破碎。这种粉碎方式效率高，能适应多种类型的农林剩余物，如秸秆、树枝等。

筛分则是利用具有一定孔径的筛网，将粉碎后的物料按照颗粒大小进行分级。不同孔径的筛网可以得到不同粒度范围的产品，满足后续不同处理工艺或产品生产的需求。例如，在生物质颗粒燃料生产中，需要将秸秆粉碎并筛分成合适粒度的物料，以保证颗粒成型的质量和燃烧性能。研究表明，合适的粒度分布可以提高生物质颗粒的密度和燃烧效率，减少能源浪费。通过粉碎与筛分预处理，不仅能够提高后续处理过程中物料与反应试剂的接触面积，加快反应速度，还能保证产品质量的稳定性，为后续的工业原料化利用奠定良好基础。

（2）压缩成型

压缩成型是将经过预处理的农林剩余物在一定压力和温度条件下，使其体积减小、密度增大，形成具有特定形状和性能的成型产品。常见的压缩成型工艺包括冷压成型和热压成型。冷压成型是在常温下对物料施加压力，使其成型，该方法设备简单、能耗低，但产品的密度和强度相对较低。热压成型则是在加热的同时施加压力，利用物料自身的热塑性或添加适当的黏结剂，使物料在高温高压下紧密结合，形成高强度的成型产品。

压缩成型后的农林剩余物产品，如生物质颗粒、生物质块等，在能源领域和材料领域有着广泛的应用。在能源领域，作为固体燃料，其具有体积小、能量密度高、便于运输和储存的优点，可替代传统的化石燃料用于锅炉燃烧、家庭取暖等。在材料领域，可用于制造板材、包装材料等。以秸秆为原料通过热压成型工艺制成的秸秆板材，具有良好的保温、隔音性能，可应用于建筑行业。压缩成型技术有效地解决了农林剩余物体积大、不易储存和运输的问题，提高了其作为工业原料的利用价值和市场竞争力。

2.3.2　化学处理技术

（1）酸碱处理

酸碱处理是利用酸或碱溶液与农林剩余物中的化学成分发生化学反应，从而改变其化学结构和性能，提高其工业原料化利用价值的一种方法。在酸处理过程中，常用的酸包括硫酸、盐酸、磷酸等。酸能够破坏木质素、纤维素和半纤维素之间的化学键，使纤维素等多糖类物质更容易被后续的酶解或发酵利用。在生物乙醇生产中，通过酸预处理可以提高秸秆中纤维素的酶解效率，从而增加乙醇的产量。

碱处理则通常使用氢氧化钠、氢氧化钙等碱性物质。碱可以溶解木质素，使纤维素和半纤维素暴露出来，同时还能改变纤维素的结晶结构，提高其可及性。碱处理后的农林剩余物在制备生物基材料、吸附剂等方面具有独特的优势。经过碱处理的木质纤维素可以用于制备高性能的生物吸附剂，用于处理污水中的重金属离子和有机污染物。然而，酸碱处理也存在一些缺点，如酸碱试剂的消耗量大、处理后的废水需要进行专门的处理以避免环境污染等。

（2）酯化与醚化

酯化和醚化是对农林剩余物中的多糖、木质素等成分进行化学改性的重要方法。酯化反应是利用有机酸或无机酸与农林剩余物中的羟基发生反应，形成酯类化合物。例如，将纤维素与乙酸酐在催化剂的作用下进行酯化反应，可以制备出醋酸纤维素。醋酸纤维素具有良好的成膜性、溶解性和力学性能，广泛应用于纺织、塑料、涂料等领域。

醚化反应则是通过醚化试剂与农林剩余物中的羟基反应，形成醚键。常见的醚化试剂有氯甲烷、环氧乙烷等。以木质素为例，通过醚化改性可以改善其溶解性和反应活性，使其能够更好地应用于高分子材料的合成。例如，将醚化改性后的木质素与环氧树脂共混，可以制备出具有良好性能的复合材料，提高材料的力学性能和耐水性。酯化与醚化技术为农林剩余物制备高附加值的化工产品提供了有效途径，拓展了其在工业领域的应用范围。

2.3.3　生物处理技术

微生物发酵是利用微生物的代谢活动，将农林剩余物转化为各种有用产品的过程。在这个过程中，不同的微生物能够利用农林剩余物中的碳水化合物、蛋白质等成分，产生生物燃料、生物肥料、生物基材料等。例如，利用酵母菌进行发酵可以将糖类转化为乙醇，这是生物乙醇生产的主要途径。在农林剩余物丰富的地区，通过将秸秆等原料进行预处理后，接入特定的酵母菌菌株，在适宜的发酵条件下，可以高效地生产生物乙醇。

此外，利用一些特定的微生物还可以将农林剩余物转化为生物肥料。这些微生物能够分解农林剩余物中的有机物质，释放出氮、磷、钾等营养元素，并合成一些具有生物活性的物质（生长素、细胞分裂素等），促进植物生长。例如，通过堆肥发酵过程，将秸秆、畜禽粪便等混合物料在微生物的作用下进行腐熟，制成的生物有机肥不仅能够改善土壤结构，提高土壤肥力，还能减少化肥的使用，降低农业面源污染。微生物发酵技术在制备生物基材料方面也展现出巨大的潜力，如利用微生物发酵生产聚羟基脂肪酸酯（PHA）等生物可降解塑料，为解决白色污染问题提供了新的思路。

酶处理是利用酶的高效催化作用，对农林剩余物进行降解和转化的一种生物处理技术。酶具有高度的特异性和催化效率，能够在温和的条件下将农林剩余物中的复杂成分分解为简单的小分子物质。例如，纤维素酶可以将纤维素分解为葡萄糖，半纤维素酶可以将半纤维素分解为木糖、阿拉伯糖等单糖。这些单糖可以进一步作为发酵原料，用于生产生物燃料、生物化学品等。

在实际应用中，酶处理通常与其他处理技术相结合。例如，在生物乙醇生产中，先通过物理或化学预处理方法破坏木质素对纤维素的包裹结构，然后再利用纤维素酶进行酶解，提高纤维素的转化率。与传统的化学处理方法相比，酶处理具有反应条件温和、环境污染小、产品纯度高等优点。然而，酶的成本较高，稳定性较差，限制了其大规模应用。因此，开发高效、低成本的酶制剂，以及优化酶处理工艺，是当前酶处理技术研究的重点方向。通过不断的技术创新和工艺改进，酶处理技术有望在农林剩余物工业原料化处理中发挥更大的作用。

2.3.4　添加剂与助剂的应用

（1）增强剂

在农林剩余物复合材料的研究范畴中，农林剩余物自身作为增强相，是构建复合材料结构的基础单元，赋予了材料一定的初始力学性能。随着对材料性能要求的不断提高，额外引入增强剂是提升材料性能的重要途径。

在玉米秸秆塑料复合材料中添加少量的玻璃纤维或碳纤维，用玻璃纤维增强热固性树脂废渣和玉米秸秆制备木塑复合材料，材料的抗弯与抗折强度能得到显著提升。玻璃纤维具有高强度、高模量的特性，其直径通常在几微米到几十微米之间。在复合材料体系中，玻璃纤维均匀分散，与农林剩余物纤维形成协同作用。从微观角度看，玻璃纤维凭借其刚性结构，在材料受到外力作用时，能够有效承担载荷，抑制农林剩余物纤维的变形与断裂，从而增强复合材料的整体力学性能。

碳纤维则以其优异的力学性能著称，拉伸强度可达 3500MPa 以上，弹性模量约为 230～430GPa。在复合材料内部，碳纤维能够构建起高效的承载网络，弥补农林剩余物纤维在拉伸强度和模量方面的不足。以麦秸为原料制备的复合材料中添加适量碳纤维后，其拉伸强度相较于未添加时提高了 50% 以上，极大地拓展了该复合材料在结构材料领域的应用潜力。

除了玻璃纤维和碳纤维，芳纶纤维也逐渐应用于农林剩余物复合材料中。芳纶纤维具有高强度、高韧性以及良好的耐热性，其独特的分子结构使其在复合材料中能够有效传递应力，增强材料的抗冲击性能。在竹纤维-塑料复合材料中添加芳纶纤维，不仅提高了材料的拉伸强度和弯曲强度，还显著提升了材料的抗疲劳性能，使其在户外建筑材料等领域具有更广阔的应用前景。

（2）增塑剂

改善农林剩余物复合材料的加工性能与柔韧性，增塑剂具有重要作用。在稻壳聚氯乙烯复合材料体系中，邻苯二甲酸二辛酯（DOP）作为一种常用的增塑剂被广泛研究与应用。从分子层面分析，DOP 分子具有较长的烷基链，能够插入到聚氯乙烯分子链之间，削弱聚氯乙烯分子链间的相互作用力。

依据相关热分析测试结果，添加 DOP 后，材料的玻璃化转变温度显著降低。未添加 DOP 时，稻壳聚氯乙烯复合材料的玻璃化转变温度可能在 80℃左右，添加适量 DOP 后，玻璃化转变温度可降低至 50℃甚至更低，极大地提高了材料的柔韧性和可塑性，使其在成型加工过程中更易于流动和成型，满足多样化的加工工艺需求。

除了 DOP，环氧大豆油（ESO）也是一种环保型增塑剂，ESO 来源于天然植物油，具有良好的生物降解性和低毒性。在木粉-聚乙烯复合材料中添加 ESO，不仅能够降低材料的玻璃化转变温度，提高材料的柔韧性，还能增强木粉与聚乙烯之间的界面相容性，改善复合材料的综合性能。研究表明，添加 10% ESO 的木粉-聚乙烯复合材料，其断裂伸长率相较于未添加时提高了 30% 以上，同时保持了较好的力学强度。

（3）阻燃剂

部分农林剩余物自身具备一定的可燃性，在众多对防火性能有着严格要求的应用场景中，添加阻燃剂是提升农林剩余物复合材料安全性的必要手段。在秸秆聚丙烯复合材料中氢氧化镁、氢氧化铝等无机氢氧化物作为常见的阻燃剂被应用其中。在燃烧过程中，氢氧化镁和氢氧化铝受热分解，吸收大量的热量，从而降低材料表面的温度，减缓燃烧速率。同时，分解产生的水蒸气能够稀释可燃性气体的浓度，隔绝氧气，进一步抑制燃烧的进行。相关实验数据表明，添加适量的氢氧化镁或氢氧化铝后，秸秆聚丙烯复合材料的燃烧速率可降低 30%～50%，热释放速率也显著下降，使其达到相关阻燃标准，为其在建筑和电子设备等对防火安全要求较高的领域的广泛应用提供了可靠保障。

除了无机氢氧化物，磷系阻燃剂在农林剩余物复合材料中也有广泛应用。磷系阻燃剂在燃烧过程中能够形成磷酸、偏磷酸等具有强脱水作用的物质，促使农林剩余物表面炭化，形成一层致密的炭层，从而阻止热量和氧气的传递，达到阻燃的目的。在棉花秸秆-酚醛树脂复合材料中添加磷系阻燃剂后，材料的极限氧指数（LOI）从 20% 提高到了 30% 以上，达到了难燃级别，有效提升了材料在火灾环境下的安全性。

（4）偶联剂

在剩余物复合材料中，剩余物与基体之间的界面相容性往往较差，这会影响复合材料的综合性能。偶联剂的使用能够有效改善这一问题。如图 2-15 所示，硅烷偶联剂是一种常用的偶联剂，其分子结构中含有能与农林剩余物表面的羟基发生化学反应的基团，同时又含有能与基体树脂发生化学反应的基团。

图 2-15　硅烷偶联剂粉末

在木纤维-聚丙烯复合材料中添加硅烷偶联剂后，硅烷偶联剂分子一端与木纤维表面的羟基形成化学键，另一端与聚丙烯分子链发生化学反应，从而在木纤维与聚丙烯之间形成了桥梁，增强了两者之间的界面结合力。添加适量硅烷偶联剂的木纤维-聚丙烯复合材料，其拉伸强度和冲击强度相较于未添加时分别提高了 20% 和 30% 以上，显著提升了复合材料的力学性能。

钛酸酯偶联剂也常用于农林剩余物复合材料中。与硅烷偶联剂不同，钛酸酯偶联剂更适用于非极性或弱极性的基体树脂。在竹粉-低密度聚乙烯复合材料中添加钛酸酯偶联剂，能够改善竹粉与低密度聚乙烯之间的界面相容性，提高复合材料的加工性能和力学性能。通过扫描电子显微镜观察发现，添加钛酸酯偶联剂后，竹粉在低密度聚乙烯基体中的分散更加均匀，界面结合更加紧密，有效提升了复合材料的综合性能。

2.3.5 技术路径的未来发展趋势

随着科技的不断发展，新的高值化利用技术将如雨后春笋般不断涌现。基因编辑技术可用于优化微生物发酵过程，进而提高生物塑料的产量与性能；纳米技术则能用于制备高性能的生物基材料。不仅如此，技术的集成应用也将成为未来的一大趋势，通过有机结合多种技术，实现资源的高效利用。

智能化与自动化同样会在农林剩余物的高值化利用过程中得到广泛应用。以物联网技术为例，它能够实现剩余物的精准收集与管理；而人工智能技术则可优化生产过程，提升生产效率与产品质量。

在政策支持与市场引导方面，政府将出台一系列更为完善的政策支持与激励机制，大力推动农林剩余物的高值化利用。具体措施包括通过补贴、税收优惠等手段降低生产成本，以及通过标准制定和市场监管来提高产品的市场竞争力。与此同时，市场引导也将发挥关键作用，通过提升消费者对高值化利用产品的认知度与接受度，推动市场迅速发展。

值得注意的是，高值化利用技术的发展离不开跨学科合作与产业链整合。这一领域需要农业、林业、生物技术、材料科学、环境科学等多学科携手合作，只有这样才能实现技术的创新与突破。此外，产业链整合也将成为必然趋势，通过上下游企业的紧密合作，实现资源的高效利用与产品的高附加值。

最后，环境友好与可持续发展是高值化利用技术发展的重要方向。在实际操作中，一方面要通过优化生产过程，减少能耗与排放；另一方面要借助循环利用手段，实现资源的高效利用。此外，高值化利用产品的环保性能也将成为市场的重要考量因素，从而推动整个社会的可持续发展。农林剩余物的高值化利用不仅是资源管理的重要内容，也是实现绿色发展、推动循环经济的重要途径。通过将这些剩余物转化为生物质能源、生物基材料、肥料、饲料等多种高附加值产品，可以减少资源浪费，促进经济发展，改善生态环境。当前，农林剩余物的利用方式多样，但实际利用率和综合效益仍有待提高。未来，通过技术创新、政策支持和市场引导，可以进一步提升农林剩余物的高值化利用水平，为社会经济发展和环境保护作出重要贡献。具体来说，未来的发展趋势将包括技术创新与集成、智能化与自动化、政策支持与市场引导、跨学科合作与产业链整合、环境友好与可持续发展等。这些趋势将为农林剩余物的高值化利用带来新的机遇和挑战，需要政府、企业、科研机构和社会各界的共同努力，共同推动这一领域的持续发展。

参考文献

[1] 郭丽丽.农作物秸秆"五化"利用及展望[J].河南农业，2023，(14)：62-64.

[2] 黄云龙.植物黄酮类化合物研究进展[J].中国果菜，2025，45（01）：71-79.

[3] 益莎，杨波，杨光，等.竹产品加工剩余物有效成分的生物活性及应用研究进展[J].生物加工过程，2022，20（03）：244-250.

[4] 吕楠，石森昊，李佳逸，等.植物纤维增强聚乳酸复合材料的研究进展[J].纺织科技进展，2025，47（01）：1-5+9.

[5] 杨奠基.无甲醛胶黏剂发展现状及其在地热地板上的应用[J].国际木业，2016，46（09）：6-10.

[6] 卢天鸿.纳米纤维素/胶原蛋白复合材料的制备与性能[D].哈尔滨：东北林业大学，2014.

[7] 傅燕丽，章海英.活性炭在水处理工艺中的应用[J].石材，2024，(02)：116-118.

[8] 代镜涛，杨瑛.生物炭材料制备锂离子电池负极的研究[J].湖北农机化，2020，(10)：44-45.

[9] 张国华，滕朝阳.利用玻璃纤维增强热固性树脂废渣和玉米秸秆制备木塑复合材料[J].西部皮革，2016，38（18）：23.

第**3**章
农林剩余物制备无黏结剂板材

随着全球森林资源锐减与碳减排需求加剧，农林剩余物的高效资源化利用已成为解决木材短缺与环境污染的双重挑战的关键路径。我国农林剩余物年产量超15亿吨，其中秸秆占比达60%，但综合利用率不足40%。传统焚烧或填埋处理不仅导致PM2.5浓度升高5～8倍，更造成每年近10亿吨生物质资源的浪费。与此同时，人造板产业是我国林业产业的重要组成部分，是将农林剩余物变废为宝，连接上游农林资源培育与下游家居装饰材料等终端产品制造的重要纽带产业。我国人造板行业木材进口依存度高达52%，原料供应链安全面临严峻考验。在农、林业生产过程中，每年都会产生大量的农作物秸秆、稻壳、木竹材废料等农林剩余物，以其为原材料进行高效化、绿色化综合利用，制造农林剩余物人造板，可逐步取代天然木材的使用，符合绿色环保的理念和可持续发展的要求，在改善生态环境、提高可持续发展等方面有着重要意义。

3.1 概述

传统的室内木制家具和装饰材料通常由木质板材板制成，如刨花板、纤维板或胶合板。其应用广泛且因材料特性有所不同，刨花板因成本相对较低、加工性能良好，常用于制作衣柜、橱柜等柜体家具的内部结构部件。纤维板根据密度差异分为低密度、中密度和高密度纤维板，高密度纤维板在家具制造业中常被用于高档家具、强化木地板、墙板、架子和门皮等部件，其表面平整光滑，适合进行贴面等后续加工。胶合板由于具有较好的强度和稳定性，常用于制作家具的框架、床板等需要承受一定重量和应力的部位。利用农林剩余物制备人造板时，通常会用到胶黏剂。胶黏剂是木质复合材料制造的重要组成部分。基于甲醛的胶黏剂是最常见的胶黏剂，由于其良好的性能和较低的成本，在工业规模上得到广泛应用。尽管甲醛已被归类为致癌物，在许多发达国家受到使用限制，但由于缺乏合适的替代品，它仍在使用。由于环境问题，研究也正在转向新型生物基树脂，以及不含胶黏剂的自黏结板材制备技术。

目前，人们也在深入研究用淀粉和蛋白质材料完全或部分替代甲醛基胶黏剂。然而，无胶黏剂纤维板制造技术在经济和环境方面同样具有广阔的前景。其研发始于大约三十年前，当时人们利用工业废弃物甘蔗渣通过自黏结技术制备复合材料，并获得了无黏结剂纤维板中试生产的专利。无黏结剂纤维板是一种高密度纤维板（HDF），可在不使用任何胶黏剂的情况下生产。HDF 的制造过程主要有湿法和干法两种。无胶黏剂板材的黏结强度通过两种技术实现：一种是在高温下发生的木质素-木质素和木质素-多糖交联反应；另一种是基于系统在压力下的变形情况，因为木材是一种非均质材料，相邻木材单元之间的接触面积较小。为了实现木材与木材的接触，必须使木材发生变形才能形成良好的黏结。由于变形而增加的与木材中聚合物的接触面积，在称为"橡胶态"的最小压力下发挥作用。无黏结剂或自黏纤维板的力学性能通常无法达到酚醛基纤维板的水平。研究认为，提高无黏结剂纤维板的力学性能应在高于所有聚合物玻璃化转变温度（T_g）的温度下进行。在 HDF 制造过程中，通常提供接近 200℃ 的温度以使聚合物软化并增加接触面积。许多研究人员讨论过，热压温度对无黏结剂板材的性能有显著影响。其他研究人员发现，在实现自黏结的热压过程中，木质素和半纤维素会发生分解和化学变化。

一些研究人员开发了由枣椰树副产品小叶、叶轴、叶鞘和纤维制成的无黏结剂纤维板。最初，研究了黏结材料的化学成分和形态特性，进一步研究了其力学性能、物理性能和热性能。此外，研究人员以油棕树干为原料，在不同温度下制备了无黏结剂纤维板，对制备的纤维板的力学性能、结构、形态和热性能进行了研究，探索了纤维板制备过程中温度的影响。另一项研究分析了以油棕树干生物质为原料、在不同温度和压制时间下制备的无黏结剂刨花板的物理和力学性能。根据研究结果，板材的厚度膨胀、吸水率和内部结合强度随着板材厚度的减小而改善。

利用农林剩余物制备无黏结剂板材不仅能够实现资源的循环利用，减少环境污染，还能够生产出高性能、环保型的建筑材料和家具材料，具有重要的经济和社会意义。未来，随着技术的不断进步和环保要求的提高，农林剩余物制备板材的研究将更加深入，应用领域也将不断扩大。

3.2　板材制备与性能测试方法

使用木材与秸秆制备无胶纤维板材，以大豆秸秆制备秸秆基无胶纤维板，以樟树残枝来制备木质纤维无胶纤维板，研究板材的物理特性，包括密度和含水率。评估板材的力学性能，包括弯曲强度、拉伸强度和螺钉保持力。通过吸水率（WA）、厚度膨胀率（TS）和线性膨胀率（LE）来评估尺寸稳定性。此外，使用傅里叶变换红外光谱（FTIR）和扫描电子显微镜（SEM）来研究不同加热温度下原材料的热稳定性、化学变化和微观结构变化。

3.2.1　无黏结剂纤维板的制备过程

无胶纤维板的制造过程包括切割、浸泡、精炼和成型，如图3-1所示。首先使用电动粉碎机将农林剩余物切割成10mm以下的碎屑。随后将这些碎屑浸入20℃的水中，进行96h的浸泡，使纤维软化和膨胀，这一步骤有助于提高材料的可塑性，为后续的精炼过程做好准备。在精炼阶段，浸泡过的农林剩余物通过精炼机进行原纤化处理，并通过磨浆机的水道循环系统与流水一起反复通过旋转叶片，实现纤维化，最终将农林剩余物分解成细小的纤维。将这些纤维制备成纤维浆，并通过2mm的筛子，为纤维板的成型工序提供适宜的纤维材料。

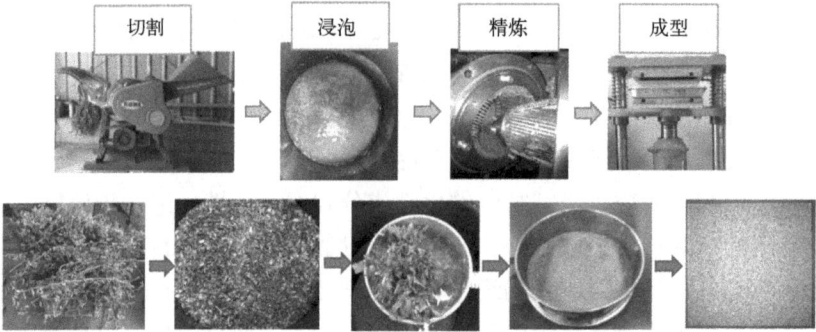

图3-1　无胶纤维板的制备工艺

无胶纤维板通过一台带有手动控制液压系统的热压机制造而成。该热压机的加热温度采用PID控制，其最高加热温度可达340℃。此外，热压机施加的压力可在0～12.4MPa范围内进行调节。在成型过程中，首先进行预压操作：将500mL均匀分布的纤维浆缓慢倒入一个尺寸为100mm×100mm×40mm的模具中，并在室温条件下以5MPa的压力进行预压。在此阶段，多余的水分被挤出，从而形成了均匀分布的纤维垫。最后，采用热压机对金属模具施加的压力和温度进行精确控制。

根据研究目的的不同，在不同的条件下制备纤维板。具体来说，研究加热温度对纤维板性能的影响时，加热温度从110℃逐渐升高至230℃，每次升高30℃；压力条件设定为5MPa，这一参数是基于前期初步测试结果而确定的最佳条件。

研究施加压力对纤维板性能的影响时，施加压力从 2MPa 逐渐升高至 8MPa，每次升高 1.5MPa；加热温度条件为 110℃，成型时间为 2h。

3.2.2 无黏结剂纤维板的性能测试方法

（1）热重分析（TGA）

采用热重分析仪对原材料进行测试。试验中，将 20mg 干燥的农林剩余物纤维置于氧化铝坩埚中，以 20℃/min 的升温速率从 25℃加热至 700℃，整个过程在氮气氛围中进行。

（2）光谱分析

采用傅里叶变换红外光谱（FTIR）法对纤维板样品中存在的官能团类型进行表征。试验中，将 5mg 纤维板粉末与 95mg 精细研磨的溴化钾（KBr）混合，压制成厚度小于 1mg 的薄片。随后，使用光谱仪对样品进行测试，扫描范围为 $4000 \sim 400 \text{cm}^{-1}$，分辨率设置为 2cm^{-1}。

（3）扫描电子显微镜分析

通过扫描电子显微镜（SEM）对纤维板的横截面进行观察，以评估其内部纤维的黏合质量。使用超声波切割机从纤维板上切割出尺寸为 0.5cm×0.5cm 的样品，确保其横截面表面光滑。随后，对样品进行镀金处理，使用场发射扫描电子显微镜进行观察。在二次电子成像（SEI）模式下，采用 10.00 kV 的加速电压对纤维板的微观结构进行分析。

（4）力学性能测试

首先，将纤维板的质量除以其体积来计算其密度。随后，将纤维板样品分为多个组别进行不同的力学性能测试：其中四块用于弯曲强度测试，三块用于拉伸强度测试［如图 3-2（a）所示］。此外，还有部分样品用于螺钉固定力测试、内部黏结强度测试以及尺寸稳定性测试［如图 3-2（b）所示］。

力学性能测试采用万能材料试验机进行。该试验机具备自动补偿功能，能够精确测量 20 ～ 2000N 范围内的载荷，载荷测量精度为 0.1N，位移测量精度为 0.01mm。在拉伸试验中，哑铃形试样以 10mm/min 的试验速度进行测试，拉伸断裂应力通过公式（3-1）计算得出。在弯曲强度测试中，使用尺寸为 50mm×20mm 的试样。试样在试验机上采用三点弯曲模式加载，其中加载端为中央加载前端，两个下支撑的半径均为 5mm，且两个下支撑之间的距离被精确调整为 40mm。测试过程中，负载以 10mm/min 的速度施加。弯曲断裂应力通过式（3-2）计算得出。

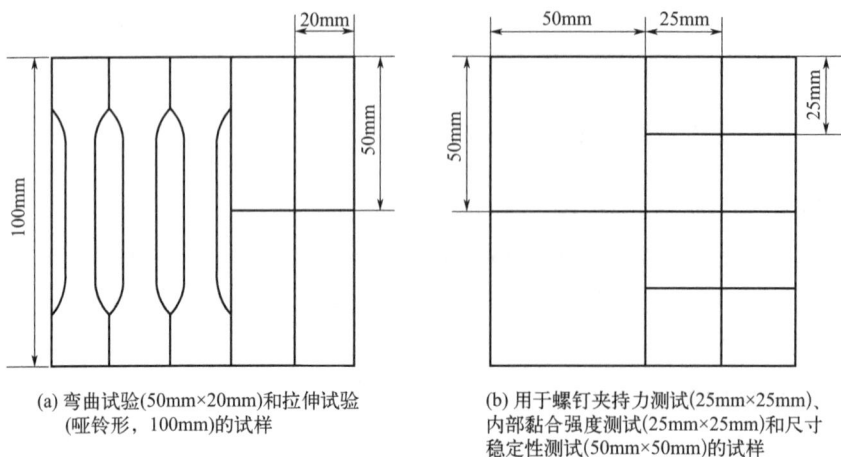

(a) 弯曲试验(50mm×20mm)和拉伸试验
(哑铃形，100mm)的试样

(b) 用于螺钉夹持力测试(25mm×25mm)、
内部黏合强度测试(25mm×25mm)和尺寸
稳定性测试(50mm×50mm)的试样

图 3-2　纤维板试样

$$\sigma_t = \frac{F}{bh} \tag{3-1}$$

$$\sigma_b = \frac{3Fl}{2bh^2} \tag{3-2}$$

式中，σ_t 为拉伸断裂应力，MPa；σ_b 为弯曲断裂应力，MPa；F 为施加的载荷，N；L 为支撑跨度，mm；b 为试样的宽度，mm；h 为试样的厚度，mm。

在完成拉伸试验和弯曲试验后，利用试验后的试样计算含水率。首先，将不同条件下的试样分别放入铝盒中，随后将试样置于 110℃ 的干燥箱中干燥 24h，以去除试样中的水分。含水率通过式（3-3）进行计算。

$$MC = \frac{m_a - m_b}{m_a - m_c} \tag{3-3}$$

式中，m_a 为样品蒸发前的质量，g；m_b 为样品蒸发后的质量，g；m_c 为空铝盒的质量，g。

（5）尺寸稳定性测试

为了评估纤维板的尺寸稳定性，测量其吸水率（WA）和厚度膨胀率（TS）。将尺寸为 50mm×50mm 的纤维板样品完全浸泡在水中，确保水面覆盖样品约 2cm 的深度。将浸泡后的样品放置在温度为（20±1）℃ 的恒温培养箱中，持续浸泡 24h。在浸泡前后，分别测量样品的质量和厚度。根据式（3-4）和式（3-5）计算吸水率和厚度膨胀率。

$$WA = \frac{m_2 - m_1}{m_1} \tag{3-4}$$

$$TS = \frac{t_2 - t_1}{t_1}$$ (3-5)

式中，m_1 是浸泡前的质量，g；m_2 是浸泡后的质量，g；t_1 是浸泡前的厚度，mm；t_2 是浸泡后的厚度，mm。

3.3 利用大豆秸秆制备无黏结剂纤维板

大豆 [*Glycine max*（Linn.）Merr.]，属豆科大豆属，是直立且分枝繁茂的植物，株高平均 3～5ft（1ft=0.3048m）。其起源于东亚野生的乌苏里大豆（*Glycine ussuriensis*），在中国种植历史超 3000 年，后经商贸与文化交流，先后传入日本、欧洲及北美，成为全球重要农作物。

大豆秸秆作为大豆生长副产物，主要由茎、荚和根组成，其中茎结构对制备纤维板意义重大。茎由基本组织系统、维管组织系统和皮组织系统构成。基本组织系统中的髓，位于茎中心，由柔软浅色的海绵状薄壁细胞组成，这些细胞具有薄的初生壁，负责储存、运输养分，细胞壁上有许多利于物质交换的纹孔；皮层在茎外侧，由表皮界定，主要含细胞壁不规则增厚的厚角组织细胞，起保护与支撑作用。皮层和髓之间的维管组织，由木质部和韧皮部组成，其中细胞直径小、壁较厚，分布的导管能将根部吸收的水分和养分运输至植株各处。

未经处理的大豆秸秆化学组成复杂，含纤维素、半纤维素、木质素、粗蛋白、灰分、蜡质及其他未分类成分。品种、产地及分析方法不同，会导致其化学成分有差异。一般而言，纤维素和木质素含量占主导。纤维素是植物细胞壁主要成分，由 β-D-吡喃葡萄糖基经 $1 \rightarrow 4\beta$ 糖苷键连接成线性高分子，赋予秸秆强度与韧性；木质素是复杂不溶于水的聚合物，由芳香醇聚合而成，将纤维素等成分紧密结合，增强秸秆防水、结构强度与弹性。半纤维素含量次之，它是由五碳糖、六碳糖等组成的杂多聚体，具亲水性，比纤维素更易水解。

这些特性使大豆秸秆成为制备纤维板的优质原料。在制备纤维板过程中，可利用秸秆中丰富的纤维素作为纤维板的基础骨架，木质素经处理后可增强纤维间结合力，半纤维素适当水解能优化纤维性能。且大豆秸秆来源广泛、成本低，将其制成纤维板，既可实现农业废弃物资源化利用，又能减少对森林资源的依赖，符合环保与可持续发展理念，在家具、建筑等领域有广阔应用前景。

3.3.1　大豆秸秆纤维板的物理特性

在不同施加压力下制备的大豆秸秆纤维板的密度如图 3-3（a）所示。当压力从 2MPa 增加到 8MPa 时，密度从 0.89g/cm³ 增加到 1.06g/cm³。由于大豆秸秆纤维板密度超过 0.8g/cm³，被归类为硬板。图 3-3（b）显示了不同施加压力下制备的大豆秸秆纤维板的含水率。含水率在 6.14% ～ 7.10% 之间波动，与所施加的压力成反比，但压力对含水率的影响不大。

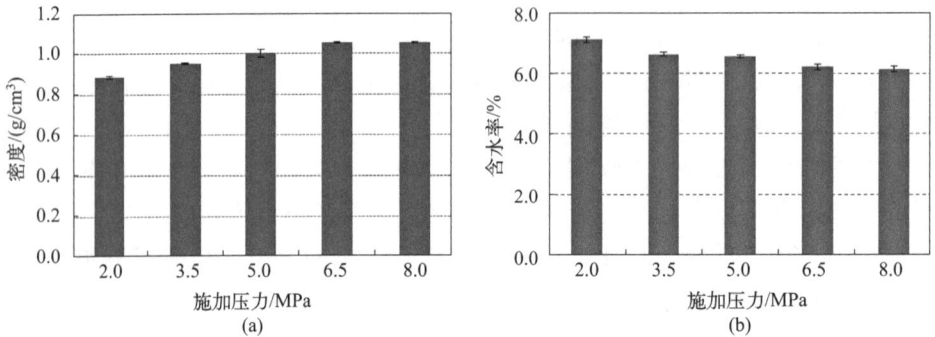

图 3-3　在不同施加压力下制备的大豆秸秆纤维板的密度（a）和含水率（b）

不同加热温度下最终制成的纤维板如图 3-4 所示，可以看到纤维板表面光滑，颜色从浅棕色到深棕色不等。在进行后续的测量和测试之前，将这些纤维板放置在恒定湿度和室温的环境中，时间超过 3 天。图 3-5（a）呈现了不同温度下制备的大豆秸秆纤维板的密度。在不同加热温度下，纤维板的密度基本保持一致，约为 1.1g/cm³，唯一例外的是在 110℃ 下生产的纤维板，其密度为 0.88g/cm³。图 3-5（b）呈现了不同加热温度下制备的纤维板的含水率。从图中可以明显看出，随着加热温度的升高，纤维板的含水率逐渐降低。在 110℃ 时制备的纤维板的含水率比其他温度下高出 12.5%。这表明，在 110℃ 下制造的纤维板内部存在较多微小孔隙，这些孔隙中充满了空气和自由水分子。

图 3-4　在不同温度下制备的大豆秸秆纤维板的表面形貌

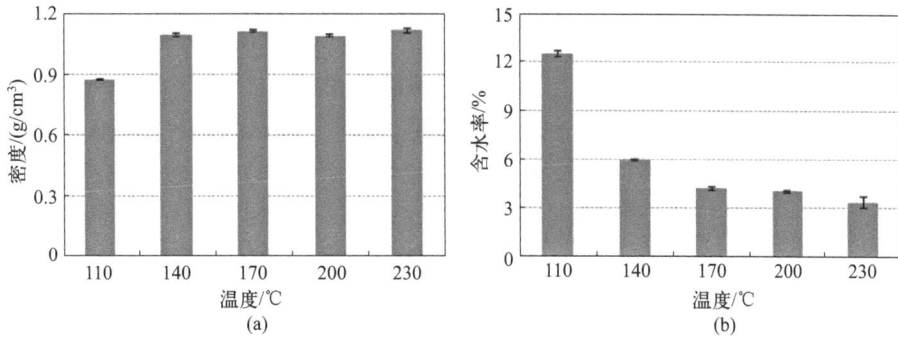

图 3-5　在不同温度下制备的大豆秸秆纤维板的密度（a）和含水率（b）

3.3.2　大豆秸秆纤维板的热性能

　　大豆秸秆纤维板的热重分析结果如图 3-6 所示，图中包括 TG 曲线和 DTG 曲线。TG 曲线表明，在温度低于 110℃时，纤维板样品出现了初始的质量减轻。这种质量损失可能是由于大豆秸秆粉中的水分在热量作用下扩散到空气中。随后，在 110 ～ 200℃之间，质量变化不大。然而，在 200 ～ 400℃，质量从 93.1% 下降到 22.2%，且 DTG 曲线在 382℃时达到最大失重速率。植物生物质的热降解顺序通常为：半纤维素（200 ～ 260℃）、纤维素（240 ～ 350℃）和木质素（280 ～ 500℃）。因此，在纤维板的制备过程中，半纤维素的热分解可能发生在 200 ～ 230℃的温度范围内。当温度超过 400℃时，木质素的剩余部分会逐渐降解，最终留下约 14% 的灰分。

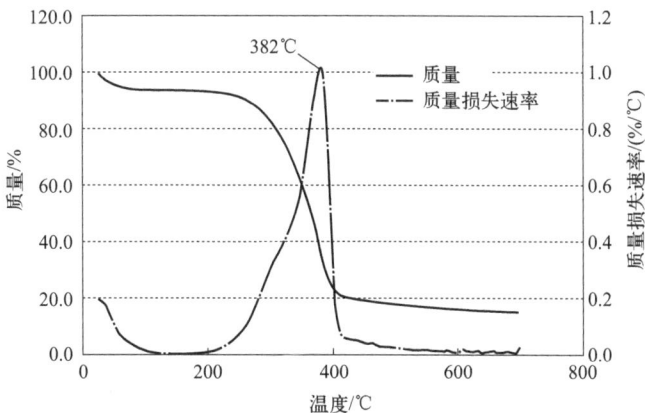

图 3-6　大豆秸秆纤维板的 TG 和 DTG 曲线

3.3.3 大豆秸秆纤维板的官能团变化

大豆秸秆纤维板在不同加热温度下的傅里叶变换红外光谱（FTIR）如图 3-7 所示。从光谱的峰位置来看，不同加热温度下的大豆秸秆纤维板之间没有显著差异。具体分析如下：在约 $3400cm^{-1}$ 处的吸收带对应于—OH 基团的伸缩振动，表明样品中存在脂肪族或芳香族化合物中的氢键或—OH 基团。在约 $2900cm^{-1}$ 处的峰与 C—H 伸缩振动相关。此外，在 $1680cm^{-1}$ 和 $1750cm^{-1}$ 之间出现了两个峰，这可能是由于苯环与羟基（—OH）或氨基（—NH$_2$）的共轭作用，形成了环状吸收峰。这些特征峰表明纤维板在不同加热温度下仍保持了其主要的化学结构特征，且加热过程未对其官能团的类型和分布产生显著影响。

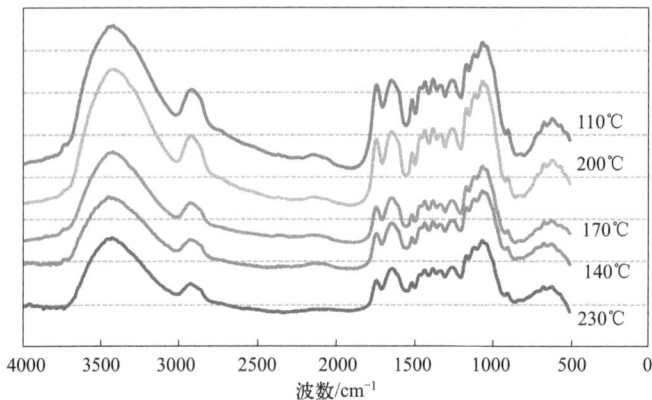

图 3-7 在不同加热温度下制备的大豆秸秆纤维板的 **FTIR** 光谱

在 $1000 \sim 1500cm^{-1}$ 之间产生了一系列峰值，这些峰值与 C—O、C—C 的伸缩振动以及 C—OH 的弯曲振动有关。值得注意的是，在 $3400cm^{-1}$ 处的峰值在 200℃和 230℃时高于其他温度下的水平。这一结果可以归因于半纤维素的降解，正如其他研究人员所报道的。半纤维素是一种亲水性物质，其降解导致纤维板中羟基（—OH）基团数量减少，这可能是高温下制造的纤维板具有较高防水性能的潜在证据。

3.3.4 大豆秸秆纤维板的微观结构表征

图 3-8 展示了在 110 ～ 230℃范围内制备的纤维板的横截面形态。在 110℃时，大豆秸秆纤维板的横截面显示出连续且狭窄的不规则裂缝和鳞片状覆盖，纤维分布不均匀，可能导致力学性能不佳。随着加热温度的升高，横截面结构逐渐变得更加致密和均匀。在 200℃时，纤维板的横截面呈现出光滑的纹理，表明其具有

优异的力学性能。然而，当温度升高到230℃时，横截面中出现了孔洞和热降解迹象，这表明过高的温度对力学性能的改善作用有限。因此，适当的加热温度对于优化纤维板的内部结构和力学性能至关重要。

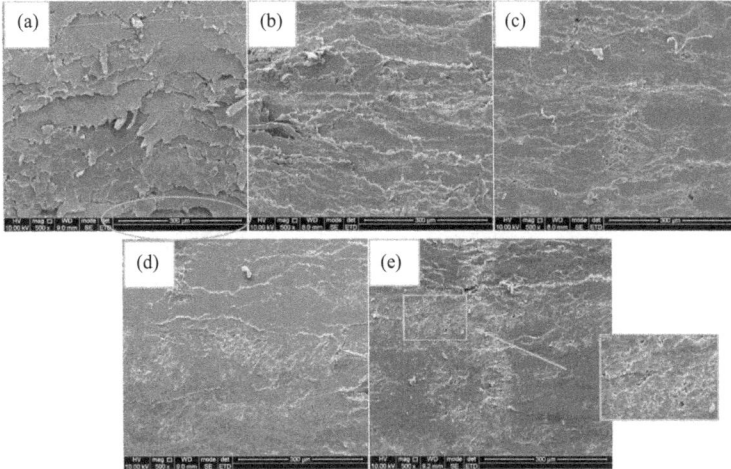

图3-8　不同加热温度下制备的大豆秸秆纤维板的截面形貌（500× 放大倍率）

3.3.5　大豆秸秆纤维板的力学性能

（1）大豆秸秆纤维板的弯曲和拉伸性能

如图3-9所示，不同试样的拉伸试验断裂情况不同。样品在不同位置发生断裂失效，断裂截面也不相同，部分截面出现斜面。结果表明，纤维间的化学键合能力是不同的。因此，纤维板的内部并不是一个均匀的状态。

图3-9　不同大豆秸秆纤维板试样在拉伸试验中的断裂情况

在弯曲试验中，试样上、下表面的应力不同，下表面受到拉力作用，而上表面受到压力作用。因此，纤维板的破坏可能包括拉伸断裂、压缩失效或两者兼有。图 3-10 为大豆秸秆纤维板试样在弯曲试验中典型的断裂破坏图。拉伸断裂导致了大豆秸秆纤维板的破坏。在弯曲试验中，纤维板的拉伸性能一般不如压缩性能。

图 3-10　大豆秸秆纤维板试样在弯曲试验中的断裂情况

图 3-11 显示了大豆秸秆纤维板试样的拉伸应力-应变曲线，分别标记为 Ct1、Ct2 和 Ct3。在拉伸的初始阶段，试件材料处于弹性变形阶段。当应力增加时，出现了弹塑性共存的阶段。最后，试样发生破坏，应力达到最大值，然后应力突然下降到零，这个最大值定义为断裂应力。对于这三个试样，其应力-应变曲线并不完全重合，因为该试样厚度并不均匀。

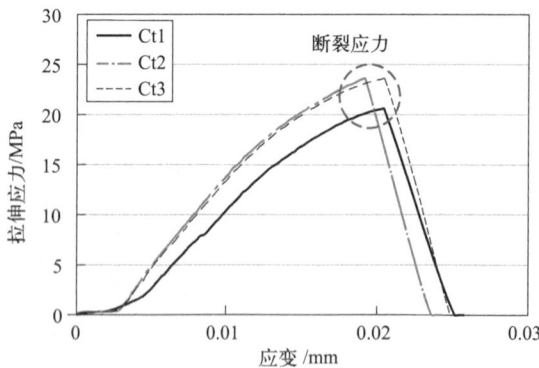

图 3-11　大豆秸秆纤维板试样的拉伸应力-应变曲线

图 3-12 为从大豆秸秆纤维板切割出的试样的弯曲应力-挠度曲线，分别编码为 Cb1、Cb2、Cb3 和 Cb4。在初始阶段，它们表现出类似的拉伸变形趋势。当达到峰值（在 35～40MPa 之间）时，弯曲应力迅速下降到一定的值（在 15MPa

左右），然后慢慢趋近于零。这主要是由于一些纤维仍然是连接的。

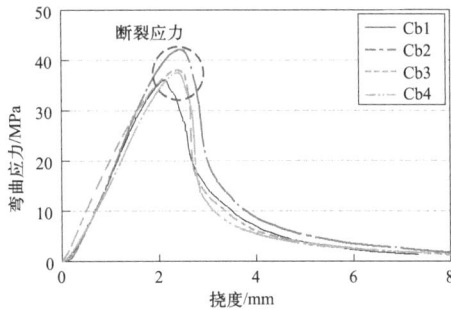

图 3-12　大豆秸秆纤维板试样的弯曲应力-挠度曲线

图 3-13（a）为不同施加压力下制备的大豆秸秆纤维板的弯曲断裂应力平均值。随着施加压力的增加，弯曲断裂应力从 32.3MPa 增加到 40.6MPa。静态弯曲强度不能连续提高，特别是当施加压力大于 6.5MPa 时。图 3-13（b）为不同施加压力下制备的大豆秸秆纤维板的拉伸断裂应力平均值。纤维板的拉伸断裂应力在 15.73 ～ 22.57MPa 之间。

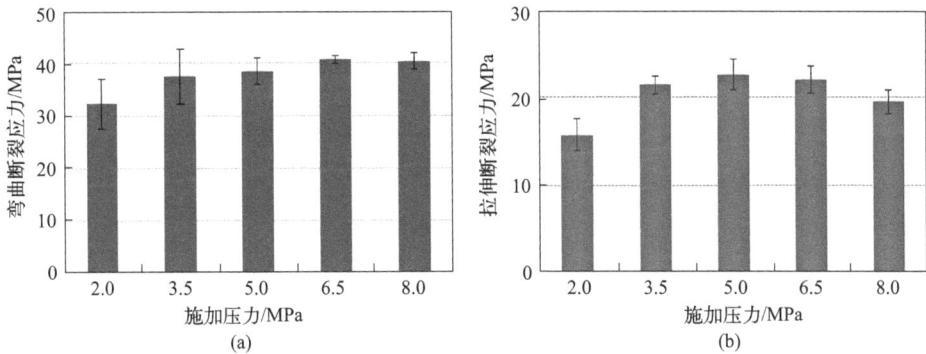

图 3-13　在不同施加压力下制备的大豆秸秆纤维板的弯曲断裂应力（a）和拉伸断裂应力（b）

图 3-14 为在不同施加压力下制备的玉米秸秆与水稻秸秆纤维板的弯曲断裂应力。与大豆秸秆纤维板相比，玉米秸秆与水稻秸秆基纤维板的弯曲强度特性呈现显著差异，最大弯曲断裂应力均低于大豆秸秆纤维板。具体来说，随着施加压力的增加，玉米秸秆和水稻秸秆的弯曲断裂应力均表现出先减小后增加的趋势，且最大弯曲断裂应力均在施加压力为 8MPa 的条件下，分别为 36MPa 和 9.3MPa，玉米秸秆纤维板的弯曲断裂应力显著高于水稻秸秆纤维板，这是因为玉米秸秆纤维具有更高的纤维素含量和长径比，在高压下形成更致密的纤维交织结构，从而

表现出更强的抗弯性能。

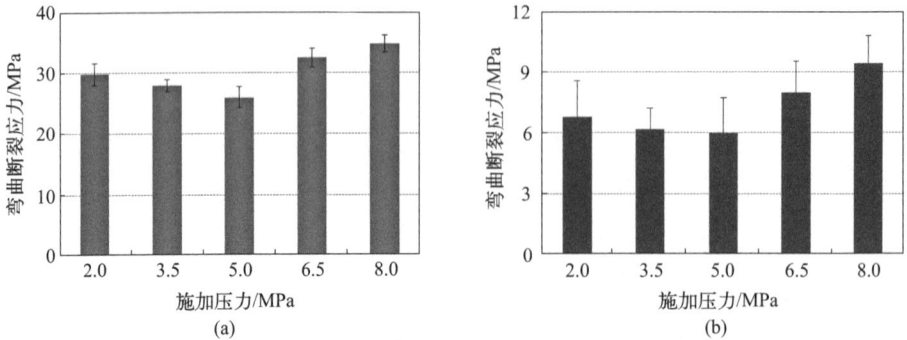

图 3-14　在不同施加压力下制备的玉米秸秆（a）和水稻秸秆纤维板（b）的弯曲断裂应力

图 3-15 分别表示在不同温度下制备的纤维板的弯曲断裂应力和拉伸断裂应力。如图 3-15（a）所示，在弯曲试验中，110℃下制备的纤维板的弯曲断裂应力仅为 15.5MPa，明显低于其他温度下生产的纤维板。从 140℃到 230℃，弯曲断裂应力先从 39.3MPa 缓慢增加到 42.1MPa，然后在 230℃时下降到 35.8MPa。如图 3-15（b）所示，大豆秸秆纤维板的拉伸断裂应力在 8.4MPa 到 24.4MPa 之间，随着加热温度的升高而增加。以上结果表明加热温度对纤维板的力学性能有显著影响，适中的加热温度有助于提高其强度，而过高或过低的温度则可能导致性能下降。

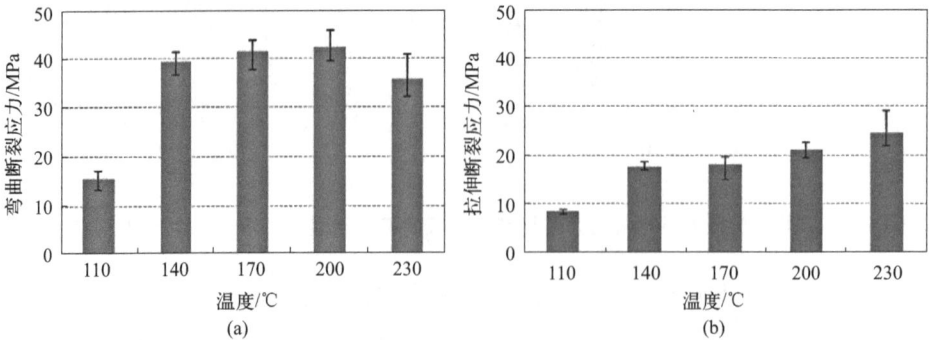

图 3-15　在不同温度下制备的大豆秸秆纤维板的弯曲断裂应力（a）和拉伸断裂应力（b）

根据之前的含水率讨论，可以明显看出，110℃下压制的纤维板具有较高的含水率，这导致其弯曲和拉伸断裂应力较低。从 140℃到 200℃，纤维板的含水率降低［如图 3-5（b）所示］，游离水分子的减少意味着纤维大分子之间通过氢键或范德华力形成了更直接的连接。此外，在成型过程中，木质素会软化，从而有助于将纤维更紧密地黏合在一起。根据以往的研究，木质素的玻璃化转变温度与含水率直接相关。本研究采用湿法成型工艺，在成型过程中，纤维板垫的含水率高会显著降低木质素的玻璃化转变温度，使木质素软化并起到黏合剂的作用，从而略微提高了纤维板的弯曲强度和拉伸强度。

在230℃下生产的纤维板具有最低的含水率[3.4%，如图3-5（b）所示]。与200℃相比，其平均拉伸断裂应力增加了16.5%，但平均弯曲断裂应力却降低了15.1%。这一结果可能与材料的化学变化有关。半纤维素在200℃以上会发生热解，且随着温度升高，热解产物会发生缩合或聚合。在230℃时，缩合反应和塑化作用导致纤维板变得脆化和硬化，这不利于其弯曲强度的提升。

（2）大豆秸秆纤维板的螺钉保持力

对于家具和建筑领域中使用的纤维板，通常需要通过螺丝进行固定安装，因此评估纤维板的螺丝保持力至关重要。如图3-16（a）所示，大豆秸秆纤维板的螺钉保持力在434.7～485.6N范围内，随着施加压力的增加，没有明显的上升趋势。图3-16（b）展示了不同温度下制备的大豆秸秆纤维板的螺丝保持力，其值在224.9 N到390.4 N之间。除了在110℃下制备的纤维板，其他纤维板的螺丝保持力均大于350 N。通常情况下，螺丝保持力与弯曲强度表现出相似的趋势。

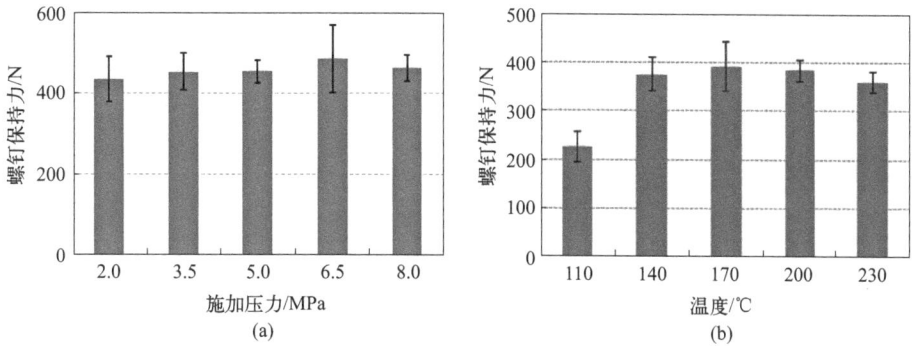

图3-16 在不同施加压力（a）和温度（b）下制备的大豆秸秆纤维板的螺钉保持力

3.3.6 大豆秸秆纤维板的尺寸稳定性

图3-17展示了在不同的施加压力下制备的大豆秸秆纤维板的吸水率（WA）和厚度膨胀率（TS）。大豆秸秆纤维板的吸水率范围为87.7%～97.1%，厚度膨胀率范围为45.8%～62.0%。厚度膨胀率随施加压力的增加而增加。这种变化与

受施加压力影响的纤维的致密度密切相关。

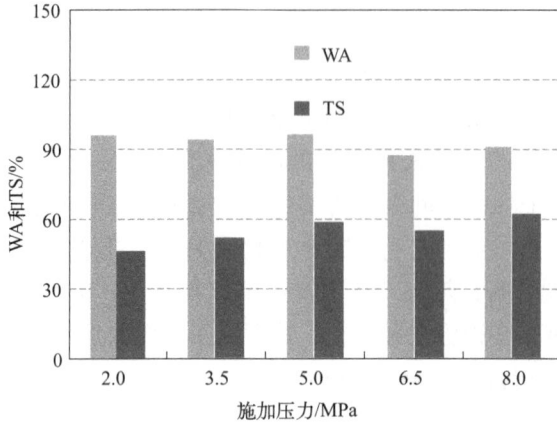

图3-17 在不同施加压力下制备的大豆秸秆纤维板的吸水率和厚度膨胀

图3-18展示了在不同温度下制备的纤维板的吸水率和厚度膨胀率。从110℃到140℃，纤维板的吸水率先从105.4%增加到123.4%，随后在140℃之后又从123.4%下降到41.5%。同样，厚度膨胀率也呈现出类似的趋势，从46.1%增加到97.8%，然后从97.8%下降到23.5%。这表明纤维板的尺寸稳定性从140℃开始随着加热温度的升高而显著提高，在230℃时达到最佳性能。

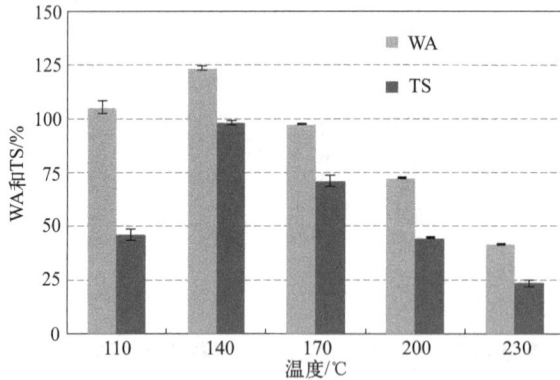

图3-18 在不同温度下大豆秸秆纤维板的吸水率和厚度膨胀率

在加热温度从110℃升至140℃的过程中，制备的纤维板的吸水率和厚度膨胀率均有所增加。这一现象可能由以下两个因素导致：首先，如图3-5（b）所示，110℃压制的纤维板纤维存在较高含水率，因此其吸收更多水分的潜力有限，相比之下，140℃压制的纤维板则更容易吸水。其次，140℃压制的纤维板密度更高，纤维排列更为紧密。在吸水率测试后，纤维间的氢键被破坏，纤维膨胀，原本紧密的纤维间空隙显著扩大，使得140℃压制的纤维板能够吸收比110℃更多的水分，并且厚度膨胀率的变化更为显著。

从140℃到230℃，吸水率和厚度膨胀率逐渐同步下降。这一现象可归因于以下化学反应的发生：首先，半纤维素的热解。半纤维素的热稳定性较差，随着加热温度的升高，其热解率先发生。此外，半纤维素是一种亲水性物质，其含量的降低在一定程度上改善了纤维板的防水性能。其次，木质素的缩合反应。当加热温度超过200℃时，木质素发生缩合反应，生成的物质呈黑色且几乎不溶于水，因此经过浸水试验后，含水率大幅降低。

3.4 利用樟树残枝制备无黏结剂纤维板

樟树，作为樟科樟属的常绿大乔木，广泛分布于我国南方地区，生长迅速且资源丰富。其树干挺拔，枝叶繁茂，在提供生态防护功能的同时，也为纤维板制备提供了优质原料。樟树的木材结构较为紧密，细胞排列规则。其木质部由导管、木纤维、薄壁细胞等组成。导管负责水分和养分的运输，在横切面上呈现出大小不一的孔眼状结构；木纤维细长且壁厚，是构成木材强度的主要成分，赋予木材良好的韧性和抗拉伸能力；薄壁细胞则分布于木纤维之间，储存和传递营养物质。

樟树含有纤维素、半纤维素和木质素等主要成分。纤维素是由葡萄糖单元通过 β-1,4-糖苷键连接而成的线性高分子聚合物，在木材中起到骨架支撑作用，约占木材干重的 40%～50%。半纤维素是由多种单糖组成的杂多糖，如木糖、甘露糖、阿拉伯糖等，它与纤维素相互交织，填充在纤维素的空隙中，增强了木材的整体性，含量一般在 20%～30%。木质素是一种复杂的芳香族聚合物，填充在细胞之间，将纤维素和半纤维素紧密结合在一起，赋予木材一定的硬度和防水性，占木材干重的 20%～30%。此外，樟树还含有少量的提取物，如挥发油、树脂等，这些成分赋予了樟树独特的气味和一定的防腐性能。

3.4.1 樟树残枝纤维板的热性能

樟树粉干燥残留物的 TGA 结果如图 3-19 所示，给出了 TG 曲线和 DTG 曲线。当温度低于 25～50℃时，TG 曲线显示质量最初减小。这种质量损失可能是由于在氮气气氛中加热时樟树残留物中的水分蒸发引起的。在 50℃和 200℃之间，质量变化不大。从 200℃ 到 390℃，质量损失从 95.58% 下降到 33.79%，DTG 曲线显示在 365℃ 的温度下达到最大值。

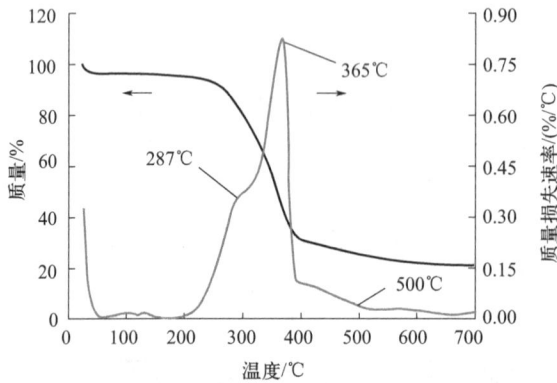

图 3-19　樟树残枝干燥粉的 TG 和 DTG 曲线

一般来说，木质纤维素材料的热解从半纤维素的分解（200 ~ 260℃）开始，然后是纤维素的分解（240 ~ 350℃），最后是木质素（280 ~ 500℃）。240 ~ 400℃ 范围内的质量损失主要是由于木质素和纤维素链的链断裂和解聚，通过破坏胶合糖环单元内的 C—C 和 C—O 键，释放出水、一氧化碳（CO）和 CO_2。本研究的最高加热温度为 230℃，因此，在纤维板的制造过程中没有产生其他物质。当温度升至 287℃ 时，质量损失速率减慢。据推测，半纤维素已经完全降解，只剩下一些纤维素，而木质素刚刚开始降解，因此失重率发生了变化。当加热温度超过 365℃ 时，质量损失速率迅速下降，纤维素基本完全降解。当温度高于 500℃ 时，剩余的木质素趋于完全降解，直到剩余约 21.0% 的灰分。

3.4.2　樟树残枝纤维板的微观表征

在进行测量前 3 天，在恒定湿度和室温下对纤维板进行调节。考虑到纤维板是无黏结剂的，从宏观角度来看，板材的外观没有落渣的现象，这表明木纤维之间的结合比较强。在所有试验条件下，均成功制得纤维板。纤维板的微观形态如图 3-20 所示。纤维板的横截面存在明显的不规则裂缝，随着施加压力和加热温度的增加，其长度和宽度会变小。据推测，木质素在玻璃化转变温度下可能从玻璃状变为高弹性状态，因此它将具有橡胶和延展性。木质素既可以作为黏合剂，也可以填充微小的空隙，这有助于纤维板的性能提高。

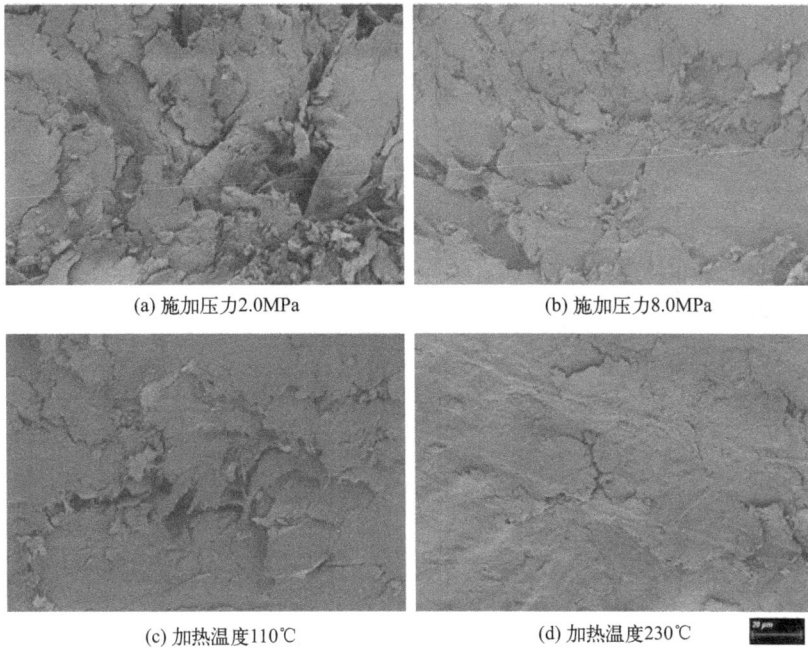

(a) 施加压力2.0MPa   (b) 施加压力8.0MPa

(c) 加热温度110℃   (d) 加热温度230℃

图 3-20　在不同热压条件下制备的樟树残枝纤维板试样电镜图（500× 放大倍率）

3.4.3　樟树残枝纤维板的官能团变化

图 3-21 展示了在不同加热温度和施加压力条件下生产的纤维板的傅里叶变换红外光谱（FTIR）。在官能团特征区域，位于约 $3330cm^{-1}$ 的吸收峰归因于氢键作用下的羟基（—OH）拉伸振动。樟树的亲水性特征在 $3000 \sim 3600cm^{-1}$ 的吸光带中得以体现，这一区域与脂肪族或芳香醇中存在的羟基（—OH）基团相关，且这些基团广泛存在于其主要成分中。

在约 $3300cm^{-1}$ 处检测到羟基（—OH）的特征吸收峰。此外，脂肪族 C—H 键和亚甲基不对称 C—H 键的特征吸收峰分别出现在约 $2900cm^{-1}$ 和 $2800cm^{-1}$ 处。在 $1734cm^{-1}$ 和 $1595cm^{-1}$ 之间，出现了两个特征峰，这可能是由于苯环与羟基（—OH）或氨基（—NH₂）的共轭作用导致的环状结构吸收峰。在 $1508 \sim 1156cm^{-1}$ 的中等强度吸收带区域，归因于羟基（—OH）的弯曲振动以及对称和不对称的 C—O—C 拉伸振动。

在指纹区域，波数范围为 $1200 \sim 1000cm^{-1}$ 的吸收带主要归因于纤维素和木质素中的 C—O 键的拉伸和变形振动。这种特征吸收带的存在可能与纤维板样品表现出的高疏水性有关。观察发现，在不同条件下生产的纤维板样品虽然在化学键的类型上表现出高度相似性，但它们的峰面积存在显著差异，这表明不同样品中相同化学键的含量有所不同。此外，许多相同组分的特征峰发生了位移，这种现象可能与氢键的性质以及分子间的耦合效应密切相关。

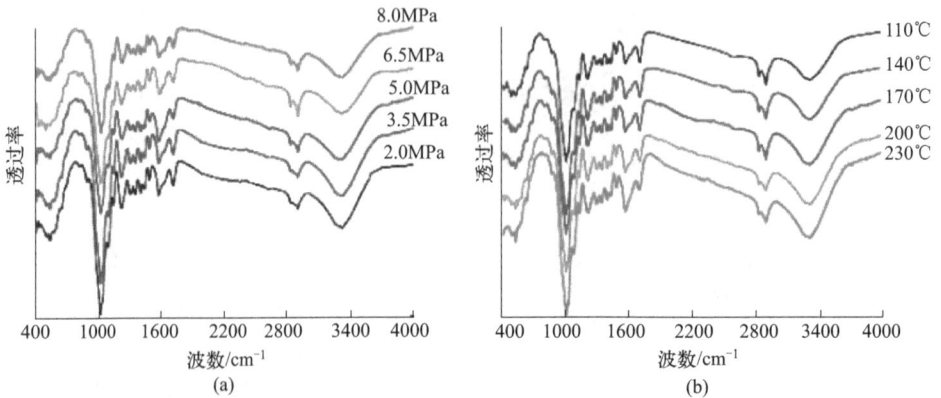

图3-21 在不同施加压力（a）和温度（b）下制备的樟树残枝纤维板的FTIR光谱

3.4.4 樟树残枝纤维板的物理特性

图3-22展示了在不同热压条件下生产的纤维板的密度和含水率。图3-20（a）表明，随着施加压力的增加，纤维板的密度从0.900g/cm³上升至1.080g/cm³。与此同时，纤维板的含水率在7.72% ~ 6.61%之间变化。图（b）则显示，随着加热温度的升高，纤维板的密度从1.029g/cm³增加到1.129g/cm³，而含水率则从110℃时的9.91%逐渐下降至3.66%。在所有热压条件下，纤维板的密度均超过0.80g/cm³，这些纤维板被归类为硬纸板。施加压力和加热温度对纤维板密度的影响相对较小，但加热温度对含水率的影响更为显著。

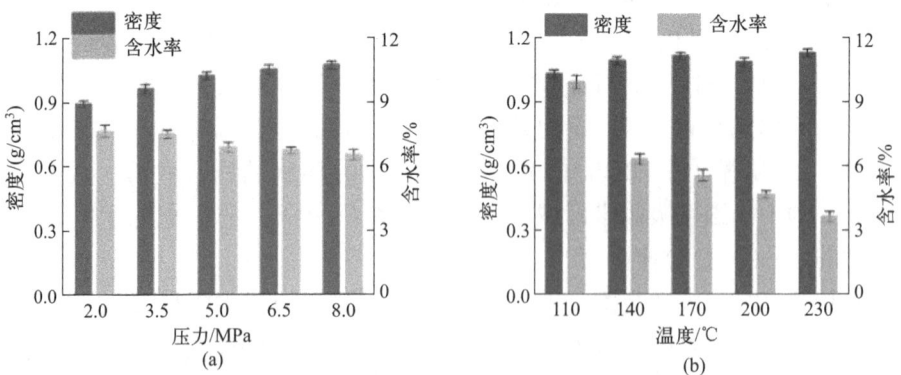

图3-22 在不同压力和温度下制备的樟树残枝纤维板的密度（a）和含水率（b）

纤维板的密度与含水率呈现出明显的反比关系。扫描电子显微镜（SEM）图像显示，纤维板的表面和内部存在许多微小的空隙，这些空隙能够容纳大量的空气和水分子。当施加压力增加时，纤维之间的黏合更加紧密，减少了微小空隙的数量，并将其中的空气和水分子排出。加热温度的升高则加速了水分的蒸发，促使纤维素分子脱落与其结合的水分子。同时，高温有助于填充微小空隙，并在木质素的高弹性状态下挤出其中的水分。

3.4.5 樟树残枝纤维板的力学性能

图 3-23 展示了在不同热压条件下生产的纤维板的拉伸断裂应力和弯曲断裂应力。如图 3-23（a）所示，随着施加压力的增加，纤维板的弯曲断裂应力从 15.44MPa 增加到 28.20MPa，拉伸断裂应力从 9.80MPa 增加到 12.54MPa。

根据图 3-22（a）所示的物理特性，随着施加压力的增加，纤维板的含水率降低，密度均匀增加。含水率的降低表明，在施加压力的作用下，纤维分子与相邻水分子之间的化学键被破坏。这使得纤维分子彼此靠近，并通过氢键和羟基重新连接。这一过程导致水分子从纤维板中分离，纤维分子之间的距离缩短，从而促进了纤维之间的紧密黏合和机械缠结，甚至可能形成共价键。因此，纤维间的键合更加紧密，分子间的范德华力增强，从而显著改善了纤维板的力学性能。

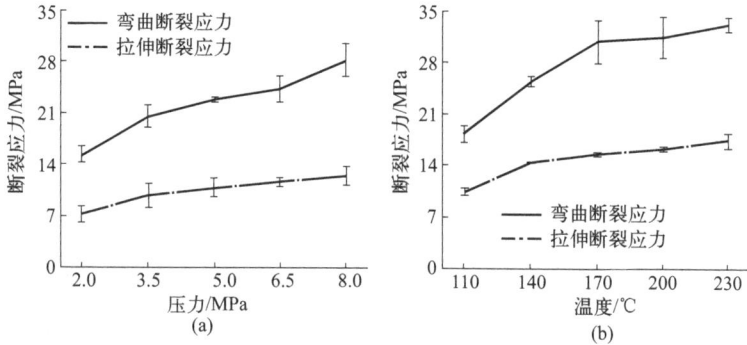

图 3-23 在不同压力和温度下制备的樟树残枝纤维板的弯曲断裂应力（a）和拉伸断裂应力（b）

同样地，随着加热温度的升高，纤维板的弯曲断裂应力和拉伸断裂应力也呈现出增加的趋势［见图 3-23（b）］。具体而言，当加热温度达到 230℃时，纤维板展现出最大的弯曲断裂应力（33.2MPa）和最大的拉伸断裂应力（17.49MPa）。相反，在 110℃的加热温度下，纤维板的弯曲和拉伸断裂应力分别仅为 18.21MPa 和 10.40MPa，均为最小值。这种现象的出现可能与含水率的降低和木质素的软化密切相关。木质素的玻璃化转变温度与其含水率呈直接相关性。当加热温度超过 170℃时，纤维板的力学性能逐渐得到改善，这可能是由于含水率的降低导致木质素的玻璃化转变温度升高。这使得木质素更难以转变为高弹性状态，进而降低了其作为黏合剂的效能。然而，软化的木质素能够更有效地作为黏合剂，从而显著提升纤维板的弯曲和拉伸断裂应力。

3.4.6　樟树残枝纤维板的尺寸稳定性

图 3-24 展示了不同热压条件下纤维板的吸水率（WA）、厚度膨胀率（TS）和线膨胀率（LE）的测试结果。如图 3-24（a）所示，随着施加压力的增加，纤维板的吸水率从 101.11% 缓慢下降至 94.4%，而厚度膨胀率则从 50.7% 上升至 76.6%。与此同时，线膨胀率的变化相对较小，仅从 2.50% 增加到 3.12%。图 3-24（b）表明，随着加热温度的升高，纤维板的吸水率从 94.5% 迅速下降至 25.3%，厚度膨胀率也从 77.9% 大幅下降至 20.6%。相比之下，线膨胀率的变化较为温和，从 3.63% 下降到 1.28%。

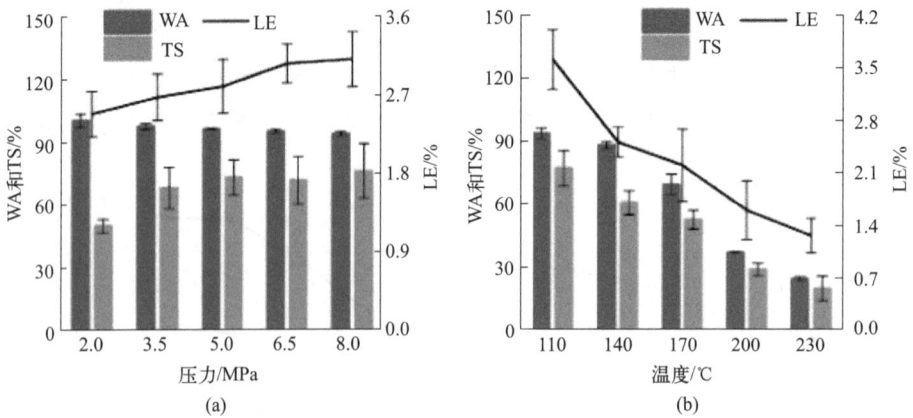

图 3-24　在不同压力（a）和不同温度（b）下制备的樟树残枝纤维板的吸水率、厚度膨胀率和线膨胀率

这种现象可能与以下几个因素有关。在不同施加压力的条件下，纤维之间紧密的黏合和机械缠结，以及共价键的形成，可能是由于木质素的富集。同时，纤维分子通过氢键与羟基相连，这使得它们更难与水分子结合。此外，纤维板表面的微小空隙变小，阻止了水分子进入纤维板内部，这一点通过扫描电子显微镜（SEM）分析得到了证实。随着施加压力的增加，水分子通过微小空隙进入纤维板内部，并附着在这些空隙上。对于厚度膨胀率特性而言，水分子导致微小空隙迅速膨胀。另一方面，纤维分子与外围的一层水分子结合，使纤维分子变厚，从而导致纤维板的厚度膨胀。对于 LE 特性而言，水分子对纤维分子的吸附并不会导致它们显著伸长。因此，LE 的小幅增加主要是由于微小空隙的扩大引起的。

在不同加热温度下，以下化学反应可能发生。半纤维素的热稳定性相对较差，因此随着加热温度的升高，半纤维素会率先发生热解。半纤维素中含有大量游离羟基，这些羟基是导致木材润湿现象的关键因素。随着半纤维素的降解，这些游离羟基的数量会急剧减少。此外，半纤维素本身是一种亲水性物质，其降解会在一定程度上改善纤维板的防水性能。

另一个需要考虑的因素是木质素的缩合反应。当加热温度超过 170℃ 时，纤维板的吸水率会迅速下降。热重分析（TGA）结果表明，木质素的缩合反应主要发生在 200℃ 以上。缩合反应生成的物质呈黑色且几乎不溶于水，因此在浸水试验后，纤维板的含水率会显著降低。

3.5　工业化人造板生产工艺

3.5.1　基本工艺流程

人造板的种类繁多，尽管生产工艺各有不同，但其基本工艺流程和步骤大致相似。人造板的制造过程通常可以分为三个主要阶段：备料、制板和后期加工。这些阶段涵盖了多个关键工序，包括基本单元的制造、干燥、单元加工、施胶、板坯成型、热压、中间储存以及后期处理等。其基本工艺流程见图 3-25。

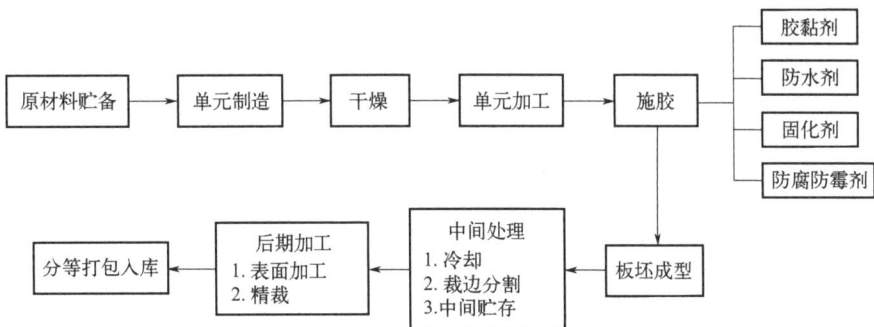

图 3-25　人造板生产工艺基本流程图

（1）备料阶段

① 原材料收集与处理　收集适合的人造板生产原材料，如木材、木屑、木片、竹材、农作物秸秆等，根据需要进行清洗、筛选和去杂质等预处理，以确保

原材料的质量和一致性。

② 基本单元制造 将处理后的原材料通过机械加工或化学处理等方法，制成适合后续加工的基本单元，如木片、木屑、纤维等。这一步骤是确保人造板质量和性能的基础。

（2）制板阶段

① 干燥 对基本单元进行干燥处理，以去除其中的水分，降低含水率。干燥过程对于提高人造板的强度、稳定性和加工性能至关重要，同时也有助于减少后续加工过程中的变形和开裂。

② 单元加工 根据人造板的类型和用途，对基本单元进行进一步的加工处理，如切割、打磨、筛选等，以满足不同产品的尺寸和形状要求。

③ 施胶 将胶黏剂均匀地施加到基本单元上，以增强单元之间的黏结力，提高人造板的整体强度和稳定性。胶黏剂的选择和施胶工艺对人造板的性能和环保性有重要影响。

④ 板坯成形 将施胶后的基本单元按照一定的排列方式和密度，通过机械或气流等方法铺装成板坯。板坯的成形质量直接影响人造板的外观和性能。

⑤ 热压 将板坯放入热压机中，在一定的温度和压力下进行热压处理，使胶黏剂固化，基本单元之间形成牢固的黏结，从而形成具有一定强度和稳定性的板材。热压工艺参数的控制是保证人造板质量的关键。

（3）后期加工阶段

① 中间储存 将热压后的板材进行中间储存，以便进行后续的冷却、定型和质量检验等工序。中间储存可以有效减少板材在加工过程中的变形和损伤。

② 后期处理 对板材进行进一步的加工处理，如切割、打磨、涂饰、贴面等，以满足不同产品的外观和性能要求。后期处理工序可以根据人造板的种类和用途进行调整和优化。

整个人造板制造过程需要严格控制各个工序的工艺参数和质量标准，以确保最终产品的质量和性能符合要求。同时，随着技术的发展和环保要求的提高，人造板的生产工艺也在不断改进和创新，以提高生产效率、降低能耗和减少环境污染。

3.5.2 胶合板生产工艺流程

胶合板是一种由单板或薄木通过胶黏剂黏合而成的板状材料，通常由三层或多层构成，且相邻层的纤维方向互相垂直。用来制作胶合板的树种有椴木、桦木、水曲柳、榉木、色木、柳桉木、榆木和杨木等。其生产工艺流程见图3-26。

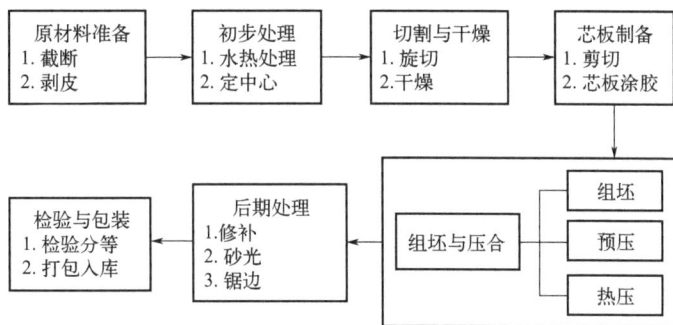

图 3-26 典型胶合板生产工艺流程图

以下是胶合板生产主要工序的详细说明。

（1）水热处理

将木段放入热水中浸泡，以提高木材的含水率和温度，这一过程也称为木段的水热处理。通过水热处理，可以有效减小单板背面的裂隙，从而提高单板的整体质量；同时，木段中的节子硬度会显著下降，在后续的旋切过程中不易出现崩刀现象；此外，树脂和细胞液会渗透出来，这有利于单板的干燥、胶合、砂光、涂装和饰面等后续工序的顺利进行。水热处理的方法有多种，包括水煮、水与空气同时加热以及蒸汽热处理等。不同的方法各有特点，可以根据具体的生产需求和条件选择合适的水热处理方式。

（2）旋切

旋切是胶合板生产中最关键的环节之一，其质量直接影响到最终人造板的品质。在旋切过程中，木段会进行定轴回转，同时刀刃平行于木段轴线做直线进给运动，切削方向沿着木材的年轮进行。根据加工木材的直径大小，旋切分为有卡旋切和无卡旋切两种方式，有卡旋切主要用于加工直径较大的木材，而无卡旋切则适用于加工小径原木。旋切机根据木段是否绕自身轴线旋转，又可分为同心旋切和偏心旋切两类，同心旋切机中又细分为卡轴旋切机和无卡轴旋切机两种。偏心旋切可以获得美观的径向花纹，但其生产效率相对同心旋切较低。而旋切质量的优劣会直接影响单板的厚度均匀性、表面光滑度以及纹理的美观程度，进而影响胶合板的外观质量和物理力学性能。因此，在旋切过程中需要严格控制刀具的锋利度、进给速度、切削深度等参数，以确保单板的质量满足后续加工和使用的要求。

（3）单板整理

① 剪切　将干燥后的带状单板和零片单板按照规定的尺寸要求进行剪切，

得到规格整齐的单板和可用于拼接的单板。这一步骤有助于提高单板的利用率，减少浪费。

② 拼板　将窄条单板通过拼接的方式组合成整张单板，以满足生产大尺寸胶合板的需要。拼接过程中要确保拼接处的平整度和牢固度，避免出现拼接缝隙过大或拼接不牢的情况。

③ 修补　对于存在缺陷的整张单板，如裂纹、孔洞等，可以通过修补的方式使其达到工艺质量要求。修补方法可以采用粘贴、填补等，修补后的单板应保持表面平整，无明显的修补痕迹。

（4）涂胶

① 涂胶过程　将分类好的单板通过涂胶机进行涂胶处理。涂胶时使用的是三聚氰胺防水胶与面粉按适当比例混合均匀后制成的胶液，为了便于区分，还会加入红粉。涂胶的目的是在单板表面均匀地涂覆一层胶黏剂，使单板在后续的组坯和热压过程中能够牢固地黏合在一起。

② 涂胶质量要求　涂胶要均匀且适量，既不能涂得过厚，也不能涂得过薄。过厚的胶层会影响胶合板的强度和稳定性，而过薄的胶层则可能导致单板黏合不牢，出现分层现象。涂胶量的控制需要根据单板的种类、厚度以及胶黏剂的性能等因素进行调整。

（5）组坯

① 组坯过程　将涂过胶的单板按照客户要求的尺寸和规格，放在案子上进行铺装。组坯时采用互补错层的方式进行拼接与修补，这样可以使多层胶合板的结构更加牢固，提高胶合板的整体强度和稳定性。组坯过程中要注意单板的纹理方向，通常相邻层的单板纹理方向要互相垂直，以减少内应力和变形。

② 质量控制　组坯的质量直接影响胶合板的外观和性能，因此在组坯过程中要严格控制单板的排列顺序、拼接质量以及胶层的均匀性等。组坯完成后，要对板坯进行仔细检查，确保没有漏胶、错位等问题。

（6）预压

① 预压过程　将组坯好的板坯先进行一次冷压，以初步固定单板之间的位置和胶层的形态，然后放入预压机中，在一定的压力下进行预压适当的时间。预压的目的是提高板坯的密实度，减少热压过程中的变形，同时也有助于胶黏剂的初步固化。

② 预压参数控制　预压的压力和时间要根据板坯的厚度、单板的种类以及胶黏剂的性能等因素进行合理设置。过高的压力可能会导致板坯变形或单板断裂，

而过低的压力则达不到预压的效果。预压时间过长或过短也会影响板坯的质量。

（7）热压

① 热压过程　将预压好的板坯放入热压机中，在一定的温度和压力下进行适当时间的热压。热压是胶合板生产中的关键工序，通过高温高压使胶黏剂充分固化，单板之间形成牢固的黏结，从而使多层胶合板牢固地黏合在一起，形成具有一定强度和稳定性的板材。

② 热压参数控制　热压的温度、压力和时间是影响胶合板质量的重要因素。温度过高或过低都会影响胶黏剂的固化效果和胶合板的强度，压力过大或过小也会导致胶合板的变形或黏合不牢。因此，在热压过程中要严格控制这些参数，以确保胶合板的质量符合要求。

（8）砂光

① 砂光过程　将热压后的胶合板通过砂光机对其表面进行砂光处理，以去除表面的毛刺、不平整和胶痕等缺陷，使板面光洁美观。砂光后的胶合板表面平整度高，光滑度好，为后续的覆膜、涂装等工序提供了良好的基础。

② 砂光质量要求　砂光要均匀且彻底，不能留下明显的砂痕或未砂光的区域。砂光后的胶合板厚度要符合规定的公差范围，以保证产品的尺寸精度和外观质量。

（9）覆膜

① 覆膜过程　将砂光好的胶合板双面覆上桃花芯膜或者建筑模板用的防水黑膜纸，然后进行二次热压。覆膜可以提高胶合板的表面装饰效果和防护性能，使其具有更好的耐磨、防水、防腐等特性。

② 覆膜质量要求　覆膜要平整且牢固，不能出现气泡、皱褶或脱胶等现象。覆膜后的胶合板表面应光滑、色泽均匀，无明显的瑕疵。

（10）裁边

① 裁边过程　将热压好的毛板在锯边机上裁成客户需要的规格板材。裁边时要确保四边平直，对角线差小，且在公称尺寸范围内无边角亏缺。

② 裁边质量要求　裁边的尺寸精度要高，不能出现尺寸偏差或边角不齐的情况。裁边后的胶合板应符合客户的规格要求，以满足后续的使用和加工需要。

以木材为主要原料生产的胶合板，凭借其结构的合理性和生产过程中的精细加工，能够有效地克服木材的天然缺陷，如裂纹、节子、变形等，从而大大改善和提高木材的物理力学性能。胶合板生产是充分利用木材资源、合理改善木材性能的一个重要方法，对于提高木材的利用率和经济效益具有重要意义。

3.5.3 纤维板生产工艺流程

纤维板的生产工艺主要分为湿法、干法和半干法三种方式，每种方法都有其独特的工艺流程和特点。

（1）湿法生产工艺

湿法生产以水作为纤维运输的载体，纤维在水中被分散和运输，其成型机理主要依靠纤维之间的相互交织产生的摩擦力、纤维表面分子之间的结合力以及纤维含有物产生的胶结力等作用，使纤维板具有一定的强度。湿法工艺能够充分利用纤维之间的天然结合力，减少对胶黏剂的依赖，适合生产低密度纤维板。

（2）干法生产工艺

干法生产以空气作为纤维运输载体，纤维在空气中被分散和运输，纤维制备采用一次分离法进行纤维制备，一般不经过精磨处理，需要施加胶黏剂以增强纤维之间的黏结力。在板坯成形之前，纤维需要经过干燥处理，以去除多余的水分，确保纤维的干燥度和板坯的成型质量。热压成板后，通常不再进行热处理，直接得到成品纤维板，其他工艺与湿法相同。干法工艺适合生产中密度和高密度纤维板，能够提高生产效率和产品质量，但对胶黏剂的使用量相对较多。

（3）半干法生产工艺

半干法也采用气流成形的方式，纤维在气流中被分散和运输，在成形过程中不经过干燥，保持较高的含水率，这样可以减少干燥工序，降低能耗。在半干法中，可以不用或少用胶黏剂，因为纤维的含水率较高，有助于纤维之间的黏结。半干法克服了干法和湿法的主要缺点，如干法的高能耗和湿法的低生产效率，同时保留了部分优点，适合生产具有一定强度和环保性的纤维板。干法中（高）密度纤维板的生产工艺流程见图3-27。

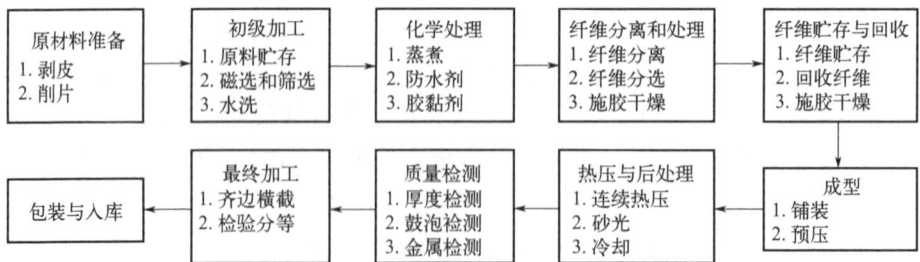

图3-27 典型中密度纤维板生产工艺流程图

纤维板生产工艺主要工序有纤维分离、纤维处理、板坯成形、热压和后期处理等。

① 纤维分离 也称为制浆，是将制浆原料分解成纤维的过程。纤维分离的方法主要分为机械法和爆破法两大类，其中机械法又细分为热力机械法、化学机械法和纯机械法。热力机械法的工艺流程是先用热水或饱和蒸汽对原料进行处理，使纤维胞间层软化或部分溶解，在常压或高压条件下通过机械力作用将纤维分离出来，然后用盘式精磨机进行精磨（干法纤维板制浆通常不经过精磨）。采用此法生产的纤维浆，纤维形状完整，交织性强，滤水性好，得率高，针叶材的浆料得率可达到 90%～95%，且耗电量较低；纤维经过精磨后，长度会变短，比表面积增加，外层和端部帚化，吸水膨胀性提高，变得柔软，塑性增强，交织性更好。因此，热力机械法是国内外纤维板工业中广泛采用的主要制浆方法。化学机械法是先用少量化学药品，如苛性钠、亚硫酸钠等对原料进行预处理，使木质素和半纤维素受到一定程度的破坏或溶解，然后再通过机械力的作用将纤维分离出来。纯机械法是将纤维原料用水浸泡后直接磨成纤维，根据原料的形状又分为原木磨浆法和木片磨浆，此法应用较少。爆破法则是将原料放入高压容器中，用压力为 4MPa 的蒸汽进行短时间（约 30s）的热处理，使木素软化，碳水化合物部分水解，接着使蒸汽压升至 7～8MPa，保持 4～5s，然后迅速启阀，纤维原料即爆破成絮状纤维或纤维束。

② 浆料处理 根据产品的用途，分别对浆料进行防水、增强、耐火和防腐等处理，以改善成品的相关性能。对于硬质和半硬质纤维板浆料，通常使用石蜡乳液进行处理以提高其耐水性，而软质板浆料则既可使用松香乳液，也可使用石蜡-松香乳液。施加防水剂可以在浆池或连续施胶箱中进行。用于增强处理的增强剂需要能够溶于水，能够被纤维吸附，并且能够适应纤维板的热压或干燥工艺，硬质纤维板多采用酚醛树脂胶作为增强剂。耐火处理一般通过施加耐火药剂如 $FeNH_4PO_4$ 和 $MgNH_4PO_4$ 等来实现。在浆料中加入五氯酚或五氯酚铜盐可以起到防腐的作用。处理后的浆料，或者经过干燥进行干法成形，或者在调整浓度后直接进入成形机进行湿法成形，制成具有一定规格和初步密实度的湿板坯。

③ 纤维干燥 干法生产纤维板时，要求热压时的纤维含水率为 6%～8%，而纤维分离后的浆料含水率通常为 40%～60%，因此需要在成形前对纤维进行干燥。纤维干燥可以采用两种管道气流干燥方法：一级干燥法的温度为 250～350℃，时间为 5～7s；二级干燥法分为两个阶段，第一阶段温度为 160～180℃，将含水率降至 20%，第二阶段温度为 140～150℃，将含水率进一步降至 6%～8%，两级干燥的全部时间约为 12s。干燥设备主要有直管型、脉冲型和套管型三类，其中直管型干燥设备应用最为广泛。

④ 板坯成形 主要分为湿法成形和干法成形两大类，其中软质板和大部分

硬质板采用湿法成形，而中密度板和部分硬质板则采用干法成形。

湿法成形使用低浓度浆料，通过逐步脱水形成板坯，主要有箱框成形、长网成形和圆网成形三种方法。箱框成形是将浓度约为1%的浆料通过浆泵送入一个放置在垫网上的无底箱框内，箱底利用真空脱水，箱框顶部则通过加压脱水，这种方法主要用于生产软质纤维板。长网成形所用设备与造纸工业中的长网抄纸机相似，1.2%～2.0%浓度的浆料从网前箱抄上长网，经过自重脱水、真空脱水和滚筒压榨脱水后形成湿板坯，含水率为65%～70%。圆网成形是从造纸工业中借鉴过来的，纤维板生产中常用的是真空式单圆网型，浆料浓度为0.75%～1.5%，通过真空作用使浆料吸附于圆网上，再经滚筒加压脱水并控制板坯厚度。

干法成形包括气流成形、机械成形和真空机械成形。将经过施加石蜡和胶黏剂等处理的干燥纤维，由定量料仓均匀地供给铺装头，借助纤维自重和垫网下面真空箱的作用，使干纤维均匀落在成形网带上，形成连续的纤维板坯带。

半干法成形多采用机械或气流成形机，通过机械力或气流作用，使高含水率的结团纤维分散并均匀下落，形成渐变结构或混合结构的湿板坯。但由于湿纤维结团现象难以完全依靠机械力或气流分散，在实际生产中板坯密度均匀性较差，容易影响产品质量。20世纪70年代初，美国研究成功了一种干纤维静电定向成形技术。

软质纤维板和采用湿法成形的干热压工艺（又称湿干法）的硬质纤维板，其板坯都需要经过干燥。干燥设备分为间歇式和连续式两大类，干燥1kg水大约消耗1.6～1.8kg蒸汽。软质纤维板坯干燥后的终含水率为1%～3%。用湿干法制造硬质纤维板时，板坯含水率不宜过高，否则在热压过程中容易发生鼓泡。

⑤ 热压　热压过程中，湿法生产硬质纤维板需要的压力为5～6MPa，干法为2.5～3.5MPa，半干法为6MPa。经过干燥的湿成形板坯压成硬质纤维板时，压力需高达10MPa。湿压法所用温度为200～220℃。干法加压时无干燥阶段，温度以能使胶黏剂快速固化为准，一般采用180～200℃；当以阔叶材为原料时，热压温度可适当提高，最高可达260℃。半干法热压温度不宜超过200℃，以防板坯中熔解木素和糖类热解焦化，导致产品强度明显下降。用湿干法制造硬质板要求温度达到230～250℃。干法纤维板热压方法有周期式多层热压法、连续式平压法、滚压法等。

⑥ 后期处理　湿法和半干法纤维板在热压后需经过热处理和调湿处理，而干法纤维板则直接进行湿热平衡处理（冷却）。中密度纤维板表面需进行砂光，软质纤维板表面有时需开槽打洞，硬质纤维板作内墙板用时表面可开"V"形槽或条纹槽。纤维板的表面加工通常有涂饰和覆贴两种方法。至于浮雕、压痕、模

拟粗锯成材表面的深度压痕等工艺，大都在板坯热压时一次形成，不属于再加工范围。

中密度纤维板内部结构均匀，密度适中，尺寸稳定性好，变形量小，物理力学性能适中；表面平整光滑，机加工性能好，可在其上粘贴刨切的薄木或花纹新颖、美丽的装饰纸，因此在家居装饰中深受人们喜爱，常用于制作家具、隔板等。

3.5.4　刨花板生产工艺流程

刨花板，也称为碎料板或微粒板，是一种通过将木材等原材料加工成一定规格的碎片，经过干燥处理后，与胶黏剂、硬化剂、防水剂等添加剂混合，在特定温度下压制而成的人造板材。

由于刨花板的结构较为均匀，具有良好的加工性能，可以根据需求加工成大幅面的板材，因此成为制作各种规格和样式的家具的理想原材料。制成品刨花板无需再次干燥，可直接投入使用，且具有优异的吸音和隔音性能。然而，刨花板也存在一些固有缺点，如边缘较为粗糙，容易吸湿，因此在制作家具时，封边工艺显得尤为重要，以提高家具的耐用性和美观性。另外，由于刨花板的容积较大，相较于其他板材，用其制作的家具重量也相对较大。普通刨花板的生产工艺流程详见图3-28。

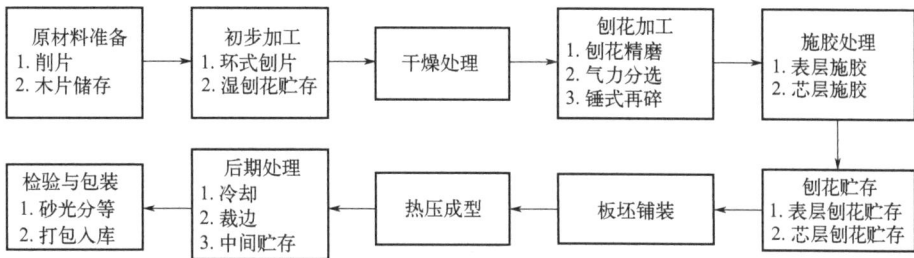

图3-28　普通刨花板生产工艺流程图

（1）刨花制造

这是将原材料加工成刨花基本单元的过程，对于木材而言，主要有直接刨片法和削片-刨片法两种方法。直接刨片法是将木材直接加工成刨花，而削片-刨片法则是先将木材制成木片，再将木片刨切成刨花。刨花的形态和尺寸对刨花板的质量有着重要影响，不同品种的刨花板对刨花的形态和尺寸有不同的要求。

（2）刨花干燥

在刨花制造过程中，通常要求木材的含水率为40%～60%，而热压时板坯的平均含水率需达到10%～15%，因此在施胶前必须对刨花进行干燥处理。一般干燥后的含水率要求表层为12%～16%，芯层为10%～14%。合适的刨花含水率不仅能有效缩短热压时间，提高压机产量，还能改善产品的质量。

（3）刨花分级

通过机械筛选和气流分选对刨花进行分级，不仅可以分选出表层和芯层刨花，实现芯层和表层分开施胶，还可以对那些粗大的刨花进行加工，以满足生产的需要。

（4）刨花再碎

对那些不能满足生产工艺要求的刨花进行再加工，同时可以调整表层和芯层刨花的比例，实现生产的平衡。

（5）刨花施胶

将有限的胶黏剂均匀地施加到刨花表面，有利于刨花之间的胶合。施胶方法包括雾化施胶法、摩擦施胶法等。要求对刨花和胶黏剂进行精确计量，并能准确控制刨花和胶黏剂的比例，以达到施胶均匀的目的。

（6）刨花铺装

将施胶后的刨花按照"均衡、均匀、对称"的原则铺装成质量和结构符合要求的板坯。铺装的方法有气流铺装、机械铺装和机械气流联合铺装。气流铺装具有较强的分选能力，板面细腻平滑，但芯层结合较差；机械铺装可以改善芯层的胶合质量，但表层相对较粗；机械气流联合铺装则是表层采用气流铺装，芯层采用机械铺装，既可以改善成品板的表面质量，也可以改善芯层的胶合质量。

（7）热压

热压是刨花板生产中的关键工序之一，在保证胶黏剂固化质量和毛板厚度的前提下，缩短热压时间可以有效地提高产量。热压方法包括周期式的单层和多层热压法、连续式的平压法、滚压法和挤压法等。

（8）后期处理

刨花板的后期处理包括毛板冷却、裁边分割、中间储存、砂光分等。从热压机出来的毛板温度很高，需要冷却到70℃以下，使毛板内的含水率和温度达到基本平衡，且可减少脲醛树脂的老化。而酚醛树脂等耐水耐热性好的胶黏剂则不需要冷却，甚至可以通过热堆放，让胶黏剂进一步固化。裁边分割是去除密度低、强度低的边部，且使产品的边部四周整齐平直，尺寸大小符合产品的规格要求；中间储存是使毛板内部温度含水率进一步达到平衡，厚度尺寸稳定，便于砂光。砂光的目的是去除毛板的预固化层，且使表面光滑，同时厚度偏差达到产品要求。

3.5.5　加胶黏剂与无胶黏剂工艺的比较

（1）加胶黏剂工艺

加胶黏剂工艺是传统的板材生产方式，使用胶黏剂如脲醛树脂胶、酚醛树脂胶、聚氨酯胶等，以增强板材的结构强度和稳定性。这种方法适用于大多数板材之间的黏结，如刨花板、中密度纤维板（MDF）、胶合板等。然而，使用胶黏剂可能会对环境造成影响，因为某些胶黏剂可能会释放甲醛等有害物质。

① 优点　结构强度增强：胶黏剂能够提供额外的黏合力，使得板材的结构更加稳定和坚固，适用于承重和结构性应用；生产效率提高：使用胶黏剂可以加快生产流程，因为胶黏剂固化速度快，可以缩短生产周期；成本效益：尽管胶黏剂本身可能增加成本，但它们可以提高生产效率，降低废品率，从而在总体上降低生产成本。

② 缺点　环境影响：某些胶黏剂在生产和使用过程中可能释放甲醛等有害物质，对环境造成污染；健康风险：甲醛等有害物质的释放可能对工人和最终用户的健康构成威胁；长期稳定性问题：胶黏剂可能会随时间老化，导致板材的强度和稳定性下降。

（2）无胶黏剂工艺

无胶黏剂工艺是一种更环保的生产方式，它不依赖化学胶黏剂来黏合板材。这种工艺通常利用木材自身的特性，如木材的物理和化学性质，通过热压、冷压等物理方法来实现板材的黏合。无胶黏剂工艺能够减少对环境的污染，提高产品的环保性能。

① 优点　环保性：无胶黏剂工艺不使用化学胶黏剂，减少了环境污染和有害物质的排放；健康安全：由于不使用胶黏剂，减少了有害物质的暴露风险，对工人和用户的健康更安全。

② 缺点　生产成本可能较高：无胶黏剂工艺可能需要更复杂的设备和技术，初期投资和运营成本可能较高；技术要求可能更严格：该工艺可能需要更精确的控制和更高的技术水平，以确保板材的质量和性能；可能的强度和稳定性问题：虽然无胶黏剂板材在某些情况下可能更稳定，但在需要高强度黏合的应用中，它

们可能不如加胶黏剂的板材。

3.6 小结

在可持续发展和环保备受关注的背景下，农林剩余物转化为高性能材料意义重大。我国农林剩余物年产量超 15 亿吨，其中秸秆占比达 60%，但综合利用率不足 40%。传统焚烧或填埋处理不仅导致 PM2.5 浓度升高 5～8 倍，更造成每年近 10 亿吨生物质资源的浪费。利用农林剩余物制备无黏结剂板材，不仅能够实现资源的循环利用，减少环境污染，还能够生产出高性能、环保型的建筑材料和家具材料，具有重要的经济和社会意义。

本章详细介绍了农林剩余物制备无黏结剂板材的工艺流程和性能测试方法。通过使用大豆秸秆和樟树残枝等原料，制备了无胶纤维板，并对其物理特性、热性能、官能团变化、微观结构、力学性能和尺寸稳定性进行了全面分析。研究结果表明，加热温度和施加压力对纤维板的性能有显著影响。适中的加热温度和施加压力能够显著提高纤维板的力学性能和尺寸稳定性，而过高或过低的温度和压力则可能导致性能下降。

具体而言，大豆秸秆纤维板在加热温度为 200℃时表现出最佳的力学性能，其拉伸断裂应力和弯曲断裂应力均达较高水平。樟树残枝纤维板在加热温度为230℃时展现出最大的弯曲断裂应力和拉伸断裂应力。此外，纤维板的尺寸稳定性随着加热温度的升高而显著改善，吸水率和厚度膨胀率显著降低。

在工业化生产方面，人造板的制造过程通常可以分为三个主要阶段：备料、制板和后期加工。备料阶段包括原材料的收集与处理以及基本单元的制造。制板阶段涵盖干燥、单元加工、施胶、板坯成形和热压等工序。后期加工阶段则包括中间储存和后期处理。整个生产过程需要严格控制各个工序的工艺参数和质量标准，以确保最终产品的质量和性能符合要求。

未来，随着技术的不断进步和环保要求的提高，农林剩余物制备无黏结剂板材的研究将更加深入，应用领域也将不断扩大。这将有助于推动绿色低碳经济的发展，实现乡村振兴和"双碳"目标。

参 考 文 献

[1] Liu R, Long L, Sheng Y, et al. Preparation of a kind of novel sustainable mycelium/cotton stalk composites and effects of pressing temperature on the properties[J]. Industrial Crops and Products, 2019, 141: 111732.

[2] 官冬玲. 基于成本效益模型的人造板企业发展路径研究 [J]. 农业与技术, 2021, 41 (06):

99-102.

[3] Antov P，Savov V，Krišťák Ľ，et al. Eco-friendly，high-density fiberboards bonded with urea-formaldehyde and ammonium lignosulfonate[J]. Polymers，2021，13（2）：220.

[4] 林宝辉，杨浩春，郑智华.浅谈胶合板在定制家居中的应用及趋势 [J].中国人造板，2023，30（08）：19-22.

[5] 王莎莎，杨守禄，邓雪，等.低甲醛释放脲醛树脂胶黏剂研究进展 [J/OL].贵州林业科技，1-7[2025-03-02].

[6] Nasir M，Khali D P，Jawaid M，et al. Recent development in binderless fiber-board fabrication from agricultural residues：A review[J]. Construction and Building Materials，2019，211：502-516.

[7] Bouajila J，Limare A，Joly C，et al. Lignin plasticization to improve binderless fiberboard mechanical properties[J]. Polymer Engineering & Science，2005，45（6）：809-816.

[8] 苏琼，卢新宇，石小琴，等.无胶秸秆基纤维板的研究进展 [J].复合材料学报，2024，41（04）：1750-1763.

[9] Saadaoui N，Rouilly A，Fares K，et al. Characterization of date palm lignocellulosic by-products and self-bonded composite materials obtained thereof[J]. Materials & Design，2013，50：302-308.

[10] Zhang D，Zhang A，Xue L. A review of preparation of binderless fiberboards and its self-bonding mechanism[J]. Wood Science and Technology，2015，49：661-679.

[11] Hashim R，Said N，Lamaming J，et al. Influence of press temperature on the properties of binderless particleboard made from oil palm trunk[J]. Materials & Design，2011，32（5）：2520-2525.

[12] Baskaran M，Hashim R，Sulaiman O，et al. Optimization of press temperature and time for binderless particleboard manufactured from oil palm trunk biomass at different thickness levels[J]. Materials Today Communications，2015，3：87-95.

[13] Macedo J S，Otubo L，Ferreira O P，et al. Biomorphic activated porous carbons with complex microstructures from lignocellulosic residues[J]. Microporous and Mesoporous Materials，2008，107（03）：276-285.

[14] Gurung M，Adhikari B B，Kawakita H，et al. Selective recovery of precious metals from acidic leach liquor of circuit boards of spent mobile phones using chemically modified persimmon tannin gel[J]. Industrial & Engineering Chemistry Research，2012，51（37）：11901-11913.

[15] Araújo Junior C P，Coaquira C A C，Mattos A L A，et al. Binderless fiberboards made from unripe coconut husks[J]. Waste and Biomass Valorization，2018，9：2245-2254.

[16] Jakes J E，Hunt C G，Zelinka S L，et al. Effects of moisture on diffusion in unmodified wood cell walls：A phenomenological polymer science approach[J]. Forests，2019，10（12）：1084.

[17] Stelte W，Clemons C，Holm J K，et al. Thermal transitions of the amorphous polymers in wheat

straw[J]. Industrial Crops and products, 2011, 34（1）: 1053-1056.

[18] Bledzki A K, Mamun A A, Volk J. Physical, chemical and surface properties of wheat husk, rye husk and soft wood and their polypropylene composites[J]. Composites Part A: Applied Science and Manufacturing, 2010, 41（4）: 480-488.

[19] Sánchez M L, Aperador W A, Capote G. Influence of the delignification process on the properties of panels made with Guadua fibers and plant resin[J]. Industrial Crops and Products, 2018, 125: 33-40.

[20] Figen A K, Terzi E, Yilgör N, et al. Thermal degradation characteristic of Tetra Pak panel boards under inert atmosphere[J]. Korean Journal of Chemical Engineering, 2013, 30: 878-890.

[21] Araújo Junior C P, Coaquira C A C, Mattos A L A, et al. Binderless fiberboards made from unripe coconut husks[J]. Waste and Biomass Valorization, 2018, 9: 2245-2254.

[22] Jakes J E, Hunt C G, Zelinka S L, et al. Effects of moisture on diffusion in unmodified wood cell walls: A phenomenological polymer science approach[J]. Forests, 2019, 10（12）: 1084.

[23] Wolter K E. Lignins: occurrence, formation, structure and reactions[J]. Forest Science, 1973, 19（2）: 160-160.

[24] Özgenç Ö, Durmaz S, Boyaci I H, et al. Determination of chemical changes in heat-treated wood using ATR-FTIR and FT Raman spectrometry[J]. Spectrochimica Acta Part A: Molecular and Biomolecular Spectroscopy, 2017, 171: 395-400.

[25] Feng S, Wei R, Leitch M, et al. Comparative study on lignocellulose liquefaction in water, ethanol, and water/ethanol mixture: Roles of ethanol and water[J]. Energy, 2018, 155: 234-241.

[26] 唐忠荣编著.人造板制造学.上册[M].北京:科学出版社, 2015.

[27] 李新功.人造板用绿色胶黏剂研究进展[J].中南林业科技大学学报, 2024, 44（12）: 1-22.

[28] 麻馨月, 陈冠志, 张志雅, 等.木质素基木质人造板胶黏剂研究进展[J/OL].林产工业, 1-15[2025-02-05].

[29] 张成林.人造板用三醛树脂胶黏剂改性研究进展[J].中国人造板, 2024, 31（10）: 6-11.

[30] 蔡锦程.人造板中甲醛释放量的研究[J].四川建材, 2024, 50（07）: 26-28.

[31] 张洋主编.纤维板制造学[M].中国林业出版社, 2012: 131.

[32] 彭水莲.人造板生产中的无胶胶合技术研究[J].农村科学实验, 2019,（09）: 122-123.

[33] 程鹏, 钟土华, 陈红.植物纤维自结合成型环保材料研究进展[J].复合材料学报, 2024, 41（08）: 3897-3909.

[34] 程良松.环保型无胶胶合板的研究[D].长沙:中南林业科技大学, 2006.

[35] Antov P, Savov V, Krišťák Ľ, et al. Eco-friendly, high-density fiberboards bonded with urea-formaldehyde and ammonium lignosulfonate[J]. Polymers, 2021, 13（2）: 220.

［36］Xu J，Sugawara R，Widyorini R，et al. Manufacture and properties of low-density binderless particleboard from kenaf core［J］. Journal of Wood Science，2004，50：62-67.

［37］Nitu I P，Islam M N，Ashaduzzaman M，et al. Optimization of processing parameters for the manufacturing of jute stick binderless particleboard［J］. Journal of Wood Science，2020，66：1-9.

［38］Ferrandez-Garcia A，Ferrandez-Garcia M T，Garcia-Ortuño T，et al. Influence of the Density in Binderless Particleboards Made from Sorghum［J］. Agronomy，2022，12（6）：1387.

［39］吴义强等. 农林剩余物人造板低碳制造理论与技术［M］. 科学出版社，2021.

［40］韩健. 人造板表面装饰工艺学［M］. 中国林业出版社，2014.

［41］张忠涛，杨诺，王雨. "双碳"战略下中国人造板产业的绿色发展之路［J］. 中国人造板，2024，31（03）：39-43.

第**4**章

农林剩余物基纸浆模塑餐盒

在全球化和现代工业化的浪潮下，地球的自然环境正承受着前所未有的压力。广泛分布的农林剩余物正成为可持续发展的重要突破口，其富含纤维素、木质素等天然成分，通过纸浆模塑技术可制成可降解包装材料、生物基复合材料及环保日用品，日益成为替代传统塑料包装的理想选择。纸浆模塑通过对农林剩余物等废弃物的再利用，进一步推动了绿色生产和资源循环利用的进程。本章将深入分析其应用现状、发展趋势，以利用小麦秸秆制备的纸浆模塑餐盒为例重点阐述，为相关领域提供理论支撑与实践指引。

4.1　纸浆模塑的发展概况

作为一种环境友好型、可降解的包装材料制造技术，纸浆模塑技术具有悠久的发展历史。随着科技的进步，纸浆模塑技术逐渐从早期的简单手工操作发展到现代化、自动化、智能化生产工艺，并逐步应用于更多的行业和领域。它的发展历程不仅反映了包装行业的技术进步，还体现了环保需求对制造工艺的推动作用。

4.1.1　纸浆模塑的发展历史与传统应用

（1）国外纸浆模塑行业发展概况

纸浆模塑制品的雏形，如用土纸浆捏合晒干后制成的盛粮容器和皇家祭祀用品等，可以追溯到我国东汉时期。但使其真正成为一代新型包装材料，则是在1917年丹麦人的创造。1936年丹麦人开始使用机器模制纸浆模塑制品，并于20世纪60年代制成纸浆模塑机械化流水线，当时丹麦哈特曼公司在这一领域居世界领先地位。20世纪30年代后期，随着人们环保意识的增强及绿色包装的大力推广，国际上许多知名公司纷纷推出了纸浆模塑包装制品生产线，并形成了较大生产规模。

近年来，全球可持续发展风潮的兴起和全球禁塑法律法规的落实，也加速了纸浆模塑行业的发展。资料显示，目前，在欧洲和部分美洲、非洲国家，纸浆模塑和纸包装制品已经基本上取代了发泡塑料包装制品和一次性塑料餐具。法国、美国、日本、加拿大等国的纸浆模塑行业也已具备了相当的规模。国外纸浆模塑相关企业，正在走出一条纸浆模塑业创新技术的发展路线，这些将给纸浆模塑行业发展带来更多新的元素，推动纸浆模塑行业的技术创新和市场发展。

国外纸浆模塑的发展主要有以下几个特点：

① 应用领域广泛。纸浆模塑制品已经广泛应用于餐饮食品包装、农产品包装、工业产品包装、文化创意产品包装、礼品包装等领域。其中，纸浆模塑工业包装制品已应用于汽车行业、电子产品、五金器具、医疗器具、家庭用品和办公产品等的缓冲包装。

② 加工工艺不断创新，产品应用场景不断扩大。除了传统的干压工艺以外，湿压、半干压、精品干压、无水干压等技术快速涌现，以适应快速发展的市场需求。

③ 制品设计标准化、模块化程度高。在纸浆模塑制品生产中，模具费用是重要的成本之一。国外厂商在纸浆模塑制品设计时关注适用面广、通用性强，如设计通用的楞状衬板、护角、隔板等，可用于包装各种类型的内装产品。由于其生产批量大，模具利用率高，使模具摊销成本大大降低。

④ 快速研发智能化、自动化、远程协同的纸浆模塑生产装备，减少人力需求，实现纸浆模塑生产高效、节能、智能化、模块化、标准化、专业化成为纸浆模塑行业发展的方向。

（2）我国现代纸浆模塑行业发展概况

我国现代纸浆模塑工业的发展已有三十多年的历史。在广东珠江三角洲地区，沿海大中城市集中着一批生产纸浆模塑内衬包装产品的生产厂家。珠江三角洲地区凭借电子电器厂商集中、外向型企业众多的资源优势，较国内同行业更早地将纸浆模塑应用于工业产品包装。据不完全统计，目前我国从事纸浆模塑机械和制品生产的厂商及研究设计机构逾数千家，涉及包装、造纸、印刷、机械、化工、电子、铁路、交通、船舶、航空和教育等若干行业和领域，遍布全国各地。

国内纸浆模塑的发展有以下几个特点：

① 纸浆模塑工业包装材料和纸浆模塑餐饮用具的市场正在迅速扩大。早在2002年，国内已形成珠江三角洲、长江三角洲和环渤海地区三个纸浆模塑技术发展中心，经过近二十年的发展，纸浆模塑工业包装制品的应用已遍及各大品

牌产品。全球禁塑政策开始升温后，纸浆模塑行业将以每年 30% 以上速度增长，行业格局会发生更大的变化。据行业内人士交流预测，今后几年，我国纸浆模塑行业将迎来连续多年的高速发展期，到 2025 年，我国纸浆模塑行业有望形成千亿美元的市场规模。

② 纸浆模塑行业的发展有较好经济基础。经过三十多年的发展，纸浆模塑行业在我国已经形成了比较好的行业产业基础和技术积累，完全有能力研发出符合市场需求的，替代一次性塑料制品的纸浆模塑制品，纸浆模塑制品和材料已广泛应用于各行各业、各种工农业产品的包装领域。

③ 纸浆模塑制品生产项目由进入门槛低、技术要求高，逐渐转变为进入门槛高、技术要求高；制造装备正在由五花八门的基本配置和功能向智能化、单元化、标准化方向发展。

纸浆模塑餐饮用具项目，产品生产批量大，对制造装备的自动化、智能化要求高，并且同样的产品市场规模大，需求量大，容易形成同质化竞争。用作工业品包装的纸浆模塑品种繁多，而且一般每一款式的产品连续生产的时间都不会太长，故不易出现同一产品互相压价竞争的局面。再者，纸浆模塑工业包装制品几何形状复杂，同一款式堆叠打包后的体积较大，长途运输费用高，不易出现跨地区的竞争。

纸浆模塑工业包装制品的每一款式都是一个专用的新产品，加上利润的多少与生产工艺和管理水平有很大关系，因此要求经营者除了考虑资金问题还要考虑制品结构设计、模具制造、专业培训、工艺配方及市场开拓等问题，其整体技术要求较高。

④ 我国的纸浆模塑生产工艺、技术水平居世界领先地位。据资料表明，尽管目前我国纸浆模塑生产厂家大多采用国产设备，但在国内外多次纸浆模塑产品质量测试和抽查中，不管是在物理性能、毒理分析方面，还是在卫生检疫、降解试验方面，我国的纸浆模塑食品包装产品都取得了令人放心的成果。

三十多年来，经过一代代有志之士的努力，我国的纸浆模塑工业已初具规模，已开发生产出了符合国情的纸浆模塑生产设备和纸浆模塑制品，我国的纸浆模塑生产工艺、设备和产品，尤其在精品湿压方面，无论是产品质量还是装备性能，其生产技术已达到了世界领先水平。全球绝大多数的纸浆模塑制品由我国生产制造，我国的纸浆模塑装备也出口到世界各地。

4.1.2　农林剩余物与纸浆模塑

纸浆模塑技术的一个重要创新点在于原材料的来源。传统的纸浆模塑多使用木材作为原料，但随着环保和森林资源的保护要求，纸浆模塑生产所使用的原料逐渐从木材纸浆转向了农林剩余物。农林废弃物，如稻壳、玉米秸秆、竹屑、木屑等，成为了纸浆模塑的新型原料。这些废弃物在传统上常常被丢弃或焚烧，既浪费资源又污染环境，而通过转化为纸浆模塑的原料，不仅可以实现资源的再利用，还能避免废弃物的环境负担。

（1）原材料的可持续性

纸浆模塑技术的主要原材料是各类纤维，包括废纸、秸秆、竹子等。这些纤维来源广泛，且大多属于可再生资源。以废纸为例，每年全球产生的大量废纸可以通过回收利用，成为纸浆模塑的优质原料。秸秆作为农业生产的废弃物，以往常被焚烧处理，既浪费资源又污染环境。而在纸浆模塑技术中，秸秆可以得到有效利用，实现资源的循环利用。竹子生长速度快，是一种可持续性极佳的纤维原料，其在纸浆模塑中的应用也日益广泛。

（2）生产过程的环保性

与传统包装材料的生产过程相比，纸浆模塑的生产过程相对环保。在纸浆模塑的生产中，主要能源消耗集中在制浆和烘干环节。随着技术的不断进步，制浆过程中的能耗和水耗大幅降低。同时，新型的烘干技术如热泵烘干的应用，进一步提高了能源利用效率。此外，纸浆模塑生产过程中产生的污染物相对较少，其废水经过处理后可以达标排放，固体废弃物也可以进行回收再利用。

（3）产品性能的环保优势

纸浆模塑产品具有良好的缓冲性能和保护性能，能够满足各类产品的包装需求。在包装电子产品、玻璃制品等易碎物品时，纸浆模塑制品可以有效地起到减震和保护作用。而且，纸浆模塑产品具有可降解性和可回收性。当产品废弃后，在自然环境中，纸浆模塑制品可以在较短时间内降解，不会像塑料那样造成长期的环境污染。同时，这些产品还可以通过回收系统，重新加工成纸浆，用于生产新的包装产品。

（4）对生态系统的友好性

纸浆模塑技术的推广应用对生态系统具有积极的保护作用。通过减少塑料等不可降解包装材料的使用，降低了对土壤、水体和海洋生态系统的污染风险。同时，由于纸浆模塑的原材料大多来自可再生资源，其生产过程有助于促进森林、农田等生态系统的可持续发展。例如，合理利用竹子作为纤维原料，可以推动竹林的种植和养护，增加森林覆盖率，改善生态环境。

这些特性使得纸浆模塑在全球范围内逐渐成为塑料包装的替代品，尤其是在欧美市场，纸浆模塑的需求持续增长，并成为塑料包装逐步淘汰的趋势之一。

4.1.3　环保包装与日用品行业的发展需求

（1）环保包装行业的发展需求

① 应对环境挑战　传统包装材料如塑料、泡沫等，在使用后难以降解，造成了严重的"白色污染"，对土壤、水源和生态系统构成了威胁。随着环保意识的增强，社会对减少包装废弃物污染的呼声越来越高，迫切需要开发可降解、可回收的环保包装材料，以降低包装行业对环境的影响。

② 满足市场需求　消费者对环保产品的认知度和接受度不断提高，越来越倾向于选择使用环保包装的商品。企业为了迎合消费者的需求，提升自身的品牌形象和市场竞争力，也积极寻求环保包装解决方案。

③ 政策法规推动　各国政府纷纷出台了一系列关于包装废弃物管理和环境保护的政策法规，对包装材料的环保性能提出了更高的要求，如限制不可降解塑料包装的使用、提高包装废弃物的回收利用率等，这为环保包装材料的发展提供了政策支持和动力。

（2）日用消费品行业的发展需求

① 可持续发展理念的融入　日用消费品行业作为与人们生活息息相关的产业，也在积极践行可持续发展理念。从原材料采购到产品生产、使用和废弃处理的整个生命周期中，都更加注重环境友好性和资源节约型。利用农林剩余物生产日用消费品，可以减少对传统化石资源的依赖，实现资源的循环利用，符合行业可持续发展的方向。

② 产品创新与差异化竞争　市场竞争的加剧促使日用消费品企业不断寻求产品创新和差异化竞争优势。农林剩余物具有独特的物理、化学和生物特性，可以开发出具有新颖功能和特色的日用消费品，如天然、绿色、有机的产品，满足消费者对个性化、高品质产品的需求。

③ 成本控制与资源优化　合理利用农林剩余物作为生产原料，可以在一定程度上降低生产成本，同时优化资源配置。农林剩余物通常价格相对较低，且来源广泛，通过有效的利用可以提高企业的经济效益和资源利用效率。

4.2　利用小麦秸秆制备纸浆模塑餐盒

小麦秸秆作为一种在农业领域普遍存在的副产品，其秸秆产量巨大。然而，目前其处置方式主要为遗弃或焚烧，这种处理方式不仅造成了资源的巨大浪费，而且焚烧秸秆会导致空气污染等严重的环境问题。此外，大量的秸秆焚烧还会释放出大量的温室气体，加剧了全球气候变化。小麦秸秆富含纤维素等成分，具备资源丰富、成本低廉的优势，这为其在众多领域的应用提供了良好的基础。

小麦秸秆的生物可降解性和可再生性是其区别于传统塑料制品的关键特性。由小麦秸秆制成的纸浆模塑餐盒在自然环境下能够快速分解，不会像传统塑料餐盒那样长期堆积，从而避免了对土壤、水体和生态系统的长期污染和破坏。这种可降解性使其在解决日益严峻的白色污染问题上具有显著的应用潜力，为构建环境友好型社会提供了一种切实可行的解决方案。

此外，小麦秸秆的广泛分布和持续产出特性使其在资源供应上具有稳定性。合理且高效地开发利用这些大量存在的、可再生且可降解的小麦秸秆资源，不仅可以有效解决其作为废弃物所带来的环境压力，还能够开辟出一条资源循环利用的新途径。

利用小麦秸秆为原材料，通过纸浆模塑技术制备了一次性可降解餐盒，研究了小麦秸秆制备纸浆模塑餐盒的宏观性能和微观结构特性，包括力学性能、耐水性、耐油性，对于优化餐盒的功能性、提升产品质量、拓宽应用领域具有重要意义。

4.2.1 小麦秸秆纸浆模塑餐盒的制备

本研究设计两种原料方案，第一种方案以小麦秸秆粉为原料，以骨胶和黄原胶为绿色胶黏剂进行试验。第二种方案以小麦秸秆粉为原料，配比一定比例的沙生灌木植物粉末压制成型，对比原料制成的小麦秸秆餐盒的性能，选择性能较好的试验方案。

（1）小麦秸秆添加绿色添加剂

骨胶和黄原胶是植物秸秆类餐具最常用的原料，骨胶是从动物骨骼中提取的一种动物蛋白，其具有黏结性好、强度高、价格低廉等优点。黄原胶是一种作用广泛的微生物胞外多糖，它具有独特的流变性、良好的水溶性、对热及酸碱的稳定性，在秸秆餐具制备过程中起增稠作用。

试验基础原材料为50目25g小麦秸秆粉、3g滑石粉和0.5g硬脂酸钙，在相同的工艺条件下通过添加不同含量的骨胶和黄原胶制成植物秸秆餐具，测试成型餐具的最大承受载荷，来观察骨胶和黄原胶含量对餐具的影响。

（2）小麦秸秆添加沙柳

沙柳属杨柳科柳落叶丛生直立灌木，主要分布在我国内蒙古自治区西部地区。沙柳具有抗逆性强、耐寒耐旱、易繁殖等优点。另外沙柳具有定期平茬复壮的性点，需每三年进行一次平茬，否则第四年沙柳的生长变缓，并逐步衰退，第五年就会枯死。沙柳每一次平茬，就又会萌发大量枝条，且生长旺盛。据不完全统计，仅内蒙古自治区鄂尔多斯市每年平茬沙柳枝条数量在45万吨左右，平茬下来的沙柳枝条完全可以用来制备秸秆制品。

试验以50目25 g小麦秸秆粉原料为基础，在相同的工艺条件下通过添加不同含量的沙柳粉制成植物秸秆餐具，测试成型餐盒的最大承受载荷，来观察沙柳含量不同时对餐具的影响。

一次性可降解秸秆餐盒制备流程如图4-1所示。

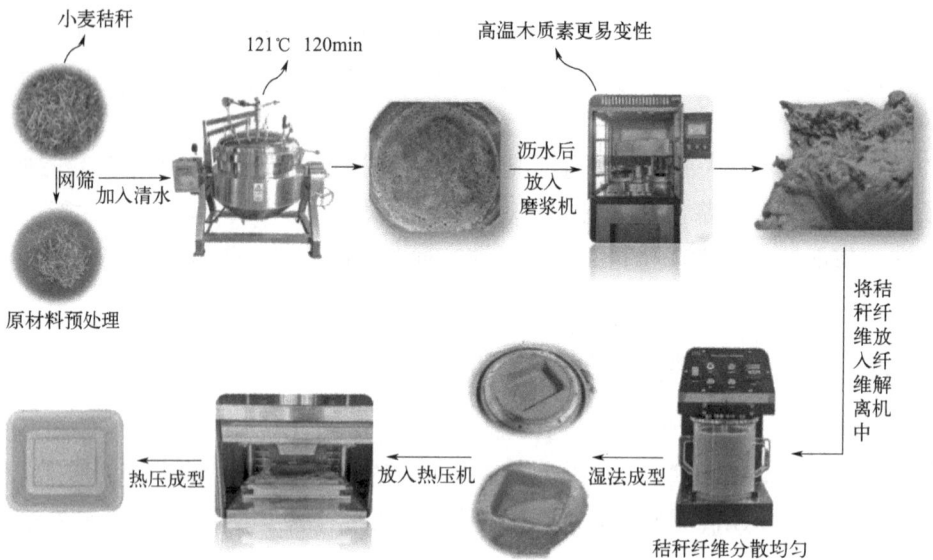

图4-1　一次性可降解秸秆餐盒制备流程

（1）原材料预处理

以网筛并清洗后的小麦秸秆为初始原料，然后在121 ℃高温下加热120min，通过热化学作用使秸秆中的木质素结构变形，降低其刚性，提高后续处理的效率。

（2）纤维分离与处理

将沥水后的秸秆通过磨浆机，对秸秆纤维进行磨浆，分离纤维。接着将粗磨后的纤维放入纤维解离机中将其充分地打散，在浆体中均匀分布，避免有秸秆结块。

（3）纤维分离与处理

将均匀分散的纤维浆料注入湿法成型设备，经过真空抽漏法形成餐盒湿胚。

（4）热压固化

餐盒湿胚在温度为179.5℃和压力为9.9MPa的条件下压制10.8min。通过热压使纤维间结合更紧密，最终形成高强度、稳定的秸秆纤维制品。

4.2.2　小麦秸秆可降解植物纤维餐盒密度和力学性能

餐盒的使用性能主要包括密度、最大承受载荷和负重性能，通过探究餐盒的配比方案和对餐盒性能的影响来确定最佳的原料配比方案。并通过电子显微镜观察餐盒的内部结构来研究不同原料对餐盒性能的影响。在秸秆餐盒制备成型后，使用万能试验机测定餐盒的最大承受载荷。通过对比不同原料方案压制成型餐盒的最大承受载荷来确定最佳方案。测量餐盒的密度能够确保浆料在热压过程中是否流动均匀，所得到的餐盒整体是否完整，使用密度测量仪测量餐盒的密度。每种处理通过热压成型制备餐盒各五个，测试密度、最大承受载荷和负重性能。

采用的小麦秸秆来源于我国内蒙古河套地区，通过清洗、晒干、粉碎筛选等工序，最终选用50目的小麦秸秆粉末作为制备餐盒的原材料。选用的沙柳枝条来自内蒙古西部地区，将采摘的沙柳枝条清洗、晒干、机械磨碎，筛选出40目左右的沙柳粉末进行实验。小麦秸秆餐盒在加热温度179.5℃、成型时间10.8min和施加压力为9.9MPa的热压条件下制备。

4.2.2.1　密度

物质在某一温度下的密度 ρ，定义为该物质在某一温度下单位体积的质量：

$$\rho=m/V \tag{4-1}$$

式中，m 为质量；V 为体积。

对于规则物体，我们很容易测量它的体积 V 与质量 W_a，根据公式（4-2）计算其密度：

$$\rho=W_a/(V \cdot g) \tag{4-2}$$

但是对于不规则物体，一般采用阿基米德法。

阿基米德法原理：浸在液体中的物体收到一向上的浮力，其大小等于物体所排开液体的重量。利用电子天平分别测得固体在空气中的重量 W_a 和在液体中的重量 W_{fl}，如果忽略空气的浮力，已知液体的密度为 ρ_{fl}，则该固体的密度为：

$$\rho = \frac{W_{a} \cdot \rho_{fl}}{W_{a} - W_{fl}} \qquad (4-3)$$

式（4-3）是利用阿基米德原理测量固体密度的基本公式。

对于由秸秆制成的餐盒，因秸秆制品具有很强的吸水性，这会对密度检测造成一定的误差。所以为了减少误差，首先将餐盒放入煮沸的水中浸泡半小时，确保餐盒吸水饱和，之后再通过密度测量仪来测试，如图 4-2 所示。

图 4-2　密度测量仪

（1）小麦秸秆添加绿色添加剂

① 骨胶含量对餐盒密度的影响　不同骨胶含量的餐盒，餐盒底部和餐盒壁的密度如表 4-1 所示。

表 4-1　不同骨胶含量的餐盒密度　　　　　单位：g/cm^3

骨胶含量	2.5%	3.5%	4.5%	5.5%	6.5%
餐盒底部	0.536	0.522	0.517	0.515	0.512
餐盒壁	0.477	0.478	0.488	0.498	0.502

由表 4-1 可知，随着骨胶含量的增加，餐盒底部和餐盒壁的密度越来越接近，这说明骨胶含量的增加对秸秆浆料的流动有利，餐盒整体的受压均匀。

② 黄原胶含量对餐盒密度的影响　由表 4-2 可知，随着黄原胶含量的增加，至超过 12.5% 后，餐盒底部和餐盒壁的密度差变大，这可能是由于过多的黄原胶导致秸秆浆料流动受阻，导致很大一部分浆料聚集在底部，这将会导致餐盒整体不均匀，餐盒的力学性能下降。

表 4-2　不同黄原胶含量的餐盒密度　　　　　单位：g/cm^3

黄原胶含量	8.5%	10.5%	12.5%	14.5%	16.5%
餐盒底部	0.568	0.548	0.527	0.525	0.522
餐盒壁	0.567	0.542	0.533	0.513	0.509

（2）小麦秸秆添加沙柳

沙柳含量对餐盒密度影响如表 4-3 所示。对比表 4-1 和表 4-2 可知，由秸秆＋沙柳制成的餐盒的密度比秸秆＋绿色添加剂制成的餐盒密度大，这可能是由于添加沙柳后，导致餐盒整体的密度变大，但是，沙柳的流动性差，导致餐盒底部和餐盒壁的密度差较大。这就要求在将原料的浆料加入模具时要搅拌均匀，而且沙柳的含量不应过大。

表 4-3　不同沙柳含量的餐盒密度　　　　单位：g/cm³

沙柳含量	16.5%	20.5%	24.5%	28.5%	32.5%	36.5%	40.5%
餐盒底部	0.644	0.656	0.661	0.672	0.681	0.689	0.692
餐盒壁	0.638	0.647	0.651	0.662	0.665	0.674	0.679

4.2.2.2　力学性能测试

以成型产品的最大承受载荷为力学性能测试的主要指标，试验设备为万能试验机，具体的测试方法如下。

将压制成型的餐盒倒扣放在一块边长为 25cm 的正方形玻璃板上，将玻璃板放置于万能试验机的下横梁上；调节万能试验机，使横梁以 2mm/min 的速度下降，作用于餐盒上表面，下横梁静止不动，作为压头作用于餐盒底面；当餐盒发生破裂时，立刻停止移动梁的运动，从计算机记录的曲线中读取餐盒在破裂时显示的最大承受载荷力。万能试验机如图 4-3 所示。

（1）小麦秸秆添加绿色添加剂

① 骨胶含量对餐盒力学性能的影响　图 4-4 所示为骨胶含量对餐盒力学性能的影响，分别显示了骨胶含量为 2.5%、3.5%、4.5%、5.5%、6.5% 时的最大承受载荷。餐盒的最大承受载荷随着骨胶含量的增加先升高再降低。因为骨胶中含有大量的羟基和氨基等极性基团，对于秸

图 4-3　万能试验机

秆等极性材料具有很强的黏结性。当骨胶含量为 2.5% 时，餐盒的最大承受载荷最低。随着骨胶含量的不断增加，餐盒的最大承受载荷升高。在骨胶含量为 5.5% 时，餐盒所承受的载荷达到最大值，随后逐渐降低，这是由于成型方式选用的是湿法成型，成型时将原料加一定量的水配制成浆料倒入模具中，虽然骨胶含量增加能够提高黏结性，但是过量的骨胶会导致浆料的流动性变差，在很短的时间内很难达到均匀的流动，使得餐盒的局部差异过大而导致受力不均，宏观表

现为餐盒最大承受载荷下降。从实验结果来看，骨胶含量为 5.5% 时餐盒的最大承受载荷最大，为 40.378N。

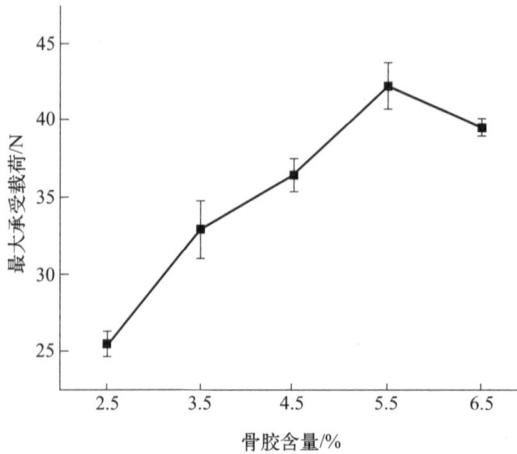

图 4-4　骨胶含量变化对餐盒最大承受载荷的影响

② 黄原胶含量对餐盒力学性能的影响　图 4-5 所示为黄原胶含量为 8.5%、10.5%、12.5%、14.5%、16.5% 时餐盒最大承受载荷。可以看到，餐盒的最大承受载荷随黄原胶含量的增加先增加后减小。当黄原胶含量为 8.5% 时，餐盒的最大承受载荷为 27.813N。随着黄原胶的增加，餐盒的最大承受载荷升高，当黄原胶含量为 12.5% 时，最大承受载荷达到最大值，为 46.033N。当黄原胶含量进一步增加至 14.5% 时，餐盒的最大承受载荷下降到 40.837N。黄原胶具有一定的黏

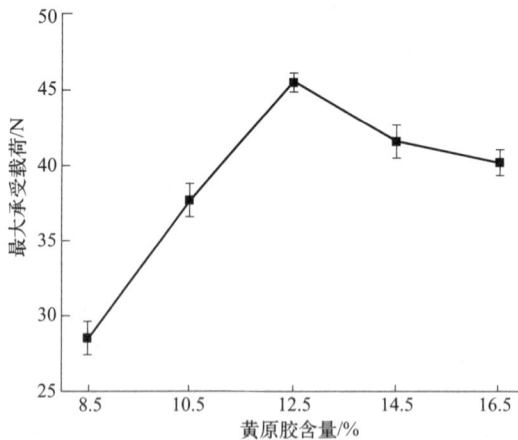

图 4-5　黄原胶含量对餐盒最大承受载荷的影响

结性和稳定性，黄原胶含量太少会导致餐盒成型后容易发生变形，而过多的黄原胶会造成浆料的流动性变差，使得餐盒成型后各个部分不均匀，进而导致最大承受载荷下降。由图可知，黄原胶含量为 12.5% 时餐盒的最大承受载荷最大。

（2）小麦秸秆添加沙柳

图 4-6 为在不同沙柳含量下餐盒的最大承受载荷。餐盒的最大承受载荷随着沙柳含量的增加先增加后减少，在沙柳含量为 32.5% 左右时达到最大值，为 59.349N。造成以上先增加后减小的趋势的原因可能是，在刚开始时，随着沙柳含量的增加，沙柳纤维能与秸秆纤维有较好的交织能力，形成紧凑稳定的网络结构，而且沙柳纤维较秸秆纤维粗短硬挺，能够起到支撑作用，宏观上表现为餐盒受力均匀，能够承受更高的压强。随着沙柳纤维的过量加入，纤维之间的结合力减弱，材料结构变得松散，最大承受载荷随之降低。

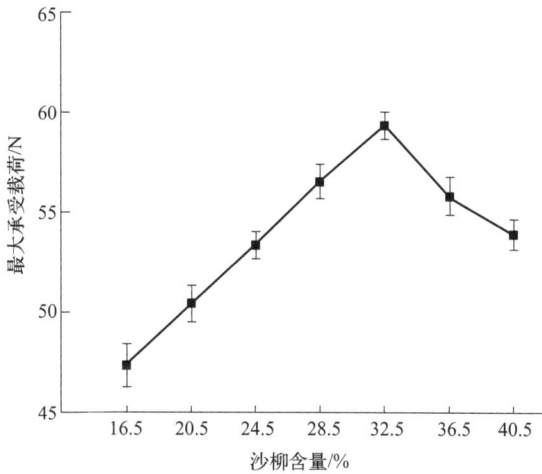

图 4-6　沙柳含量对餐盒最大承受载荷的影响

4.2.2.3　负重性能分析

对于一次性餐盒，其负重前后高度变化应不大于 5%。

① 试验仪器　200mm×150mm×3mm 的平板玻璃两块，3kg 砝码，精确度为 1mm 的金属直尺。

② 试验步骤　取餐盒试样一只，将餐盒倒扣排放在平板玻璃上，再放上另一块平板玻璃。先用金属直尺测量平板玻璃下表面至桌面的高度。然后将 3kg 砝码置于平板玻璃中央处，负重 1min 立即精确测量上述高度。

负重性能计算公式如下：

$$W = \frac{|H_0 - H|}{H_0} \times 100\% \qquad (4-4)$$

式中，W 表示试样的负重变化率；H_0 为试样负重前高度，m；H 为试样负重后高度，mm。

小麦秸秆餐盒制备的热压条件为：加热温度 179.5℃，成型时间 10.8min，施加压力 9.9MPa。根据以上试验结果，当黄原胶的添加含量为 12.5% 时，餐盒承受的最大载荷最大，为 46.03N，因此选用的绿色添加剂为黄原胶。小麦秸秆添加绿色添加剂的配方为 25g 小麦秸秆粉，3g 滑石粉和 0.5g 硬脂酸钙的基础上添加 12% 的黄原胶。小麦秸秆添加沙柳的配方为 25g 小麦秸秆添加 32.5% 的沙柳粉末。依据公式（4-4）来测试负重性能，结果见表 4-4。

表 4-4　秸秆餐盒负重性能数据表

实验组号	小麦秸秆 + 绿色添加剂	小麦秸秆 + 沙柳
1	3.68%	3.06%
2	3.78%	2.52%
3	3.50%	2.34%
4	3.96%	2.70%
5	3.6%	2.88%

经过对最佳原料方案压制成型的餐盒的测试，餐盒负重性能均不超过 5%。

4.2.3　小麦秸秆可降解植物纤维餐盒防水性

目前，餐具中所使用的防水剂应该满足无污染、绿色、可降解和对人体无毒无害，一次性秸秆餐具所满足的防水要求不需过高，只需在使用的几个小时之内能够保证餐具遇水遇油不变性、不溃烂即可。一般来说，餐具中所使用的防水方式包括两类：一类是在餐具浆料压制之前加入防水剂，如烷基烯酮二聚体（AKD）。在热压成型过程中，呈阳离子的防水剂在浆料中一端带正电，而浆料中的纤维素一端带负电，带正电的防水剂另一端带有疏水基团，正负相吸，防水剂就附着在纤维表面。此时，防水剂另一端的疏水基团能够在纤维表面形成一层薄膜，这个薄膜能够阻止水分子的进入，餐具在宏观上表现为防水防油。但是，这类防水剂形成的薄膜表面张力较低，在很短的时间内水分子就会浸入纤维内部，这将导致餐具的防水性能下降。另一类防水方式是在餐具热压成型后在表面涂抹防水剂，这类防水剂同样含有疏水基团，涂抹在餐具表面后同样能够形成一层薄膜，这层薄膜可以阻止水分子的进入，起到餐具防水的目的。而且，表面涂抹的次数越多，餐具的防水性越强。本研究选用表面涂抹防水剂的方式对餐具进行防水处理。

本研究选择表面涂抹方式的防水剂，包括两种，一种是目前比较常见的食用蜡，如图4-7所示。食用蜡又称正构烷烃，是从原油分馏得到的无色无味的透明油状液体，食用蜡不溶于水、甘油等。由于食用蜡具有低敏性和较好的封闭性，可用于食品表面涂层，食品上光、防潮、密封等，能够延长水果、蔬菜等商品的贮存和保鲜期。另一种是由紫胶虫分泌的天然物质——紫胶，如图4-8所示。紫胶是一种混合物，其组分包含紫胶树脂、紫胶色素和紫胶蜡等。其中，紫胶树脂是紫胶最主要的成分，它具有良好的成膜性、较强的粘结性、较好的防水性，以及具有较强的生物降解能力。紫胶树脂在电子电气、机械制造、橡胶塑料、医疗食品等行业具有广泛的使用。

图 4-7　液体石蜡

图 4-8　紫胶树脂

4.2.3.1　吸水率

测试秸秆餐盒吸水率（WA）。将30℃的温水置于餐盒内并放置到恒温培养箱5h。在吸水试验前和试验后分别测试其质量。吸水率由以下公式计算。

$$WA = \frac{m_2 - m_1}{m_1} \tag{4-5}$$

式中，WA 为吸水率，%；m_1 为放水之前餐盒的质量，kg；m_2 为放水之后餐盒的质量，kg。

（1）不涂抹防水剂一次性秸秆餐盒的吸水性

下面讨论沙柳含量对餐盒吸水率的影响。试验热压条件为：加热温度179.5℃，成型时间10.8min，施加压力9.9MPa。在25g小麦秸秆粉的基础上添加不同含量的沙柳粉末来制备餐盒，通过吸水试验分别测试其吸水率。

图 4-9 所示为沙柳含量对成型餐盒吸水率的影响。可以看到，随着沙柳含量的增加，餐盒的吸水率逐渐下降。对于秸秆餐盒来说，餐盒的吸水率越小，其防水性能就越好。沙柳含量的增加，使得沙柳纤维与秸秆纤维结合得更紧密，其内部由羟基结合形成的氢键数量增加，使得纤维之间的水分子减少，宏观表现为餐盒的吸水能力下降。另外，因沙柳内部含有大量的木质素，而在较高的温度下木质素能够作为黏合剂增强复合材料的结构，使得餐盒内部游离水分子减少。

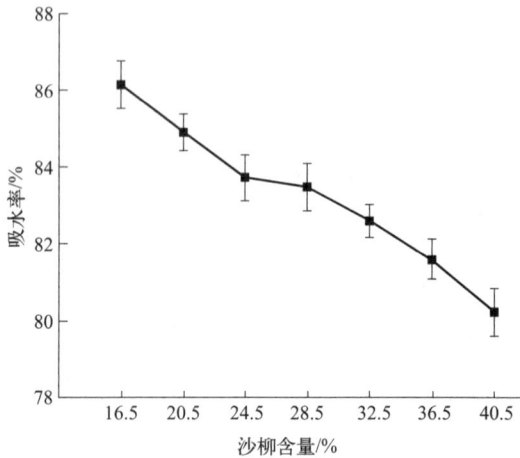

图 4-9　沙柳含量对餐盒吸水率的影响

（2）涂抹防水剂一次性秸秆餐盒的吸水性

① 涂抹液体石蜡餐盒的吸水率　根据测量计算得知，在餐盒内表面均匀地涂抹一层液体石蜡的用量大约为 1g，因此，以涂抹 1g、2g、3g、4g、5g 液体石蜡为变量进行吸水率对比试验。每个变量条件下做三次试验，取平均值。

由图 4-10 可知，随着涂抹液体石蜡量的增加，餐盒的吸水率越来越低，表现为餐盒的防水效果越来越显著。当涂抹的量达到 5g 时，餐盒的吸水率达到最低，为 6.458%。涂抹液体石蜡可以显著改善餐盒的防水性。

② 涂抹紫胶树脂餐盒的吸水率　如图 4-11 所示，随着涂抹紫胶树脂量的增加，餐盒的吸水率降低，餐盒的防水性越来越好。当紫胶树脂的量达到 5g 时，餐盒的吸水率达到最低，为 5.474%。与涂抹液体石蜡相比，涂抹相同的量的情况下，紫胶树脂所带来的防水效果更好。

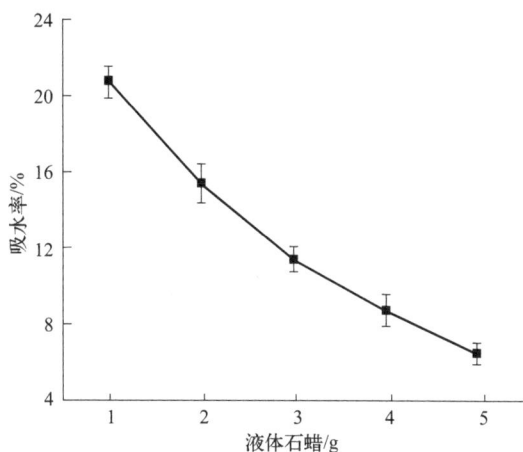

图 4-10　涂抹不同含量液体石蜡餐盒的吸水率

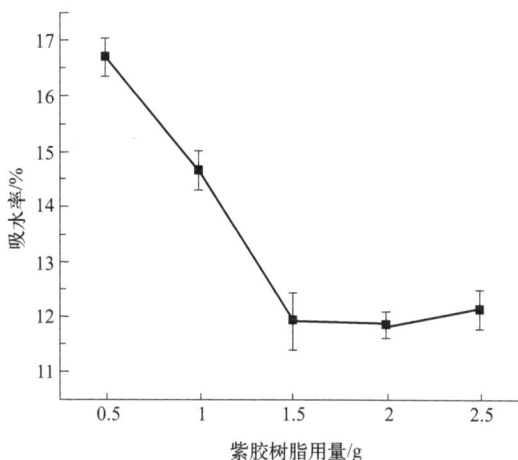

图 4-11　涂抹不同含量紫胶树脂餐盒的吸水率

4.2.3.2　防水性

吸水率是餐盒在装水前后的质量差与装水前质量的比值，虽然能够在一定程度代表餐盒的防水情况，但是它不能够直观地反应水滴在餐盒表面的渗入情况以水滴的湿润接触角，所谓接触角是指在一固定水平平面上滴一滴液滴，固体表面上的固-液-气三相交界处，其气-液界面和固-液界面两切线把液相夹在其中时所形成的角。接触角是表征液体在固体表面润湿性的重要参数之一。接触角可通过接触角测量仪测试，如图 4-12 所示。

（1）不涂抹防水剂一次性秸秆餐盒的防水性

下面介绍沙柳含量对餐盒接触角的影响。虽然餐盒的吸水率可以在一定程度上展现餐盒的防水性，但在餐盒实际使用的过程中，要考虑餐盒的防水时间，餐盒是否能在使用期间沾水而不发生溃烂变形，这就要使用到评价餐盒防水性的另一种方法，即水滴在餐盒表面形成的接触角。

由于餐盒壁是曲面形状，不方便对餐盒壁进行测量，因此，使用超声波切割机将餐盒的底面切割成圆形试验片，试样的直径为 8cm，放置于测量仪的平面工作台上。滴水工具选用微量精密进液器，进液器的下端安装了直径为 0.15mm 的针头，调整与进液器上端相连的旋钮可以控制液滴的量，旋钮每旋转 10 个步进，针头一滴水的含量为 1。调节摄像机光源亮度、针头的高度以及餐盒试样位置，确保图像清晰可见，调整进液器旋钮保证水滴悬在空中而不掉落，图像如图 4-13 所示。

图 4-12　接触角测量仪

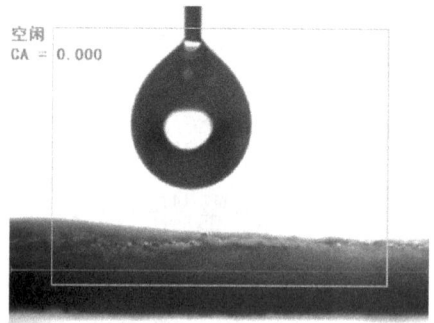

图 4-13　水滴图像

图中最上方黑色长方形为针头图像，与针头相连的椭圆形为水滴图像，最下方的黑色阴影部分为餐盒试样的图像。由于不添加防水剂时餐盒是比较容易吸水的，水滴从表面浸入餐盒内部是一个动态过程。因此，进行试验之前应设置采样的间隔时间（毫秒）和采样的目数（照片的数量）。本试验选用的采样间隔时间为 500ms（即 0.5s），采样的总目数为 150 张。在水滴掉落到试样上的一瞬间开始采样，直到采集第 150 张图像时，取样停止。选取其中 6 张作为代表图像。

图 4-14（a）～（f）显示了水滴从接触到试样表面直到浸入试样内部的一个过程，每个时段的接触角都不同，平均接触角从 132.825° 下降到 59.592°，直至水滴消失。由于不同沙柳含量下餐盒的吸水率变化不大，从接触角试验数据来看，一个含量为 1μL 的水滴从不同沙柳含量的试样表面浸入到试样内部的平均

时间大约为 75s，为了满足餐盒的使用要求，应该对餐盒进行防水处理。

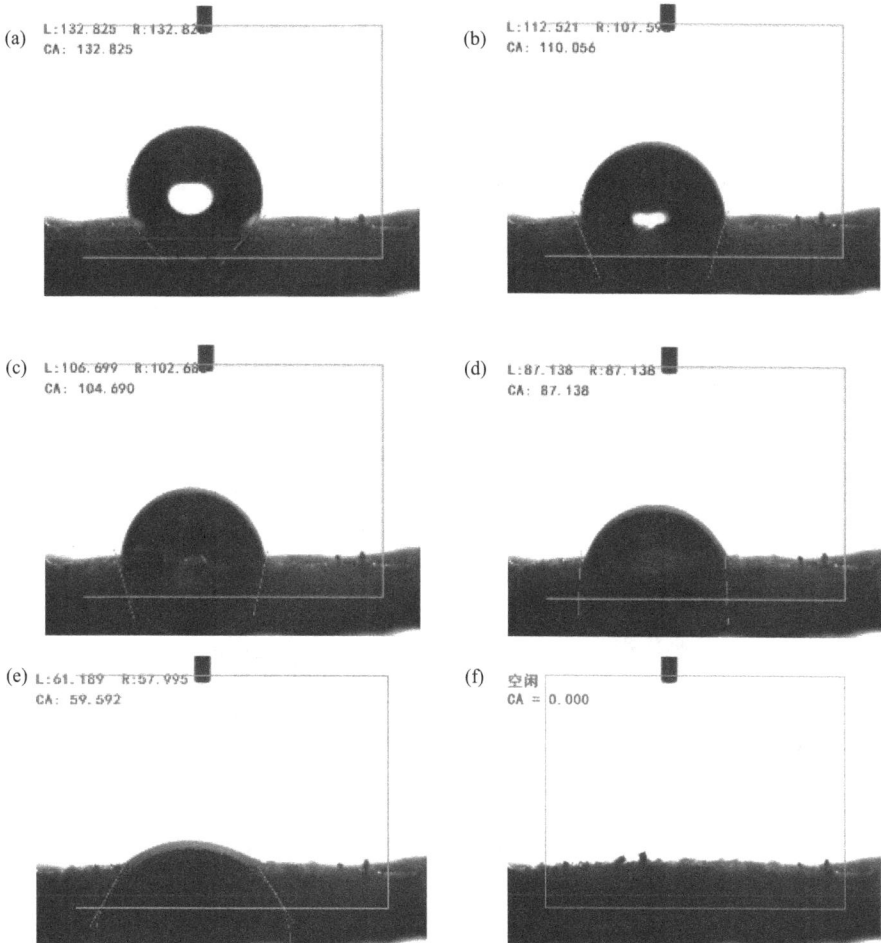

图 4-14　接触角变化过程图像

（2）涂抹防水剂一次性秸秆餐盒的防水性

① 涂抹液体石蜡餐盒的接触角　使用胶头滴管将质量为 0.5g、1.0g、1.5g、2.0g、2.5g 的液体石蜡分别滴在餐盒试样表面，使用毛刷将液体石蜡均匀地刷开，放在阴凉通风处 5h，使用纸巾沿着试样表面轻轻擦拭，擦去表面未干的石蜡油，将试样放置于接触角测量仪的工作台上进行观察。

图 4-15（a）和（b）为水滴刚滴到试样表面时的接触角图像，平均接触角值为 84.35°，经过 1min 后，水滴的平均接触角减小为 40.75°。再经过 101s 后水滴完全消失，这表明水滴已经完全浸入试样中。涂抹 0.5g 液体石蜡的试样在

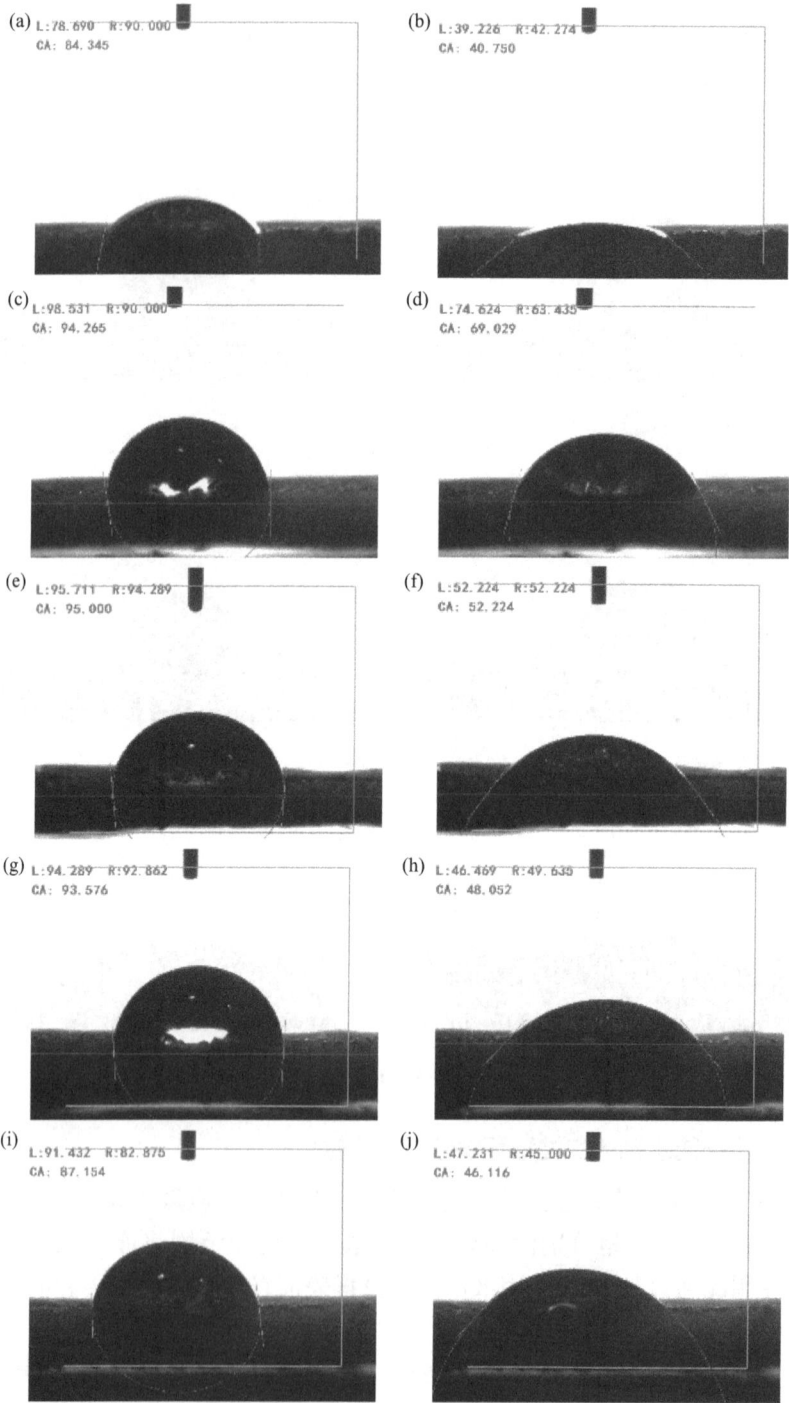

图 4-15 水接触角图像

（a），（b）涂抹 0.5g 液体石蜡；（c），（d）涂抹 1.0g 液体石蜡；（e），（f）涂抹 1.5g 液体石蜡；
（g），（h）涂抹 2.0g 液体石蜡；（i），（j）涂抹 2.5g 液体石蜡

1min 之内，接触角的变化为 44°。如图 4-15（c）和（d）所示，涂抹 1.0g 液体石蜡的试样，在 3min 之内接触角变化约为 15°，之后经过 7.5min 后水滴完全浸入到试样中。试样防水时间增长为 10.5min。图 4-15（e）和（f）为涂抹 1.5g 液体石蜡试样在 10min 之内的接触角变化，约为 43°。水滴从刚滴到试样表面到完全消失的平均时间为 24.3min。这时，液体石蜡的防水效果已初见成效。图 4-15（g）和（h）为涂抹 2.0g 液体石蜡试样在 20min 之内的接触角变化，约为 45°。水滴从刚滴到试样表面到完全消失的平均时间为 36.7min。液体石蜡的防水效果较之前又有很大提升。图 4-15（i）和（j）为涂抹 2.5g 液体石蜡的试样在 20min 之内的接触角变化，约为 41°。水滴从刚滴到试样表面到完全消失的平均时间为 42.6min。与涂抹 2.0g 液体石蜡的试样相比，涂抹 2.5g 液体石蜡所形成的防水效果并没有很大的提升。

综上所述，餐盒试样的防水性随着涂抹液体石蜡的量的增加而增加，涂抹 1.5g 液体石蜡的平均防水时间为 24.3min，而当液体石蜡含量达到 2.0g 时，防水时间能够达到 36.7min，而之后增加液体石蜡的量，防水时间并没有很明显地延长。由于液体石蜡是油性的，所以涂抹过量的液体石蜡将导致餐盒被浸透，使得餐盒的力学性能有所下降。

以餐盒底部直径为 8cm 的试样为标准，在满足餐盒防水时长的情况下，选用最佳的液体石蜡用量范围，能够减少液体石蜡所带来的成本。一般来说，一个快餐类餐盒的使用时间为 20 ～ 35min，所以液体石蜡的最佳用量为 1.3 ～ 1.8g。

② 涂抹紫胶树脂餐盒的接触角　选用的另一种防水剂为紫胶树脂，因其绿色、天然、可降解、可食用，在医药、食品、航天等领域具有广泛应用。因紫胶树脂的物理形态为片状固体，因此，在涂抹之前使用 99% 的乙醇对紫胶树脂进行浸泡、稀释，紫胶树脂与乙醇的比例为 1∶5。由于乙醇具有挥发性，所以在两者混合液体呈现浑浊状态时，使用胶头滴管将质量为 0.5g、1.0g、1.5g、2.0g、2.5g 的紫胶树脂分别滴在餐盒底部直径为 8cm 圆形试样表面，使用毛刷将紫胶树脂均匀地刷开，放在阴凉通风处 5h，使用纸巾沿着试样表面轻轻擦拭，擦去表面未干的紫胶树脂，将试样放置于接触角测量仪的工作台上进行观察。对水滴接触角的判断依旧分为两个方面，一是测量水滴接触角的角度值，二是观察水滴在餐盒表面浸入时间的长短。

如图 4-16（a）和（b）所示，涂抹 0.5g 紫胶树脂的试样，在 5min 之内的接触角变化约为 58°，水滴从刚开始滴落到试样表面直至消失的平均时间为 14.2min，同样用量的防水剂，紫胶树脂的防水效果优于液体石蜡。如图 4-16（c）和（d）所示，涂抹 1.0g 紫胶树脂的试样在 10min 之内的接触角变化约为 26°。水滴从刚开始滴落到试样表面直至消失的平均时间为 24.8min，餐盒的防

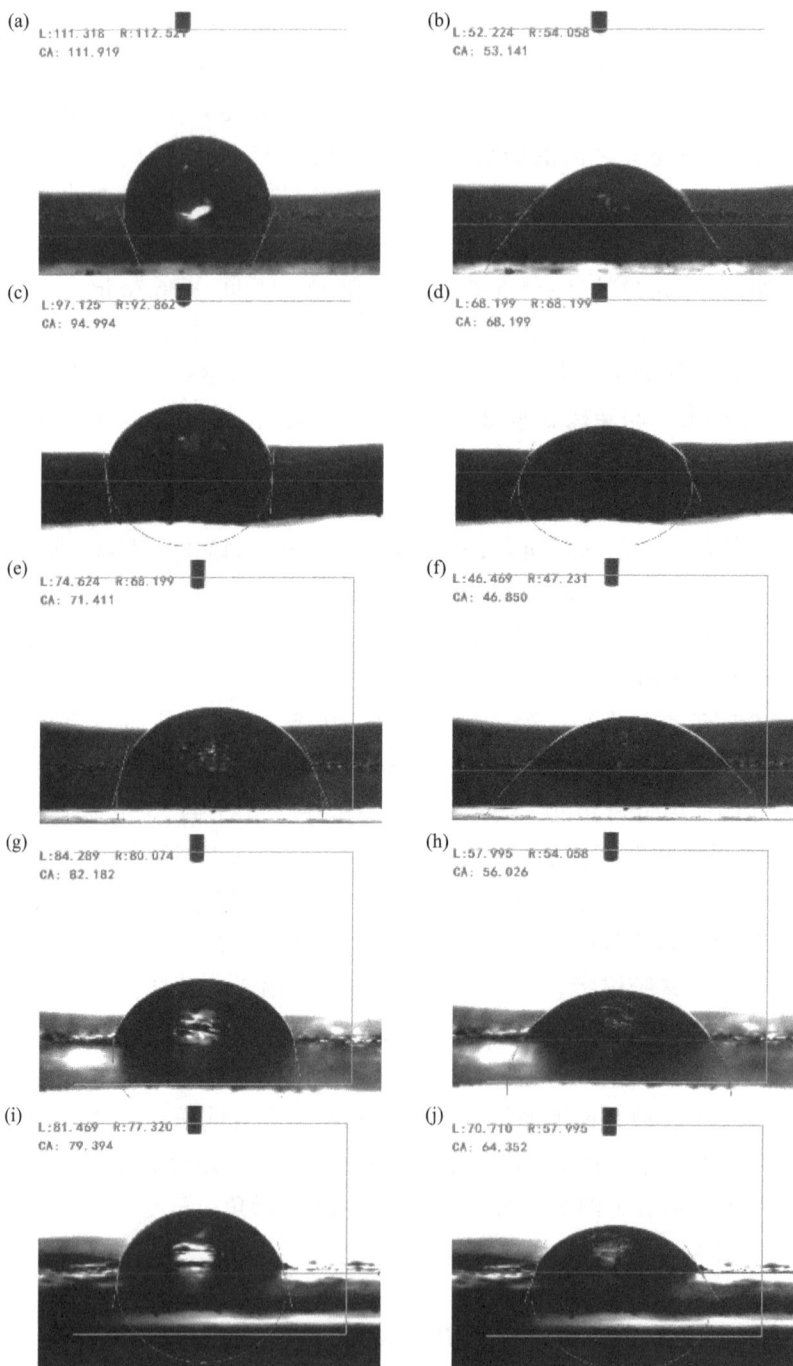

(a)　L:111.318　R:112.521
　　CA: 111.919

(b)　L:52.224　R:54.058
　　CA: 53.141

(c)　L:97.125　R:92.862
　　CA: 94.994

(d)　L:68.199　R:68.199
　　CA: 68.199

(e)　L:74.624　R:68.199
　　CA: 71.411

(f)　L:46.469　R:47.231
　　CA: 46.850

(g)　L:84.289　R:80.074
　　CA: 82.182

(h)　L:57.995　R:54.058
　　CA: 56.026

(i)　L:81.469　R:77.320
　　CA: 79.394

(j)　L:70.710　R:57.995
　　CA: 64.352

图 4-16　水接触角图像

（a），（b）涂抹 0.5g 紫胶树脂；（c），（d）涂抹 1.0g 紫胶树脂；（e），（f）涂抹 1.5g 紫胶树脂；
（g），（h）涂抹 2.0g 紫胶树脂；（i），（j）涂抹 2.5g 紫胶树脂

水性进一步提高。如图 4-16（e）和（f）所示，涂抹 1.5g 紫胶树脂的试样在 20min 之内的接触角变化约为 25°。水滴从刚开始滴落到试样表面直至消失的平均时间为 36.7min。如图 4-16（g）所示（h），涂抹 2.0g 紫胶树脂下的试样，在 20min 之内接触角的变化约为 26°。水滴从刚开始滴落到试样表面直至消失的平均时间为 46.8min。如图 4-16（i）和（j）所示，涂抹 2.5g 紫胶树脂的试样，在 25min 之内的接触角变化约为 15°。水滴从刚开始滴落到试样表面直至消失的平均时间为 50.4min。虽然紫胶树脂涂抹量的增加有利于提高餐盒试样的防水性，但是过量的紫胶树脂一是会增加成本，二是由于紫胶树脂呈现紫红色，会对餐盒的外观质量有所影响。

以餐盒底部直径为 8cm 的试样为标准，在满足餐盒防水时长的情况下，选用最佳的紫胶树脂用量范围，能够减少紫胶树脂所带来的成本。以一个快餐类餐盒的使用时间为 20 ～ 35min 估计，紫胶树脂的最佳用量为 1.0 ～ 1.5g。

4.2.4 小麦秸秆可降解植物纤维餐盒 SEM 表征结果分析

微观结构的特性直接决定了纸浆模塑餐盒的宏观力学性能和其他功能特性。农林剩余物的纤维组织、纤维之间的结合方式以及纤维的分布特征，对最终产品的性能有重要影响。

图 4-17 所示是由小麦秸秆一种原料热压成型的餐盒的 SEM 图像，观察其形貌可知，小麦秸秆纤维纵向排列，纤维之间存在许多狭窄不规则的空隙，纤维分布不均匀，这就会导致成型产品的力学性能较差。

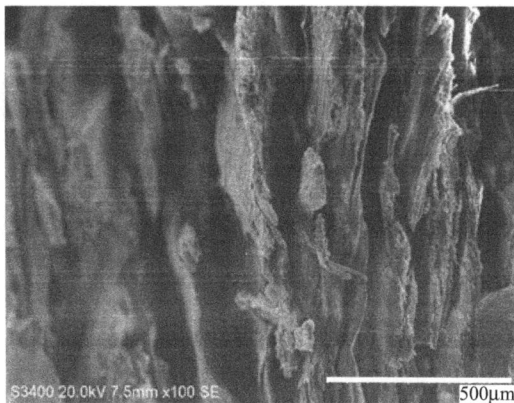

图 4-17 小麦秸秆餐盒 SEM 图像

在 25g 小麦秸秆的基础上添加一定比例的绿色添加剂。图 4-18（a）～

（c）所示分别为添加 2.5%、4.5%、6.5% 的骨胶所制成餐盒的 SEM 图像。从图中可以看出，随着骨胶含量的增加，餐盒的截面组织变得平整均匀。当骨胶含量达到 6.5% 时，餐盒横截面表现出平滑的纹理结构。图 4-18（d）～（f）所示分别为添加 8.5%、12.5%、16.5% 的黄原胶制成餐盒的 SEM 图像。如图 4-18（d）所示，圆形空心部分为黄原胶的电子图像，纤维之间的空隙充满黄原胶，黄原胶含量的增加有利于提高餐盒的力学性能。图 4-18（g）～（i）所示分别为添加 20.5%、28.5%、36.5% 沙柳的小麦秸秆餐盒 SEM 图像。沙柳秸秆纤维的长度较长，在热压过程中起到支撑作用，在宏观上表现为餐盒的性能提高。

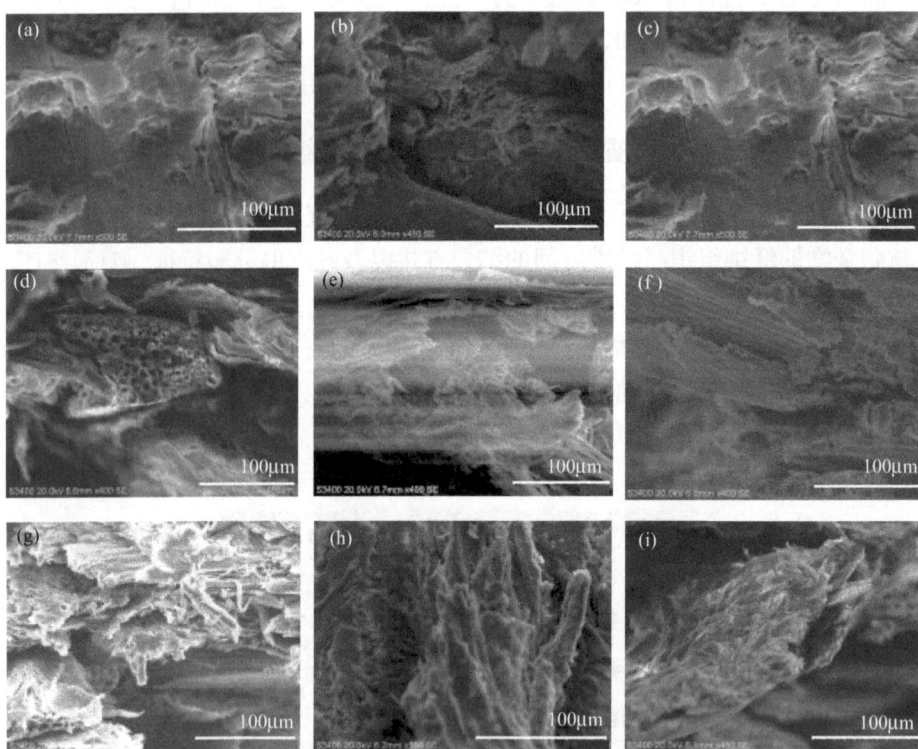

图 4-18　添加不同绿色添加剂的小麦秸秆餐盒的 SEM 图像
（a）添加 2.5% 骨胶；（b）添加 4.5% 骨胶；（c）添加 6.5% 骨胶；（d）添加 8.5% 黄原胶；（e）添加 12.5% 黄原胶；（f）添加 16.5% 黄原胶；（g）添加 20.5% 沙柳；（h）添加 28.5% 沙柳；（i）添加 36.5% 沙柳

4.3　农林剩余物基纸浆模塑餐盒的工业制备

将农林剩余物用于纸浆模塑餐盒的工艺流程涵盖了原料的预处理、制浆、成型、干燥和后处理等多个环节。近年来，随着我国纸浆模塑生产技术和工艺及生产设备的不断进步和发展，业内人士将纸浆模塑生产工艺做了进一步的细分，主要类型分为以下几个类型：

（1）干压工艺

纸浆模塑干压生产工艺是传统的生产工艺，它将纸浆模塑成型与干燥、整型和切边等工序分开设置，也就是先将纸浆在成型机上制成湿纸模，再转移到成型机外部的干燥机上进行干燥（属于模外干燥），最后进行整型和切边，完成整个生产过程。其生产工艺简单，能耗相对较低，主要用于蛋托、果托和一般工业包装制品的制作。

（2）湿压工艺

纸浆模塑湿压生产工艺是近几年发展比较快的生产工艺，其生产工艺技术日臻成熟，并被广泛推广应用。它是将成型、干燥、整型甚至切边全部在一台全自动机器上连续完成（属于模内干燥），其工作效率高，产品质量精致，但生产过程能耗较高。主要用于精度要求较高的食品餐盒和精品工业包装制品的生产。

（3）半干压工艺

纸浆模塑半干压生产工艺是纸模制品在整型前通过晾、晒、烘、喷、淋、洒等工艺，其含水率保持在 35% 左右，再进行模内干燥或整型，获得介于湿压工艺及干压工艺之间的精品纸模产品，而且其能源消耗要大大低于湿压工艺，效率比干压工艺提升很多。

上述三种纸浆模塑成型工艺都属于湿法成型工艺，即把原料纸浆纤维分散到水中，再用成型网过滤形成湿纸模坯，最后经过干燥、整型和切边成为产品。

（4）直压工艺

直压式生产工艺是将卷筒状或平板状原料浆板或纸板不经碎解和打浆，不加入水介质，直接经过开卷或疏松，根据产品需要在输送过程中喷涂乳胶树脂或适当的助剂，通过在成型网上形成疏松的纤维网后，再通过热压模切设备加工成纸浆模塑制品。

直压式生产工艺采用干法模塑连续模压成型的方式生产纸浆模塑制品，它是纸浆模塑生产工艺方法的一个重大变革。直压式生产工艺与传统湿法成型方法相比，大大减少了传统工艺中纸浆板再湿、碎解、成型、干燥过程中的大量能源消耗。

直压式生产工艺高效、节能、环保，引起了纸浆模塑业内人士的广泛关注，国内外一些厂家已致力于纸浆模塑直压式生产工艺与设备的研发。

下面介绍目前纸浆模塑行业常用的纸浆模塑干压生产工艺和湿压生产工艺。

4.3.1 原料收集

农林剩余物主要包括稻草、麦秸、玉米秸秆、甘蔗渣、竹屑、木屑等，这些材料一般来源于农业和林业生产中的废弃物或副产品。由于农林剩余物的种类和来源多样化，其处理难度和要求也有所不同。这是因为纤维原料、浆种不同，所生产纸模制品的滤水性能、干燥性能会随之发生变化。根据被包装产品的要求和对包装物的价格承受能力选用不同种类的废纸生产纸模包装制品，有利于废纸原料的合理使用和保证生产过程的正常进行。可采用人工分选的办法，将回收的原料适当地进行分类，分选过程中也能除去其中所含的较大杂质，减小原料的处理难度。

国内某些纸浆模塑生产厂家根据生产和客户要求等实际情况，采用农林剩余物的混合浆，由于要达到要求的使用功能，一般在浆料制备过程需要添加功能性化学助剂，有些还需要加入染料染色。

4.3.2 物理预处理

农林剩余物首先需要进行物理预处理，通常通过切割、粉碎或研磨等方式减小原料的粒度，增加其表面积，从而提高后续化学反应的效率。生产纸模工业包装制品可以使用卧式水力碎浆机，碎解时的浆料浓度为 5% ~ 8%。其优点是对浆体纤维只起分散作用，无切断作用，碎解效率高，时间短，动力消耗少，而且结构简单，占地面积小，还可处理含较多掺杂物、金属杂质的废纸。碎解后的浆体落入贮浆池中，调节适当的浓度后泵入间歇式的打浆机或连续式的磨浆机、精磨机上进行打浆，或者根据生产需要将碎解后的浆体经过高浓除渣器、纤维疏解机和双圆盘磨浆机进行除渣、疏解和打浆，打好的浆料排放到贮浆池或配浆池备用。打浆叩解度一般为 28 ~ 35°SR。

4.3.3 化学预处理

为提高纸浆的质量，农林剩余物通常需要进行化学预处理，常用的化学处理方法包括对切割与粉碎后的农林剩余物进行碱处理、酸处理和漂白处理等。

（1）碱处理

通常采用氢氧化钠（NaOH）溶液进行浸泡，使植物纤维中的木质素与纤维素分离，从而提升纤维的可塑性和黏结性。这一过程有助于降低纤维的硬度，使其更易于分解。

（2）酸处理

部分农林剩余物，如甘蔗渣、麦秸等，使用酸处理（如稀盐酸或硫酸）有助于去除原料中的非纤维成分（如半纤维素和木质素），增强纤维的亲水性和黏合性。

（3）漂白处理

为去除原料中的色素和杂质，部分农林剩余物经过漂白处理，常用的漂白剂包括次氯酸钠、二氧化氯等。

4.3.4 浆体制备

（1）浆料制备

在预处理后的农林剩余物中加入一定比例的水，通过机械方法或化学方法将其分解为浆料。制浆工艺通常包括物理制浆和化学制浆两种方式：

① 机械制浆　通过磨浆机、压榨机或其他机械设备进行制浆。这一方法较为简单，适用于纤维含量较高的原料，如竹屑、木屑等，制浆后的纤维长度相对较长，适合制造强度要求较高的纸浆模塑餐盒。

② 化学制浆　对于纤维较短或硬度较大的农林剩余物，化学制浆是一种更为高效的方法。通过加入碱性溶液（如氢氧化钠），将植物中的木质素等成分分解，进一步改善纤维的分散性和可塑性。

（2）纤维分离与均化

制浆过程中，纤维分离与均化是关键步骤。通过搅拌、振动或进一步的化学处理，原料中的纤维被彻底分散、均匀化。这不仅有助于提高纸浆的质量，还能增强成型后的纸浆模塑产品的均匀性和强度。

① 纤维化　使用纤维化设备（如纤维分离器或高剪切搅拌器）将原料中的纤维进一步拉伸，减少纤维的短切，增强纤维之间的互联性。

② 均化处理　将浆料进行进一步的均化，确保浆料的浓度一致，从而获得均匀的模塑效果。

4.3.5　成型工艺

成型是纸浆模塑过程中最关键的环节之一，决定了最终餐盒的形状、厚度、强度等性能。农林剩余物制备的纸浆与传统纸浆相比，纤维较短且含水率较高，因此在成型过程中需要特别关注浆料的均匀性和排水效率。

（1）压力成型

① 原理　压力成型是将餐盒浆料放置在模具中，通过外力施压，使浆料均匀填充模具并通过孔隙排出多余水分，最终形成纸浆模塑餐盒。

② 适用范围　适用于大众产品的生产，如纸托盘、运输包装等。由于农林剩余物浆料较为松散，成型压力较大，通常需要控制成型时间和压力的配合。

（2）真空成型

① 原理　通过在模具表面形成负压，将纸浆浆料吸附到模具表面，快速固化并脱水。此方法能精确控制餐盒成型的厚度和形状。

② 适用范围　适用于对成型精度要求较高的包装产品，如电子产品包装、食品外包装等。

（3）热压成型

① 原理　热压成型在压力成型的基础上加入加热步骤，通过加热模具与纸浆浆料，加速水分的蒸发并使浆料的纤维更加紧密结合，从而提高餐盒的强度和密度。

② 适用范围　适用于高强度包装产品，如高端产品的保护性包装。

4.3.6　干燥过程

干燥是确保纸浆模塑餐盒最终强度和稳定性的重要步骤。农林剩余物制成的纸浆通常含水率较高，因此干燥工艺的精确控制至关重要。

（1）热风干燥

① 原理　通过高温气流将纸浆模塑餐盒表面水分蒸发。热风干燥速度较快，适合大规模生产。

② 适用范围　适用于一般包装产品，如农产品包装、运输托盘等。

（2）红外线干燥

① 原理　通过红外线辐射加热纸浆模塑餐盒的表面，迅速蒸发水分。与热风干燥相比，红外线干燥能够提供更高的能源利用效率。

② 适用范围　适用于对干燥时间要求较短的高端产品包装，如电子包装和食品包装。

（3）自然干燥

① 原理　利用空气流通和自然热交换进行干燥，通常用于小批量或低成本的生产工艺中。自然干燥速度较慢，适合对干燥精度要求不高的产品。

② 适用范围　适用于低端市场或环保型生产线。

4.3.7　后处理与表面加工

为了提高纸浆模塑餐盒的性能和外观，后处理工艺必不可少。尤其是农林剩余物制成的纸浆，更容易出现纤维间隙和表面粗糙的问题，所以表面处理不仅可以提高产品的防水、防油性能，还能增强其耐久性和美观度。

（1）表面涂层处理

① 防水处理　为了增强纸浆模塑餐盒的抗水性，可以使用天然防水剂或合成防水涂层进行表面处理，如植物油、天然树脂或合成树脂。

② 抗菌处理　部分农林剩余物餐盒需要通过抗菌涂层来防止微生物的滋生，常用的抗菌剂包括银离子、铜离子等。

（2）强化性能

通过添加助剂或进行交联处理，可以改善纸浆模塑的物理和化学性能。例如，通过添加纳米粒子、交联剂等，可以大幅度提升纸浆模塑的抗压强度、抗拉强度等力学性能。

4.3.8　质量控制与检测

（1）质量控制体系

纸浆模塑生产中的质量管理体系至关重要，必须从原料采购、生产加工到最终产品的出厂进行严格控制，确保产品符合环保和性能要求。常见的质量控制方法包括过程控制、现场检测和最终产品抽检等。

（2）质量检测

① 外观检测　通过目视检查和仪器测量，确保餐盒无缺陷、表面光滑且无异味。

② 抗压强度测试　测试产品在受到压力时的抗压能力，确保产品在运输和使用过程中不会破裂。

③ 抗水性测试　通过接触角测试仪来检测产品对水分的防护能力，尤其是

在食品包装领域。

④防油性测试　测试纸浆模塑餐盒对油类物质的防护能力。

⑤弯曲性测试　确保产品在弯曲状态下不会破裂或损坏。

4.4　小结

随着全球环保意识的增强和"禁塑令"的推进，农林剩余物（如秸秆、竹屑、甘蔗渣等）因其富含纤维素和木质素，成为纸浆模塑技术的重要原料，为可降解包装材料的发展提供了可持续解决方案。本章系统探讨了农林剩余物纸浆模塑技术的应用现状、工艺优化及性能表征，重点分析了小麦秸秆基可降解餐盒的制备与性能。

（1）纸浆模塑技术的环保优势

①原料可持续　利用农林剩余物替代传统木材纸浆，减少资源浪费和焚烧污染，实现"变废为宝"。

②生产过程低碳　通过改进制浆、热压成型和干燥工艺（如热泵烘干、红外干燥），显著降低能耗与污染物排放。

③产品可降解　纸浆模塑制品可自然降解或回收再利用，有效缓解塑料包装带来的"白色污染"。

（2）工艺参数与性能优化

①添加剂影响　骨胶、黄原胶和沙柳的添加比例对餐盒的密度、力学性能和防水性具有显著影响。例如，骨胶含量为5.5%时，餐盒最大承受载荷达40.378N；黄原胶含量12.5%时防水性最佳；沙柳添加量32.5%时力学性能最优。

②表面处理技术　通过涂抹液体石蜡或紫胶树脂可显著提升防水性，其中紫胶树脂的防水效果更优（吸水率低至5.474%）。

（3）工业制备流程标准化

涵盖原料收集、预处理（物理破碎与化学处理）、浆体制备、成型（干压、湿压、直压等工艺）、干燥及后处理（防水涂层、抗菌处理）全链条，强调智能化与节能化生产。

质量控制体系确保产品性能稳定，包括抗压强度、防水性、防油性等关键指标的严格检测。纸浆模塑技术将农林剩余物转化为高附加值环保产品，是替代传统塑料包装的理想选择。随着工艺优化与规模化生产的推进，其有望在全球绿色经济转型中发挥更大作用。

参考文献

[1] 陈晓仪，丁保华，袁帅，等.可降解餐具的国内外研究进展[J].现代食品，2021，(07)：13-15+32.

[2] 李元喜，袁成强，张淑文.生态环保理念下秸秆综合利用的前景分析[J].环境工程，2022.40(10)：246.

[3] 邹勇，陈忠良.着力推进秸秆综合利用产业化[J].江苏农村经济，2022，(02)：43-44.

[4] 李自蕊，龙济芝，胡广昌等.农作物秸秆综合利用[J].云南农业，2022，(02)：21-23.

[5] 杜洋.秸秆焚烧现状和秸秆利用途径探讨及前景展望现代农业[J].现代农业，2020，(07)：90-91.

[6] 申天天，何思龙，王钦可等.秸秆环保餐具营销现状及市场推广对策分析.现代商业[J].现代商业，2021，(16)：21-23.

[7] 董学敏：全降解生物质纤维餐具的成型工艺与设备研究[D]。西安：陕西科技大学，2012.

[8] 朱敬阳、郭旭建，王宁等.粒径及填充量对木薯秸秆粉末/PPC复合材料力学性能的影响[J].木材工业，2019.33(03)：5-8.

[9] 张莹.沙柳材/蒙脱土复合材料的制备与阻燃性能的研究[D].呼和浩特：内蒙古农业大学，2011.

[10] 王敏，何春霞，朱贵磊等.不同植物纤维/骨胶复合材料的性能对比[J].复合材料学报，2017，34(05)：1103-1110.

[11] 张雪梅，严海源，张忠亮等.黄原胶的生产及应用进展[J].轻工科技，2022，38(03)：15-19.

[12] 王海珍.沙柳废纸混合纤维超轻质材料的制备[D].呼和浩特：内蒙古农业大学，2015.

[13] 刘涛，郭慧霞.神木风沙草滩区沙柳平茬复壮技术研究[J].现代园艺，2022，45(16)：13-4+26.

[14] 刘刚，梁精龙，李慧.木质素基生物质胶黏剂的研究进展及应用前景[J].化工新型材料，2022，50(12)：259-263.

[15] 吴春正，薛海涛，卢双舫等.几种常见矿物的油-水-矿物接触角测量及其讨论[J].现代地质，2018，32(04)：842-849

[16] Liu R，Long L，Sheng Y，et al. Preparation of a kind of novel sustainable mycelium/cotton stalk composites and effects of pressing temperature on the properties[J]. Industrial Crops and Products，2019，141：111732.

[17] Jakes J E，Hunt C G，Zelinka S L，et al. Effects of moisture on diffusion in unmodified wood cell walls：A phenomenological polymer science approach[J]. Forests，2019，10(12)：1084.

[18] Ali I，Jayaraman K，Bhattacharyya D. Effects of resin and moisture content on the properties of medium density fibreboards made from kenaf bast fibres[J]. Industrial Crops and Products，2014，

52：191-198.

[19] 涂伟文 . 纺织品防水防油剂的历史、现状和发展方向 [J]. 印染，2022，48（05）：82-9+93.

[20] 张殿微 . 氟系防水防油剂的合成及其耐久性的研究 [D]. 大连工业大学，2013

[21] 余国贤，高佳，康欣，等 . 液体石蜡对麦麸纤维／小麦麸质蛋白复合膜性能的影响 [J]. 中国粮油学报，2019，34（05）：14-21.

[22] 李春吟，李坤，孙彦琳等 . 单宁／增韧紫胶树脂复合涂膜的制备及其防蚀性能 [J]. 林产化学与工业，2021，41（04）：1-9.

[23] 李凯，罗清明，徐涓等 . 绿色可降解紫胶树脂／明胶复合功能泡沫材料的构建 [J]. 化工新型材料，2021，49（06）：88-92.

[24] Chen X，Jiang H，Wang G，et al. Disposable bamboo fiber meal boxes characterized by efficient preparation，excellent performance，and the potential for beneficial degradation[J]. Journal of Cleaner Production，2024，434：139973.

第 5 章

农林剩余物基菌丝体复合材料

随着全球对可持续发展和环境保护意识的增强，绿色包装材料和生物质复合材料的研究与应用越来越受到重视。作为一种新型绿色材料，菌丝体复合材料是利用农业副产物作为基质原料，通过真菌菌丝在基质中生长，缠绕固定形成具有一定强度的生物质材料。菌丝体，即真菌的丝状营养结构，能够在固体基质中生长并形成坚固的网络结构，这一特性使其成为制造复合材料的理想生物黏合剂。真菌作为广泛分布的真核微生物，它们在形态和生活习性上展现出极大的多样性。许多真菌种类能够分解木质纤维素生物质和循环碳资源，在陆地生态系统中扮演着关键角色。

在菌丝体定植的过程中，基质中的纤维素或木质素或两者的化合物可以通过真菌分泌的酶，如纤维素酶、木质素过氧化物酶（Lip）和锰过氧化物酶（MnP）等被降解，而半纤维素通常受到所有物种的攻击。不同真菌物种的木质素降解能力存在差异，这影响了它们分解纤维素底物的效率。同时，菌丝体可以组装在一起并形成块状结构，这种材料的开发不仅有助于减少农业废弃物的环境负担，还能提供一种可再生、可降解的替代材料，减少对传统高能耗材料的依赖。

5.1 菌丝体复合材料的发展概况

5.1.1 早期研究与发展历程

菌丝体在医药工业和生物活性分子领域的应用可以追溯到很久以前。它们在开发多种健康产品中发挥着重要作用，这些产品包括具有抗肿瘤、抗转移、抗氧化、抗炎、杀虫和抗菌特性的膳食补充剂与营养保健品。自 1980 年代起，菌丝体的应用领域进一步扩展到了真菌修复技术。除了在生物修复和医药行业的应用，菌丝体目前也用于生产生物材料，例如生物水泥、生物砖和生物酶等。

国外多家企业对于菌丝体复合材料的已经有了深入的研究，并大力推广于包装材料、建筑材料、环境修复以及可穿戴材料等。如 MycoWorks、NEFFA、Evocative Design 和 MOGU，已经开始设计并商业化基于菌丝体的复合材料。从 2007 年开始，美国公司 Ecovative Design 利用菌丝体创造了 100% 可降解生物基复合材料 Myco-Composite，设计师和建筑师开始使用菌丝体产品作为传统材料的替代品，且应用范围广泛，包括合成皮革、厨房用具、包装材料、各类家具、墙面和天花板板材、生物水泥，以及砌块和砖石单元等。图 5-1 展示了种类繁多的菌丝体复合材料，其中合成皮革产品完全由菌丝体构成，而包装、家具、板材和砌块等产品则是菌丝体与有机基材的复合材料。2013 年，Evocative Design 公司推出了菌丝体材料作为聚苯乙烯和塑料包装的替代品。基于真菌的复合材料能够被塑造成多种形状，并且具有低密度的特性，这使得它们能够替代多种传统材料，并创造出各种不同的产品。意大利的 MOGU 公司利用纺织品废料作为基质培养菌丝体推出了 MOGU Floor 隔音隔热墙板，实现了废物的高值化利用，减少了废弃物对环境的负担。

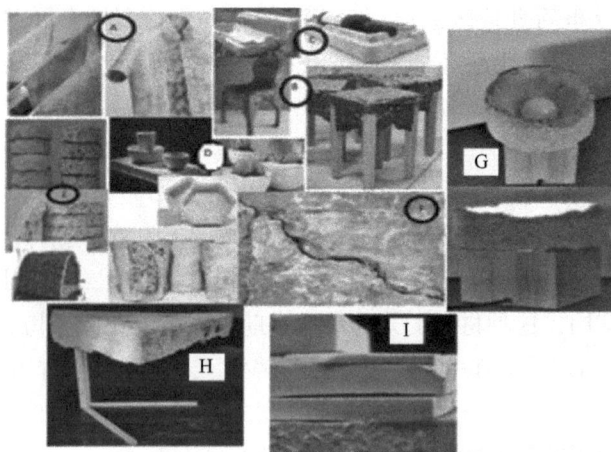

图 5-1 菌丝体复合材料的各类产品

在中国，对菌丝体的研究主要集中在食品、医药和农业领域，而将其作为新型可降解生物材料的研究文献近年来才开始逐渐增多。衡水职业技术学院的闫薇等人研究了以灵芝和平菇菌丝体与果树、杨木和竹材等植物碎料结合制备的生物泡沫材料的防火性能。山东农业大学的李红丽探讨了利用废弃人造板作为培养基，接种灵芝菌种，从而制备出菌丝体与人造板废料的复合材料。北京林业大学的曹金珍教授及其团队开发了一种多孔结构的菌丝体复合材料，该材料在隔热和疏水性能上与建筑行业中使用的发泡聚苯乙烯保温材料相媲美。目前，国内涉及菌丝体复合材料制备的企业相对较少，直到 2020 年，华南农业大学的胡文锋团队才成立了国内首家专注于菌丝体包装材料的公司——深圳循环生物科技公司。

5.1.2 近年来的研究进展

当前,基于真菌的复合材料研究正处于迅速发展的阶段。市场上的真菌材料主要分为两类:纯菌丝体材料和菌丝体基复合材料。纯菌丝体材料主要包括几丁质纳米纸、菌丝体皮革等,而菌丝体基复合材料则涉及以生物质为基质的菌丝体增强材料。真菌材料的特性与其培养方法和加工技术密切相关。与其它材料相比,利用真菌制造复合材料具有三个显著优势:

① 环境影响小,资源利用率高 真菌作为一种生物有机体,能够以木材等有机废弃物为培养基,高效地分解木质素,转化为几丁质和多糖等有价值的物质,从而促进自然资源的合理利用和环境保护。

② 制备工艺简便,性能优异 在菌丝体生长的过程中,可以利用其天然的黏性将其他材料进行生物黏合,形成菌丝体复合材料。菌丝体的厚实和复杂的纤维网络结构赋予了其类似木材和软木等木质纤维素材料的典型力学特性。

③ 完全生物可降解,环境友好 真菌材料能够完全降解,其废弃物不会对生态系统造成长期伤害。

在菌种选育和基质选择方面,真菌的定殖率、菌丝量、分支趋势、表面形貌以及材料的最终性能与所选真菌和基质类型有很大关联性。在底物定植过程中,当菌丝体在基质上发育时,它会在每个单独的颗粒内部和周围形成,将碎片连接在一起,从而形成菌丝体复合材料。图 5-2 展示了从孢子发育菌丝体的尖端延伸方法。

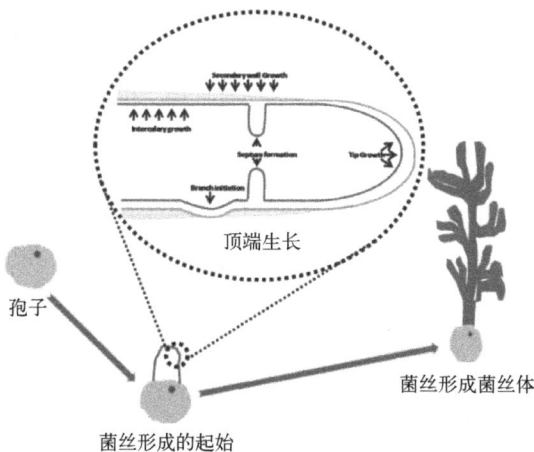

图 5-2 从孢子发育菌丝体的尖端延伸方法

用于菌丝体发育的基质是影响材料特性的重要组成部分。菌丝体发育的基质通常是农业副产品残留物的混合物，也称为木质纤维素废物。基质材料通常根据其可用性和特定特性（如营养成分和木质素 - 纤维素比例）来选择，这些特性对于促进菌丝体的生长至关重要。研究人员通过比较不同类型的基质，发现接种 10 天后，来自亚麻粉、松针叶木和秸秆的菌丝复合样品生长不良。相比之下，在大麻和亚麻废纤维上则形成了致密的白色真菌生物质层。一项实验中表明，在椰子壳、甘蔗渣和菌草等各种基质中，菌草表现出最佳性能，在 28 天内实现了超过 80% 的菌丝体定植。研究人员考察了稻草、甘蔗渣、椰糠、锯末和玉米秸秆为基质培养平菇制备的菌丝体复合材料，结果表明，以甘蔗渣为底料生产的菌丝体复合材料的力学性能可以与发泡聚苯乙烯（EPS）包装材料相媲美。因此，基质类型的选择对于菌丝体复合材料的性能至关重要。

　　菌种的选择会显著影响复合材料的最终特性，例如强度、耐用性、密度、耐水性、生长速率以及与各种基质的相容性。如图 5-3 所示，灵芝、平菇和云芝常被选择用于制备菌丝体复合材料，根据各自的特性，使其适用于特定的应用。例如，灵芝可以生产坚固耐用的菌丝体复合材料，主要适用于高抗拉强度和耐久性的应用。相反，平菇可以生产出轻质、坚韧的材料，使其成为吸声板、纺织品和绝缘材料等应用的最佳选择。云芝具有生长快速的特性，可以加快菌丝体复合材料的生产进程。研究人员以山毛榉木屑为基质，分别接种灵芝和云芝两种菌种制备了菌丝体复合材料，并研究了该材料的隔热性能。研究发现，云芝菌丝体复合材料的生长速率和隔热性能优于灵芝菌丝体复合材料。另外有研究人员发现，云芝在油菜秸秆基质表面会产生柔软的绒毛状表皮，具有弹性和泡沫状结构，而平菇在生长过程中则会产生坚硬和粗糙的表皮。目前，大约有 36 种真菌菌种被应用于菌丝体复合材料的制备。采用平菇、灵芝和云芝作为菌种制备的菌丝体复合材料性能优于其他菌种，且使用频率最高。然而，针对其他菌种与各类农林剩余物的适配性还需进一步研究，以有效激发菌种的最大效能，实现菌丝体的最优生长，从而快速生产出具有高性能的菌丝体复合材料。

　　在菌丝体培育环境因子作用机制方面，环境因子包括培育环境参数，如环境温度、湿度、CO_2 浓度、光照、pH 值、生长时间等。这些环境参数不仅会影响菌丝体的生长定殖情况，也会对最终菌丝体复合材料的各项性能产生较大影响。研究人员考察了不同因素水平的培育温度、菌种接种比例和含水率对平菇菌丝体生长和复合材料成品的力学性能的影响，研究发现，在 50% 的湿度条件和 40% 的菌种接种量条件下，获得的复合材料综合性能较优，而培育温度超过 30℃ 则会抑制菌丝体的生长。一项研究显示，平菇菌丝体生长的适宜温度位于 25 ～ 30℃ 之间。CO_2 浓度与光照条件共同作用会影响菌丝体的生长，在无光照、低 CO_2 浓度以及有光照、高 CO_2 浓度条件下，更容易获得高密度的菌丝体复合材料。此外，培育时间较长的菌丝体复合材料具有更高的热稳定性，更低的孔隙率，基质的持续分解与菌丝体的生长扩散有利于促进菌丝体复合材料的结合。

图 5-3　菌丝体复合材料生产中使用的常见蘑菇种类的外观
（a）灵芝；（b）云芝；（c）平菇

　　菌丝体复合材料的制造工艺与性能调控方面，不同的制造工艺将产生不同的功能性菌丝体生物复合材料。最常见的方法是烘箱干燥以去除菌丝体和基材内的残留水分，产生轻质和高强度的泡沫，通过在两侧结合天然纤维织物，可以用作夹层菌丝体复合材料结构的核心。除了形成泡沫外，菌丝体还起着将芯材黏合到纤维织物上的作用，以抵抗夹芯板在负载中受到剪切力时在材料界面处分层，从而产生具有高弯曲刚度的坚固复合板，图 5-4 为菌丝体复合材料各类产品。

　　菌丝体复合材料可以通过控制基质和加工方法实现特定的结构和材料功能。不同的基质可以通过生长菌丝体复合材料来实现特定功能（如结构支撑、耐火性和隔音性）。例如，利用云芝接种黄桦木颗粒，通过烘干和热压工艺分别制备了生物基泡沫和热压板材。通过在基材中添加稻壳和玻璃粉，显著提高了菌丝体生物复合材料的耐火性，因为这些添加物可以释放大量焦炭和二氧化硅灰分，从而承受燃烧过程中的高温。使用椰子油和白蜂蜡天然涂层剂降低了菌丝体复合材料的吸水性。

因此，真菌复合材料在提高材料的可持续性方面具有巨大潜力，有助于推动材料行业的绿色转型和可持续发展。

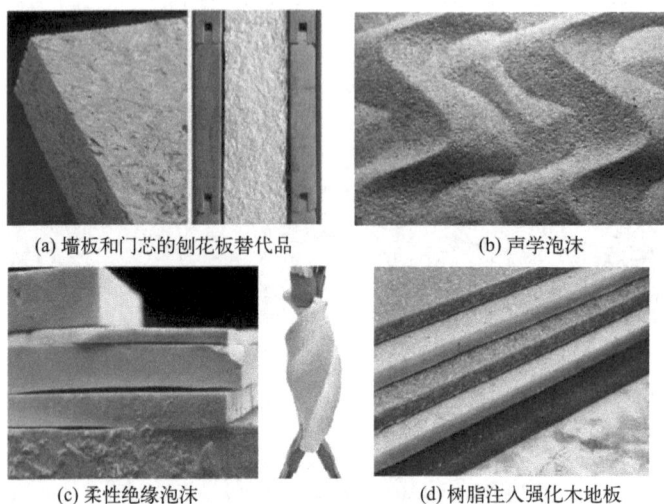

(a) 墙板和门芯的刨花板替代品　　　　(b) 声学泡沫

(c) 柔性绝缘泡沫　　　　(d) 树脂注入强化木地板

图 5-4　不同类型的菌丝体复合材料产品

5.1.3　商业化应用现状

近年来，由于菌丝体容易在有机废物上生长，其衍生材料有可能成为各种应用的首选材料，因为它们无排放、可回收且成本低，具有替代其他传统材料的潜力。现阶段，基于菌丝体的生物复合材料已被广泛应用于建筑、制造、农业和生物医学等领域。研究表明，这些复合材料的性能可以通过控制真菌种类、生长条件和生长后处理方法来调整，以满足特定机械要求，如结构支撑、隔音和隔热。此外，菌丝体还能用于生产几丁质和壳聚糖，这些材料已在生物医学领域显示出潜力。具体应用如以下所示。

（1）包装材料

聚苯乙烯泡沫塑料因其轻质特性在包装领域得到了广泛应用。然而，这种材料对环境构成了严峻挑战。聚苯乙烯泡沫塑料难以降解，在垃圾填埋场中可能需要长达 500 年的时间才能分解，而燃烧过程中会释放一氧化碳等有害气体，对人类健康和环境造成负面影响。与此相对，菌丝体复合材料是完全可分解或生物可降解的，能在垃圾填埋场中大约 65 天内完全分解，且其生产过程不会产生有害气体。菌丝体复合材料可以根据不同的模具生长成不同的形状和大小，易于成型，特别适合用于小型消费品或产品的包装，因为这些应用场景下通常不需要高强度的包装材料，而是需要确保产品安全和稳固，如图 5-5 所示。其次，另一个显著优势是其吸水性优于聚苯乙烯泡沫塑料（EPS），能够有效吸收泄漏的液体，防止对周围货物造成进一步损害，这在货物处理和运输过程中尤为重要。

另外，菌丝体复合材料可以将低成本的农业副产品转化为几丁质生物聚合物，这些聚合物可用于生产薄膜等材料，其力学性能优于传统的菌丝体复合材料。这些材料在废弃后更易于处理，能在几周内分解并回归自然。有研究者利用食用菌副产品——香菇菌柄，开发了一种富含膳食纤维的可食用膜，同时借鉴造纸工艺，采用新型的成膜方法——真空抽滤法，改善了实验室传统的小规模高能耗低效率的成膜方式，为可食膜工业化生产提供了理论依据和技术支持。对于真菌菌丝体，研究人员通过自然培养方法成功制备了以食用菌为来源的生物塑料薄膜，并通过添加甘油来提升这些菌丝体薄膜的性能，如图 5-6 所示。这是首次深入探究甘油在优化菌丝体薄膜的机械特性、物理属性、形态结构以及表面特性方面的作用，同时也研究了其组成和分子结构的影响。研究揭示了甘油、几丁质以及甘露糖蛋白在菌丝体膜中通过氢键相互作用对于提升生物膜的机械强度和水分保持能力起着关键作用。这项工作的结果将为菌丝体基材料的未来发展提供新的视角。

图 5-5　菌丝体包装材料

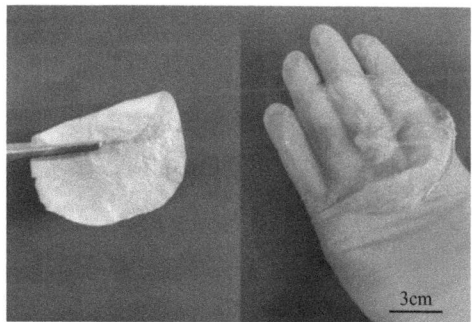

图 5-6　菌丝体薄膜材料

（2）隔音和隔热材料

目前，传统的聚合物泡沫材料，如聚苯乙烯和聚氨酯、岩矿棉和玻璃纤维，通常用于温带气候地区的公共和私人建筑的保温。另一方面，用于隔音时，多孔和纤维基材料，如聚氨酯泡沫、玻璃纤维织物、金属框架等，被广泛使用，这些材料通常用作墙壁、地板和天花板的面板。尽管这些材料可以充分隔离建筑物免受热量和声音的影响，从而创造舒适和安全的内部环境，但它们中的大多数在回收和再利用方面存在一些限制。而且它们是不可生物降解的，最重要的是，它们的生产涉及复杂的制造过程和大量的能源消耗。最后，当暴露在意外火灾等恶劣条件下时，它们可能会析出有害物质，例如一氧化碳、氰化氢、异氰酸酯等，提出一个有据可查的环境健康问题。这些问题凸显了在建筑保温和隔音材料领域寻求更环保、可持续替代品的迫切需求。

与传统的隔热和隔音系统相比，基于可生物降解和生物基材料的组件在生产和加工过程中通常需要的能源更少。这些材料是合成产品在经济和环境可持续性方面的优选替代品。利用生物基工程建筑保温材料有助于防止对日益稀缺的自然资源的过度开采，并作为实现环境安全解决方案的关键缓解策略，减少塑料污染对环境的威胁。因此，在众多生物材料中，以农业废弃物为基质的菌丝体生物复合材料可能是理想的替代选择，如图 5-7 所示。这些材料源自可再生资源，并且由于其自我生长的特性，其生产过程中所需的能源极少。重要的是，它们在生命周期结束时可以在自然环境下进行堆肥处理。

研究人员选用了杨木和桦木锯末作为制备菌丝体复合材料的基质，这些木材资源因其低成本、轻质、高强重比以及环境可持续性而受到青睐。它们特有的层状蜂窝状结构和有序的纤维排列，使得这些材料在力学性能和热传导方面展现出明显的各向异性。菌丝体复合材料的保温与隔音效果主要得益于其低固体分数和复杂的多孔结构，这些多孔结构包括了基质颗粒间在中尺度上的间隙以及基质本身在微尺度上的固有孔隙。通过精细调控锯末的尺寸和排列，成功构建了具有多尺度层次孔隙结构的复合材料，这一结构显著提升了材料的隔热性能。此外，有研究人员将咖啡果皮碎片（CSF）与平菇的菌丝体融合，成功制备出一种经济且高效、能够自我生长的三维多孔结构生物复合材料。这种新型材料不仅展现出适用于建筑行业的力学性能，还具备良好的隔热和隔音效果。

图 5-7　菌丝体保温材料

（3）建筑材料

目前，Ecovative Design、Krown Design 和 MOGU 等公司正在开发基于菌丝体的产品。意大利公司 MOGU 在欧洲市场提供一系列基于菌丝体的商业产品，适用于室内设计应用。这些吸音板的降噪系数在 0.4 ~ 0.53 之间，是商用吸音吊顶的理想替代品，后者的降噪系数为 0.644。此外，基于菌丝体的声学产品在隔热性能上也表现良好，隔热系数为 0.05W/m·K，可能成为聚苯乙烯和聚氨酯泡沫的替代品，后者的隔热系数分别为 0.03 ~ 0.04W/m·K 和 0.006 ~ 0.18W/m·K。奥雅纳工程办公室正在与 MOGU 合作开发室内装修用的吸音表面。使用这种材料作为构建块已显示出积极的结果，例如在 MoMA Ps1 的 The Living 的年度馆 Hy-Fi 的建筑中使用菌丝体砖。设计师 Pascal Leboucq 创作了 The Growing Pavilion，以展示生物基材料的美丽和力量（图 5-8）。菲利普·罗斯是最早探索菌丝体作为设计材料潜力的艺术家之一，他的实验显示菌丝体材料能够与其他元素结合，例如木梁。美国建筑师办公室 Redhouse 使用建筑垃圾，如压碎的木板或窗框。在印度尼西亚，Mycotech 公司生产面板，并与 Block Research Group 合作，开发由承重菌丝体成分与甘蔗和木薯根废料混合而成的空间结构，其平均压应力在 5% 变形时为 0.61MPa。与砖砌体（平均抗压强度 5.7MPa）或混凝土（平均抗压强度 22.5MPa）等其他承重材料相比，菌丝体基材料在竞争中还有差距。MOGU 的菌丝体基地砖由生物基涂料制成，符合 CE 标准 EN 14041 弹性地板覆盖物的要求，包括防滑、耐热、向室内气候中排放有害物质和电气行为的标准。

(a)

(b)   (c)

图 5-8　菌丝体建筑材料

（4）纺织材料

自古以来，以真菌为原料的纺织品就与人类的生活紧密相连。早期，欧洲人便利用火种真菌的子实体制作一种名为阿玛杜的毛毡状材料，用于制造帽子、钱包等物品。皮革加工首先从浸泡环节开始，这一步骤旨在清除盐渍皮上的盐分、表面杂质和血迹。尽管基本的加工技术避免了危险化学品的使用，但为了提升材料品质所采取的某些工艺，如鞣制，却涉及硫化物、醛类和六价铬等有害物质。研究人员指出鞣制是皮革制造中一个关键步骤，涉及多种化学物质，这些物质的排放对水体系统构成威胁，对水生生物和人类健康带来显著风险。铬是其中一种化学物质，它能够污染水源，并对生态系统产生负面影响。过程中使用的其他化学物质还会导致有机物负荷增加和恶臭，进一步加剧水污染问题。除了水污染，皮革工业的高能耗在生产过程中还会释放颗粒物，引发空气污染。此外，原材料的采集、加工和运输过程也增加了该行业的能源消耗和环境足迹。皮革生产过程中产生的固体废物，包括修整和加工阶段的废弃物，加剧了垃圾填埋问题。皮革的缓慢分解速度也增加了对环境的担忧，具有长期生态影响。

以真菌为基础的皮革替代品——新型纯素皮革因其独特的质地、逼真的纹理和环保特性而受到消费者的青睐，成为时尚界的新宠，如图5-9所示。阿迪达斯、斯特拉麦卡特尼、开云、爱马仕等时尚和运动品牌已经开始采用源自真菌菌丝体的材料。同时，全球出现了多家初创公司，如Mycoworks、Reishi™、Ecovative和Bolt threads，它们专注于这一技术领域。研究表明，灵芝、椭圆梯孔菌、花纹链、双孢蘑菇和平菇等菌株是真菌加工的潜在资源。

图 5-9　菌丝体的皮革状材料

菌丝体皮革的生产过程一般包括先通过固态发酵制作非织造的真菌垫，然后进行物理和化学处理，以复制动物皮革的力学特性、手感和外观。这些处理步骤包括脱乙酰、交联、材料致密化和表面纹理压印等。例如，研究人员利用桑黄担子菌的子实体开发了一种真菌基皮革。这种皮革的制作工艺环保，具有良好的力学、耐热和化学性能，展现出作为可持续和环境友好型纺织替代品的巨大潜力。另外，研究人员通过培养和加工菌丝垫，经过塑化、交联、干燥和热压等后处理步骤，制造出一种菌丝皮革，其物理化学和力学性能显示出完全替代传统皮革的潜力，以及在工业应用中的可行性。

（5）菌丝体基板材

纤维板和刨花板等人造板材因其广泛的应用而成为近年来非常流行的建筑材料。然而，用于制造这些板材的胶黏剂往往会释放甲醛等有害气体。除了木材自身释放的甲醛外，木材在被加工成刨花板或纤维板的过程中，由于涉及干燥、压制和热水解等步骤，这些过程可能会导致甲醛释放量增加。此外，常用的木材胶黏剂，例如脲醛树脂和酚醛树脂，也会释放一定量的甲醛。随着公众对环境保护和健康问题的日益关注，环保型胶黏剂越来越受到行业的重视，无醛胶黏剂的研究和开发成为了一个热点领域，比如木质素、淀粉和蛋白质等生物基胶黏剂。尽管这些生物基胶黏剂来源于可再生资源，与基于石油的合成胶黏剂相比，在耐水性、黏合强度和干燥速度等方面仍有提升空间。因此，迫切需要开发出性能更优的生物质基胶黏剂。

作为一种替代方案，人们开始考虑使用菌丝体复合板，如图 5-10 所示。菌丝体黏合的生物复合材料是有前途的新材料，可以替代不可持续的产品。在这种复合系统中，真菌菌丝体起到黏合剂的作用，将木质纤维素基质颗粒黏合在一起。通过热压工艺得到的具有一定强度和结构稳定性的材料，将其特性从泡沫状转变为更接近软木和木材的特性，可用于各种非结构应用。然而，现阶段由于菌丝体复合板的压缩、弯曲和拉伸强度相对较低，它们并不适合用作横梁、椽子或其他需要承受重压的结构部件。

图 5-10　菌丝体复合板

（6）医用材料

真菌中含有丰富的几丁质和β-1,3-D-葡聚糖，以及多种生物活性成分，这些成分不仅生物相容性好，还在抗炎、止血和促进伤口愈合等方面显示出特殊功效。例如，几丁质和β-1,3-D-葡聚糖能够加速伤口的恢复过程，当用作伤口处理材料时，它们能够相互增强效果。除了从真菌中提取几丁质和脱乙酰几丁质的传统方法外，越来越多的研究开始关注直接使用或稍作处理的菌丝体和子实体作为医用敷料。一些研究已经证实，真菌几丁质的脱乙酰化能够显著提升真菌甲壳素的止血和抗菌能力，并促进细胞的生长和黏附，使得脱乙酰化的真菌衍生材料更适合作为具有生物活性的伤口愈合敷料。例如，有研究人员通过液体发酵技术获取了丛枝菌的菌丝体材料，并通过水洗、碱处理和抽滤等步骤制备出薄膜产品，再通过热压工艺增强其力学性能，这种富含壳聚糖和葡聚糖的薄膜可以替代传统纸张，在医疗包扎等领域发挥作用。研究人员从液体静态培养中获得根霉的菌丝垫，并通过浓碱处理得到海绵状材料，该材料具有良好的生物相容性、可降解性以及促进伤口愈合的特性，适合用作伤口敷料和在生物医学领域中应用。

5.2 菌丝体的构成

菌丝体复合材料的力学性能主要取决于所使用的真菌种类，这通常在菌丝体培养的初期通过引入不同种类的孢子来实现。不同真菌种类的生产力、菌丝体纤维的粗细、微观结构以及表面特征都有所差异。菌丝，即构成菌丝体的细长菌丝，被包裹在管状的细胞壁内，并通过称为隔膜的可渗透的横向隔壁相互隔离。这些细胞壁不仅为菌丝提供保护，还为整个菌丝体提供机械强度，并在真菌的形态发展中扮演其他生理角色。这些结合特性增强了材料的压缩强度、拉伸强度以及黏弹性。细胞壁的外层由几丁质、葡聚糖以及包括甘露糖蛋白和疏水素在内的蛋白质组成（见图5-11）。细胞壁和膜的延伸主要发生在菌丝的尖端附近，以促进菌丝发育。

在真菌分类学中，菌丝体的类型对于最终菌丝体复合材料产品的安全性至关重要。菌丝体可以根据其功能和结构分为生成菌丝、骨架菌丝或结合菌丝。生成菌丝具有较薄的壁，这些壁会周期性地变厚，含有多个隔膜，并且可能包含卡箍连接器。骨架菌丝则更长、更厚，分枝较少，隔垫数量有限，并且没有卡箍连接。黏性菌丝则以其坚固的壁和刚性结构为特点，并且具有分支。菌丝体网状网络根据菌丝类型分为单态、二态和三态三类：单态物种中仅见生成菌丝，二态物种包含两种菌丝（通常是生成菌丝和骨骼菌丝），而三态物种则具有所有三种形式的菌丝。特定的菌丝体基质具有显著不同的拓扑结构和机械质量，其中单丝体物种在力学性能上优于双丝体和三丝体物质。

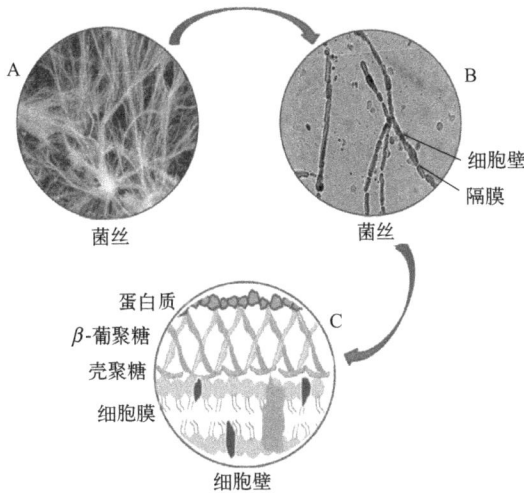

图 5-11　菌丝纤维及其细胞壁形态示意图

5.2.1　蛋白质

真菌富含蛋白质，但其中许多蛋白质尚未被充分研究。在真菌中，参与木质纤维素降解的酶是蛋白质组研究中最为广泛的领域之一。这些酶包括漆酶、过氧化物酶、氧化酶、纤维素酶以及多种糖苷酶，它们在不同种类的真菌中发挥作用，共同参与木质纤维素的降解过程。木质纤维素的降解机制涉及氧化酶和水解酶的协同作用，真菌通过细胞内和细胞外的包膜层系统来实现多糖的降解，这对木质纤维素的分解至关重要。在细胞外，水解酶负责多糖的降解，而氧化酶则负责木质素的降解和苯环的打开。

真菌主要分为三类，它们在木质纤维素的作用和降解机制上各有不同，分别是软腐菌、白腐菌和棕腐菌。软腐菌主要降解植物的表面多糖层，大多数属于子囊菌，它们通过过氧化物酶参与木质素的改性和漆酶的产生，导致木材变暗和软化，但这些酶的降解功能相对有限。白腐菌能够降解木质素、纤维素和半纤维素，对木质素的降解效果优于褐腐菌和软腐菌，使得木材质地变得湿润、柔软且丝滑，颜色变为白色或黄色。而褐腐菌，作为担子菌的一种，它们在降解木质素方面与软腐菌有所不同，能够迅速代谢纤维素和半纤维素，但对木质素仅进行轻微的改性，木材残留物因木质素的氧化反应而呈现立方体形状和棕色。棕腐菌对木质纤维素基质的破坏可以使用铁依赖性芬顿化学被称为螯合剂介导的芬顿系统来证明。

除了木质纤维素降解酶，疏水素也是真菌中特有的一类重要蛋白质。它们位于丝状真菌细胞壁的外表面，对真菌的生长和与环境的相互作用至关重要，促进空气发育，帮助真菌附着在固体载体上。疏水素通过形成两亲性膜赋予真菌疏水性，其中疏水侧暴露在外，而亲水侧则与细胞壁多糖结合。

5.2.2　葡聚糖

葡聚糖是构成真菌细胞壁的主要多糖之一。它们对于功能蛋白与结构成分几丁质的整合以及形成真菌细胞壁的关键结构至关重要。真菌中的葡聚糖通过 α 或 β 键相互连接，其中 α-1, 3 葡聚糖最为常见，它们构成结构微纤丝，能够抵抗细胞壁的显著变形。相比之下，β-葡聚糖的结构更为复杂，主要由 β-1, 3 和 β-1, 6 键组成，形成次级纳米原纤维。含有几丁质的微纤维葡聚糖赋予真菌壁刚性和防水性，这对于开发坚固的菌丝体材料具有重要意义。

5.2.3　几丁质

几丁质作为真菌细胞壁的内衬，为真菌提供额外的增强和弹性。它是一种由 N-乙酰基 -2- 氨基 -2- 脱氧-D-葡萄糖单元通过 1-4 连接组成的生物聚合物。这种聚合物在建筑领域中具有应用价值，由微小的单体组成，这些单体结合在一起可以形成坚固的纤维。当这些纤维在细胞内或细胞外有序产生时，它们之间会形成薄弱环节，从而增加整体结构的强度。几丁质在不同真菌中的存在位置各异；在酵母中，它位于芽痕和许多其他真菌的细胞壁中致密。除了最常见的多形物——几丁质（存在于海管蠕虫、鱿鱼栏和某些藻类中）外，脱落的几丁质可能具有各种二级结构。二级结构是 α-几丁质和 β-几丁质之间的主要区别，因为几丁质的相邻链处于反平行方向；相反，几丁质中的链是平行的。此外，甲壳素包含平行链和反平行链。由于这种结构差异，附近链中相邻的酰胺基团与 α-几丁质平行，但与 β-几丁质平行，这与几丁质的柔韧性有关。

一些研究表明，真菌中的几丁质和葡聚糖之间可能通过共价键相互连接。这种联系在多项研究中得到了证实。蘑菇、酵母和菌丝体中的不溶性葡聚糖存在细微差异，但它们主要表现为与菌丝体中的几丁质相连的 β-葡聚糖，这些葡聚糖可能是（1, 3）或（1, 6）分支的。这些 β-(1-3)-(1-6)-葡聚糖在化学结构上与纤维素相似，后者是 β-(1-4)-葡聚糖。几丁质在不同真菌中的分布位置不同，通常集中在酵母的芽痕和大多数真菌的细胞壁中。特别是在 Zygomycotta 属的真菌中，几丁质和壳聚糖是共同合成的。与甲壳动物几丁质相比，真菌几丁质不含需要通过酸性提取步骤去除的矿物质，这使得真菌几丁质的分离过程相对简单。

在经过温和的碱性处理后，只需在家用搅拌机中进行短时间的机械搅拌，即可去除蛋白质。然而，与真菌几丁质相关的葡聚糖含量可能超过几丁质本身。此外，甲壳素可以呈现不同的二级结构，如 α、β 和 γ 甲壳素。α 甲壳素和 β 甲壳素的主要区别在于它们的二级结构，α 甲壳素的链是反平行排列的，而 β 甲壳素的链是平行排列的。γ 甲壳素则包含平行和反平行的链。这种结构上的差异导致 α 甲壳素的相邻链之间的酰胺基团平行排列，而 β 甲壳素则不平行，这与 β 甲壳素的柔韧性有关。

5.3 菌丝体复合材料的制备工艺

基于菌丝体的生物复合材料是一种环保材料，它利用锯末、稻草或农业废弃物等木质纤维素材料作为真菌生长的基质。在生产过程中，首先对这些基质进行消毒处理，以消除其他微生物的竞争，并促进真菌的定植。消毒后，将灵芝、平菇或杂色 Trametes 等真菌的孢子或菌丝体片段接种到基质上。接种后，基质在特定的湿度、pH 值和温度条件下进行孵育，以促进菌丝体在整个基质中的扩散。在孵育过程中，菌丝体释放多种酶，如淀粉酶、漆酶、纤维素酶和脂肪酶，这些酶有助于分解木质纤维素材料并使菌丝体附着于基质上。随后，菌丝体形成复杂的网络结构，将基质颗粒连接起来，形成坚固的复合材料。菌丝体可以根据客户需求生长成特定的形状。一旦形成所需的结构，就对菌丝体复合材料进行干燥和后处理，以提高其强度、防水性和美观性。菌丝体复合材料的制备工艺如图 5-12 所示。

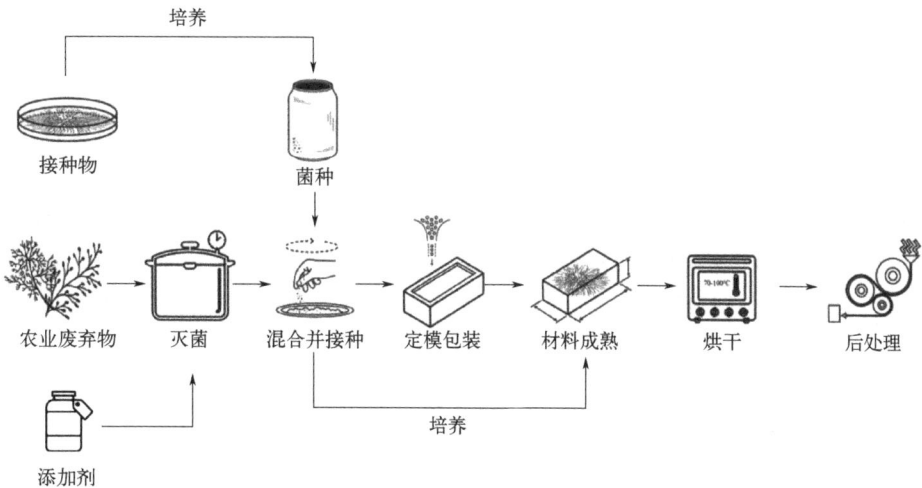

图 5-12　菌丝体复合材料制备工艺流程

5.3.1 菌丝体复合材料的原材料与环境条件

（1）真菌种类选择

制造基于菌丝体的材料时，使用的菌株对所得复合材料的特性有重大影响，菌种的选择会显著影响复合材料的最终特性，不同种类的真菌在产生酶和降解木质纤维素材料方面表现出的性能不同，例如强度、耐用性、密度、耐水性、生长速率以及与各种基质的相容性。目前，关于菌丝体复合材料的研究揭示了多种具有开发高品质菌丝体复合材料潜力的真菌种类，且每种物种都表现出不同的特征。

① 菌丝体复合材料的安全性　真菌菌丝体种类对于最终菌丝体复合材料产品的安全性至关重要，而其腐烂类型表明其在产生不同酶和降解各种木质纤维素材料方面的性能，某些真菌种类可能会产生毒素或过敏原，这些物质有可能在生长过程中转移到最终产品中。此外，真菌的腐烂类型也会影响其在不同环境中的定植能力。因此，在选择真菌种类时，应优先考虑那些既适用于食用也适用于医用的真菌，例如平菇、灵芝、香菇、栓菌和鳞多孔菌，并考虑它们的腐烂类型，以降低潜在的安全风险。这涉及选择无毒、无过敏性的真菌种类，并确保它们具有最佳的腐烂类型，以促进菌丝体的健康生长，并最大限度地减少污染风险。通常根据蘑菇的腐烂类型将木腐菌分类为褐腐菌、软腐菌和白腐菌，每种都有其独特的酶活性和环境偏好。褐腐菌和软腐菌主要降解纤维素，可能对木质素产生的影响比较微小，而白腐菌则专注于分解木质素。综合这些因素，对于确保菌丝体复合材料制造的安全性和适应性至关重要。

② 菌丝体网络系统　对于直接影响菌丝体复合材料质量的菌丝网络系统，尤其是弯曲强度、冲击强度和拉伸强度。不同真菌物种的菌丝体展现出各自独特的结构特征。一些物种能够形成更密集、更坚固的菌丝网络，而其他物种则发展出更为精细的结构。这些结构特点对菌丝体复合材料的强度和综合性能有直接影响。研究已经发现，与二分体和三分体菌丝物种相比，单分体物种通常具有较低的强度值。这一现象与菌丝网络的三种主要类型息息相关：单分体物种主要形成生殖菌丝，二分体物种则同时具有生殖菌丝和骨骼或结扎菌丝，而三分体物种则包含所有三种菌丝。菌丝的厚度、密度和硬度是其结合特征，对菌丝体复合材料的硬度有显著影响。

③ 菌丝体生长特性　菌丝体复合材料的生产周期受到所选真菌物种生长速度的重要影响。生长迅速的物种有助于加速生产流程，确保在复合材料表面快速且密集地定植。然而，为了满足特定的生产计划和效率目标，必须实现最佳的生长速度。

④ 菌丝体黏合特性　不同的真菌物种在黏合特性上存在显著差异，一些物种能产生更强的天然黏合剂，从而增强底物颗粒间的结合，提升菌丝体复合材料的材料完整性。作为黏合剂的分泌物，包括多糖、脂质、蛋白质和几丁质等成分的相对浓度差异，会导致材料在形态和力学性能上的不同。这些分泌物的增加可以增强材料的力学性能和其他特性。重要的是，真菌物种与基质的兼容性非常关键，因为不同物种在特定基质上的生长表现不同。所选真菌与基质的兼容性良好对于成功培养和菌丝体的定植至关重要，这最终会影响到材料的整体质量和性能。因此，精心挑选真菌物种对于优化生产流程和定制菌丝体复合材料的特性以满足特定的功能和可持续性需求非常关键。

（2）基质类型选择

用于生产菌丝体复合材料的一些常见基材是木锯末、稻草、大麻、小麦粒、椰子壳、稻壳、木屑和干草。这些类型的副产品含有适量的碳水化合物、水、蛋白质、脂质和无机化合物，能够使菌丝体真菌生长。

木质纤维素是构成许多植物、农作物和树木的主要结构成分，由纤维素、半纤维素和木质素组成，还包括少量的灰分、蛋白质和果胶。这三种化合物的组成和比例会根据植被类型而变化，并且影响材料的力学性能。纤维素是地球上最丰富的有机分子之一，其次是半纤维素，它们都是由不同糖分子构成的大分子聚合物。木质素与半纤维素和纤维素相连，是一种由苯丙烷类前体合成的芳香族聚合物，为植物细胞壁提供结构支持，并且帮助植物抵抗微生物攻击和氧化应激。在培育菌丝体材料的过程中，所使用的天然纤维的力学性能会受到纤维的加工方式、化学组成以及生长环境条件的影响，这些因素也直接关系到最终菌丝体复合材料的性能。在选择具有最佳潜力的纤维时，需要考虑的关键因素包括纤维的尺寸、存在的缺陷、强度和结构特性。

（3）菌丝体生长的湿度和温度及其含水率

温度和湿度是影响菌丝体生长的重要因素。菌丝体生长的最佳温度是室温，大约在 24 ～ 25℃。为了维持菌丝体生长，需要一个相对较高的湿度环境，因此常使用加湿器或洒水系统来保持湿度。例如，研究人员利用半透性聚丙烯袋为菌丝体真菌提供了高达 98% 相对湿度的高湿度和无菌环境。

菌丝体在自然生长过程中会吸收大量水分，通常超过 60%。为了使菌丝体生长停止并提高其力学性能，必须去除大部分水分。尽管现有文献中没有明确菌丝体复合材料中残留水分的具体百分比，但必须足够干燥以抑制真菌生长。菌丝体的含水率最终取决于所使用的基质和真菌种类。例如，麻浆基材比棉绒基材能吸收更多的水分。此外，不同的涂层也会影响材料的吸湿性。

5.3.2 菌丝体复合材料模具设计和灭菌过程

在菌丝体复合材料的生产过程中，模具设计和灭菌技术是至关重要的两个环节。模具设计不仅决定了菌丝体复合材料的最终形态和尺寸，还对产品的特性产生直接影响。通常选择与菌丝体生长相容的材料，如丙烯酸树脂、聚丙烯、硅胶等，这些材料能够承受灭菌过程，并为菌丝体提供适宜的生长表面。此外，选择易于消毒、耐化学消毒剂（如 70% ~ 75% 乙醇、次氯酸钠、过氧化氢）的材料，可以简化生产流程，节省时间和降低成本。

模具的设计还需考虑产品的复杂性和细节要求，可以是简单的几何形状，也可以是复杂的图案。了解菌丝体复合材料的收缩率对于模具设计至关重要，这取决于所使用的蘑菇菌丝体种类和基材。模具设计中还应包含通风功能，以保证菌丝体生长过程中的空气交换，防止厌氧条件，并确保均匀定植。模具的可重复使用性也是一个重要因素，因为它直接影响生产成本，尤其在大规模生产中更为明显。同时，模具的设计应允许定制和可扩展，以适应不同行业如包装、建筑和家具等的多样化需求。在菌丝体复合材料生产前，模具需要经过严格的消毒处理。常用的消毒技术包括高压灭菌，它通过高温高压蒸汽消除污染物，适用于耐高温材料如聚丙烯塑料、玻璃、不锈钢和铝。紫外线（UV-C）灭菌则利用光线破坏微生物 DNA，适用于洁净室内模具、工具、工作表面的消毒。化学灭菌则是将模具浸泡在含有乙醇、次氯酸钠和过氧化氢的溶液中，适用于热敏感材料，但需确保灭菌剂残留不会影响菌丝体生长，因此建议化学灭菌后用高压灭菌水彻底清洗。

从整体上看，模具设计和灭菌技术是菌丝体复合材料生产成功的关键。精心设计的模具和有效的灭菌措施相结合，可以确保生产出高质量、无污染的菌丝体复合材料产品。这种综合方法不仅保证了产品质量，还有助于简化生产流程，减少时间和成本。

5.3.3 菌丝体复合材料的培养方法

菌丝体复合材料的培养方法主要分为液态发酵法（LSF）和固态发酵法（SSF）两种。

液态发酵法（LSF）是一种在液体培养基中培育纯菌丝体材料的方法。这种方法的生长速度较快，成品厚度较均匀但较薄，易于与营养液分离，但易受到污染，主要用于生产类纸膜状及类皮革状材料。LSF 培育的材料可以进行压印、染色及缝合，相较于传统纸浆材料，在抗拉强度、耐火性等方面具有优势。

固态发酵法（SSF）则可以培育纯菌丝体材料和菌丝体复合材料。在外观上，SSF 培育的纯菌丝体材料有明显的生长斑纹，颜色多呈现分布不均的褐色、黄色等，水分蒸发后表面类似树皮或皮革的纹理。SSF 培育的材料生长速度较慢，成品较厚，资金成本较低，污染风险较低，但厚度难以均匀，且不易与底物分离。这类材料可进行印压、染色、缝合，并能与其余面料结合生长，主要生产动物皮革、合成泡沫、绝缘材料、纺织品和高性能纸样材料等产品的替代品。SSF 培育的菌丝体复合材料具有较好的承重能力、热稳定性，以及阻燃性能。菌丝体复合材料的制备方法以及特点如表 5-1 所示。

表 5-1　菌丝体复合材料的制备方法以及特点

特点	纯菌丝体材料		菌丝体复合材料
	固态发酵法	液态发酵法	固态发酵法
培养方法的优势	生长速度快、成品较厚、低污染风险、低资金成本、低技术设施	生长速度快、成品厚度较均匀、易与营养液分离	生长速度快，可自主塑形
培养方法的劣势	厚度不均匀、不易与底物分离	高污染风险、成品较薄	无
制成品形态	类皮革状、泡沫状	类纸膜状、类皮革状	复合砖块状
产品外观特性	平面形态、有一定厚度、凹凸纹理、生长斑纹、颜色为白色或黄褐色	平面形态，较薄，厚度均匀，颜色为米色或淡黄色	立体形状、表面有颗粒感、质地坚硬、颜色为白色或黄褐色
产品交互特性	可印压、可染色、可缝合、可与其余面料结合生长	可印压、可染色、可缝合	可塑性、可冷压缩、热压缩、可与其余材料结合生长
产品功能特性	防水性、阻燃性、耐拉扯性、保温性、隔音性	防水性、阻燃性、耐拉扯性	隔音性、吸水性、阻燃性、坚固性
应用领域	服装、箱包、缓冲包装等	类纸膜、医用包扎、服饰等	缓冲包装、建筑家居等

（1）纯菌丝体材料的培养方法

对于纯菌丝体材料，会采用类似于湿法造纸的技术。在整合真菌元素时，通常需要在上述工艺之前增加灭菌、接种和孵化等额外步骤。传统的加工工艺，如热压和烘箱干燥，能够有效地终止菌丝体的生长，因此不需要额外的生长终止工艺。通常利用液态发酵法（liquid surface fermentation，LSF）和固态发酵法

（solid-state fermentation，SSF）制备纯菌丝体材料。液态发酵法以其快速的培养速度和均匀的生长特性而闻名，但容易受到污染，主要用于生产用于印刷的薄纸膜材料。相比之下，固态发酵法的生长速度较慢，成本更低，且污染风险较小，生产的产品通常较厚。由于菌丝体对不同区域营养底物的吸收差异，固态发酵产品的厚度可能不均匀，这种方法主要用于制造动物皮革、合成泡沫、绝缘材料、纺织品以及高性能纸张材料的替代品。图 5-13 显示了这两种培养方法及其工艺流程的详细对比。

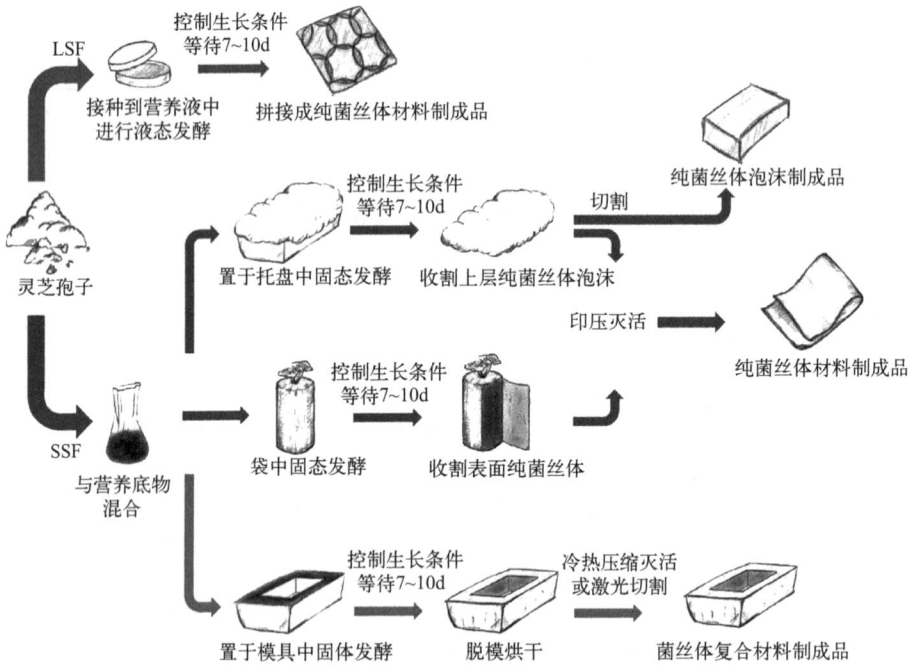

图 5-13　菌丝体材料的培养方法与工艺流程

NEFFA 公司主要采用液态发酵法（LSF）来培养纯净的菌丝体材料。在这种方法中，菌丝体在静止的营养液中进行液体发酵，并在液体表面形成一层菌丝膜。这些材料在干燥后，根据其生长的厚度，展现出不同的性能，质感类似于皮革、纸张或塑料。此外，将甘油或乙醇应用于干燥后的菌丝体材料，可以改变其颜色、透明度和韧性。

固态发酵法（SSF）是当前广泛使用的培养技术。在固态发酵法中，菌丝体类型和底物是影响最终材料特性的关键因素。特别是，营养底物中棉籽壳的含量越高，菌丝体的生长越好。灵芝属真菌是常用的菌种之一。固体培养应在可控光照、温度和湿度的条件下进行，最佳培养温度为 25 ～ 35℃，最佳湿度为

60% ～ 65%，以防止干燥。黑暗条件有利于防止子实体的形成，并促进菌丝的快速生长。固态发酵需要营养底物，如木屑、稻壳、玉米芯等农业废料。菌丝体与营养底物结合时，会释放甲壳素（几丁质）并对其进行降解和转化。甲壳素作为一种天然黏合剂，起到支撑和黏合的作用。在这个过程中，菌丝体既是分解者也是天然聚合物，它们将营养物质紧密包裹在菌丝中，并在表层形成具有一定厚度的纯菌丝体泡沫层。经过 7 ～ 10 天，当厚度达到标准后，菌丝体与营养底物可以被分离。然后通常在 60℃ 的高温下进行印压灭活，通过改变蛋白质活性和含水率来增强其韧性。最后，通过化学或物理处理，在性能、纹理、外观等方面模拟动物皮革，形成纯菌丝体类皮革材料。

（2）菌丝体基复合材料的培养方法

固态发酵法（SSF）是生产菌丝体复合材料的关键技术。在这一过程中，菌丝体被接种到富含营养的底物上，这些底物被菌丝体降解和转化，同时为菌丝的生长提供必需的养分，包括碳源（如葡萄糖或果糖）、氮源、矿物质、维生素和水分。菌丝体相互交织，形成密集的网络结构，最终完全渗透并包裹住整个营养底物。常用的营养底物包括木屑、稻壳、玉米芯、废纸浆和亚麻等，有时也会加入废弃塑料或植物纤维等材料。菌丝体复合材料的最终形状将与所使用的模具形状相匹配。菌丝体复合材料的基本生长条件与培养纯菌丝体时相同，通常需要 7 ～ 10 天的发酵时间。发酵完成后，材料需要从模具中取出并进行烘干。接着，在 60℃ 的高温下进行灭活处理，通过热压缩或冷压缩增加材料的密度，降低重量，并提高其坚固性。最后，可以使用激光切割技术对材料进行精细的形状雕刻，以满足缓冲包装等应用的基本性能要求。在整个生产流程中，营养底物的种类和比例、模具的形状以及是否接种其他菌种等因素都会对菌丝体的生长和复合材料的最终性能产生影响。通过调整这些因素，可以精确控制菌丝体复合材料的性能和形态。

5.3.4 脱水和后处理技术

（1）脱水

脱水是确保菌丝体复合材料获得所需强度、耐用性和尺寸稳定性的关键步骤。目前，热压和烘箱干燥是菌丝体复合材料脱水和致密化的主流方法，这些技术能够显著提升材料的性能。烘箱干燥是一种通过将菌丝体复合材料放置在温度和气流可控的环境中进行加速干燥的方法。这种方法的优势在于能够更快地完成干燥过程，并且可以更精确地控制干燥条件。烘箱干燥的温度通常设置在 40 ～ 125℃（104 ～ 257°F）之间，持续时间从 2 ～ 72h 不等。不同的研究人员探索了多种干燥技术，包括在 40℃下烘箱干燥 72h，50～60℃下烘箱干燥 2～48h，70℃下烘箱干燥 5～10h，80～82℃下烘箱干燥 12～24h，100℃下烘箱干燥 2～4h，以及在 125℃下烘箱干燥 2h。选择适宜的温度范围需要考虑工件的尺寸。此外，空气干燥是一种将菌丝体复合材料暴露在环境空气中，使其含水率逐渐降低的方法。这种方法通常在室温 20～25℃（68～77°F）下进行，其优点在于操作简单、能源消耗低，适合小规模生产。

选择最合适的干燥方法和温度范围需要考虑多种因素，包括生产规模、菌丝体菌株、复合材料的组成以及预期的应用等。在整个干燥过程中，如何在有效去除水分和保持菌丝体复合材料结构完整性之间找到平衡点是至关重要。

（2）后处理技术

在菌丝体复合材料的生产过程中，后处理技术对于塑造材料的特性、密度和整体性能至关重要。初步的压制步骤确保了力的均匀分布，从而实现菌丝体复合材料的一致性。后处理技术的选择需要根据最终产品的应用领域来决定，比如建筑、家具、包装或结构部件。

常见的后处理方法包括冷压、热压和无压成型，每种方法都有其独特的特点：

① 冷压　这种方法是在室温或接近室温的条件下对菌丝体复合材料样品施加压力。它适用于在不加热的情况下塑造和固化材料，保持了材料的柔软质地，并允许菌丝继续生长，提供了更多的灵活性。冷压保留了菌丝的一些天然特性，使菌丝体复合材料具有更自然的外观和感觉，适合于需要柔软和多孔结构的应用，如声学面板或包装材料。

② 热压　这种方法是在高温下对菌丝体复合材料施加压力，目的是提高材料的密度、强度和耐用性。热压可以增加材料的密度和结构完整性，从而得到更坚硬、更耐用的产品，并有助于实现更光滑的表面，适合于需要精细外观和尺寸稳定性的应用，如建筑和家具领域。然而，高温可能会导致菌丝体复合材料颜色的变化，从灰色变为棕色。不同的热压条件，如 150℃持续 20min（压力小于 30kN）、160℃持续 6min（压力为 3.5～4.0MPa）、120℃持续 20min（压力为 20MPa），都能最终得到具有不同优势的菌丝体复合材料。

③ 无压成型　这种方法不依赖外部压力，而是通过手工压制、模具浇注或 3D 打印等技术来实现材料的成型和固化。这种方法更有效地保留了菌丝体的精细结构，允许制作复杂和详细的设计。与压制方法相比，无压成型可能会产生更轻、更多孔的材料，适合不需要高强度的应用，如某些包装材料、绝缘材料或农业应用。

5.4　灵芝菌丝 - 花生秸秆复合材料

花生是重要的油料作物，集中分布在热带、亚热带和温带地区。花生是可再生的低碳资源，花生种子中油约占 50%，是世界上最重要的五种油料作物之一，广泛应用于饮食和工业中，是我国重要的食、油两用经济作物。我国花生种植面积大约占世界总种植面积的 20%，年均总产量在 1500 万吨以上，大约占世界总产量的 40%，是世界上生产花生最多的国家。因此，采摘及加工后产生的花生秸秆、花生壳和花生饼粕等副产物产量巨大。其中，河南省年花生秸秆产量为 300 ～ 400 万吨。花生秸秆质地松软，粗蛋白质含量为 12.5% ～ 13.5%，粗脂肪含量为 2% ～ 5%，粗纤维含量为 20.1%，富含多种矿物质和维生素，适口性好，常被用来喂养家畜、栽培食用菌和制备生物发酵饲料、分离富硒蛋白质等。

花生秸秆富含纤维素（35% ～ 45%）、半纤维素（15% ～ 25%）及木质素（10% ～ 20%），其多孔结构与高比表面积可为菌丝体提供理想的生长微环境。通过优化菌种筛选与培养条件，菌丝体可在秸秆表面形成致密的纤维网络，显著提升复合材料的力学性能与疏水性。此外，花生秸秆中残留的蛋白质与脂类成分能作为菌丝生长的额外营养源，进一步缩短培养周期。通过调控菌丝体与秸秆的界面结合方式，可赋予复合材料功能性（如阻燃、隔音），拓展其在建筑、包装等领域的应用潜力。

5.4.1　灵芝菌丝 - 花生秸秆复合材料的制备

首先，将基质研磨成约 1 ～ 4mm 的小块（以便进行高压灭菌，并在模具中为菌丝体的正常生长提供空间），然后在水中浸泡，使基质含水率达到约 50%，之后进行灭菌处理，以确保消除可能阻碍菌丝体真菌生长的细菌或病菌。接着，用水湿润基质，并接种真菌菌种，培养 10 ～ 30 天，将复合材料模塑成所需形状。最后，对复合材料干燥（可使用烤箱或在阳光下晒干），停止菌丝体的进一步生长。

（1）原料预处理

农林剩余物经过粉碎机处理并通过筛网分选，得到表 5-2 所示的尺寸。其余材料均为粉末状。

表 5-2　预处理后的花生秸秆尺寸

碳源种类	尺寸类别	碳源颗粒度
花生秸秆	短花生秸秆	2 ～ 4mm
	中花生秸秆	4 ～ 6mm
	长花生秸秆	6 ～ 8mm

（2）配料

灵芝菌丝-花生秸秆复合材料基质配方的质量比例如下：

① 短花生秸秆　麸皮：石膏：淀粉：水 = 70：20：2：8：110；

② 中花生秸秆　麸皮：石膏：淀粉：水 = 70：20：2：8：110；

③ 长花生秸秆　麸皮：石膏：淀粉：水 = 70：20：2：8：110。

将原料称量后，均匀混合，装入聚丙烯袋中。

（3）灭菌

将装有基质的聚丙烯袋放入 121℃灭菌锅中灭菌 50min，完成后，将基质静置至室温。

（4）接种

将质量分数占基质 20% 灵芝菌种、平菇菌种分别接种到相应的花生秸秆基质和沙柳基质内，然后将菌种和基质均匀混合。

（5）定模

将接种好的基质装入模具中，模具上表面覆盖保鲜膜，这有助于减少基质与空气的接触，降低基质发霉风险。使用细针在保鲜膜上穿刺若干微孔，确保菌丝生长所需的氧气供应，并依照表 5-3 进行编号。

表 5-3　灵芝菌丝-花生秸秆复合材料种类

编号	材料类型	碳源颗粒度	菌种
GSP	灵芝菌丝-短花生秸秆复合材料	2～4mm 花生秸秆	
GMP	灵芝菌丝-中花生秸秆复合材料	4～6mm 花生秸秆	灵芝菌种
GLP	灵芝菌丝-长花生秸秆复合材料	6～8mm 花生秸秆	

（6）培养

模具放置在恒温恒湿箱中，设定温度为 25℃，湿度为 60%。经过 10 天、20 天、30 天的培养，得到菌丝体复合材料生料。图 5-14 展示了培养期间的菌丝体复合材料生料。

（7）脱模

揭去培养好的菌丝体复合材料生料表面的塑料保鲜薄膜，倒置模具并轻敲底部，使菌丝体复合材料生料从模具中释放。图 5-15 展示了脱模前后的菌丝体复合材料生料。

图 5-14　菌丝体复合材料生料

(a) 脱模前的生料　　　　　　　　　　(b) 脱模后的生料

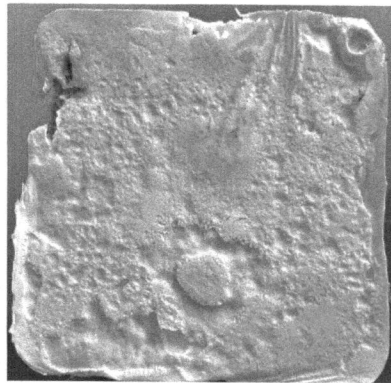

图 5-15　脱模前后的菌丝体复合材料生料

（8）烘干

脱模后，将菌丝体复合材料生料放入 90℃的鼓风烘干箱中烘干 7h，以制备最终的菌丝体复合材料。图 5-16 为鼓风烘干箱，图 5-17 为制备得到的菌丝体复合材料。

5.4.2　灵芝菌丝 - 花生秸秆复合材料的微观形貌

使用镊子分别夹取灵芝菌丝-花生秸秆复合材料表层菌丝、内部菌丝-基质共混物，平菇菌丝-沙柳复合材料表层菌丝、内部菌丝-基质共混物，使用导电胶将其黏附在 SEM 样品台上，对其进行喷金处理。然后将 4 种样品置于 SEM 交换室中，观察菌丝和菌丝-基质共混物微观形貌。

图 5-16 烘干箱

图 5-17 菌丝体复合材料

在微观形态下，菌丝体为扁平状腔体结构，在生长过程中会产生分支结构，出现相互搭接现象，并且部分菌丝会在节点处黏结在一起，有的菌丝端点黏结在木屑上或者穿插其中。菌丝将黏鞘紧紧地黏结在木屑的细胞壁上，接着黏鞘释放出多种酶逐渐把细胞壁分解消化，消化后的单糖养分再经黏鞘被菌丝吸取，促进菌丝不断地生长。大量菌丝相互缠绕聚集，形成三维网状结构，覆盖在木屑上。在木材组织中，导管直接与大气相连。被真菌侵蚀后，导管通常首先受损。菌丝在导管内大量繁殖，并通过穿透导管间的纹孔，扩散至相邻导管或其它木纤维组织。随着菌丝持续繁殖，几乎所有木屑细胞内都布满菌丝，使木屑紧密结合。

图 5-18 是灵芝菌丝 - 花生秸秆复合材料表面纯菌丝的扫描电镜图，（a）、（b）图的放大倍数分别为 200、3000 倍，可观察到菌丝体为扁平状腔体结构，菌丝产生分支结构并且互相搭接，部分菌丝在节点处黏结在一起，这与李红丽对灵芝菌丝的描述高度一致。这种紧密交织的菌丝层是菌丝体复合材料表面具有良好防水性能的原因。

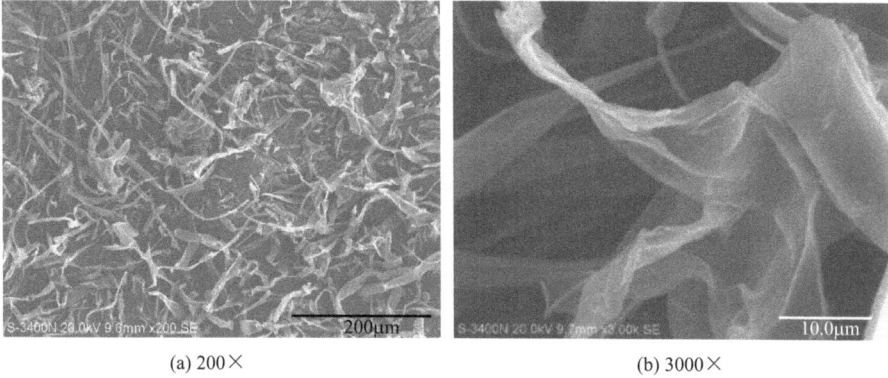

(a) 200×   (b) 3000×

图 5-18　灵芝菌丝扫描电镜图

图 5-19 展示了灵芝菌丝 - 花生秸秆复合材料内部花生秸秆的扫描电镜图。放大倍数为 500 倍的（a）图中，菌丝像爪子一样黏附在花生秸秆表面。此外，观察到菌丝体数量较少，这是由于在进行扫描电镜试验前需要吹除试样表面灰尘，导致大部分菌丝体也被吹走。放大倍数为 2000 倍的（b）图显示，大量菌丝体的卵虫附着在材料表面 [参见图 3-9（b）的方形标记]，在花生秸秆上还可以观察到由菌丝体降解形成的孔洞 [参见图 3-9（b）的圆形标记]。

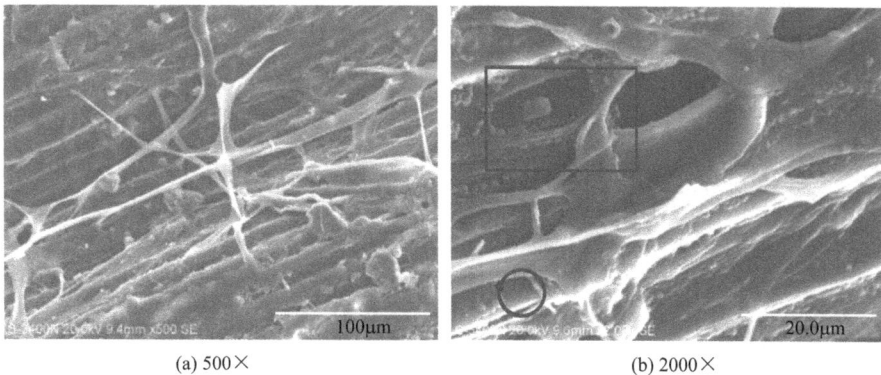

(a) 500×   (b) 2000×

图 5-19　菌丝 - 基质共混扫描电镜图

5.4.3 灵芝菌丝-花生秸秆复合材料官能团变化

使用研磨机将花生秸秆、培养 10 天、20 天、30 天的灵芝菌丝-花生秸秆复合材料样品研磨成粉末。然后，使用傅里叶红外光谱仪对样品进行测试，记录 $4000 \sim 400cm^{-1}$ 波长范围内的红外光谱，扫描次数为 64 次，分辨率为 $4cm^{-1}$。

纤维素、半纤维素和木质素三者构成纤维分子复杂的结构。木质素位于分子的最外层，为纤维分子提供刚度，纤维素位于分子的最内层，而半纤维素则位于分子中间。花生秸秆主要成分包括纤维素、半纤维素、木质素，以及少量可溶性糖等。图 5-20 展示了花生秸秆以及培养了 10 天、20 天和 30 天的灵芝菌丝-花生秸秆复合材料的红外光谱。

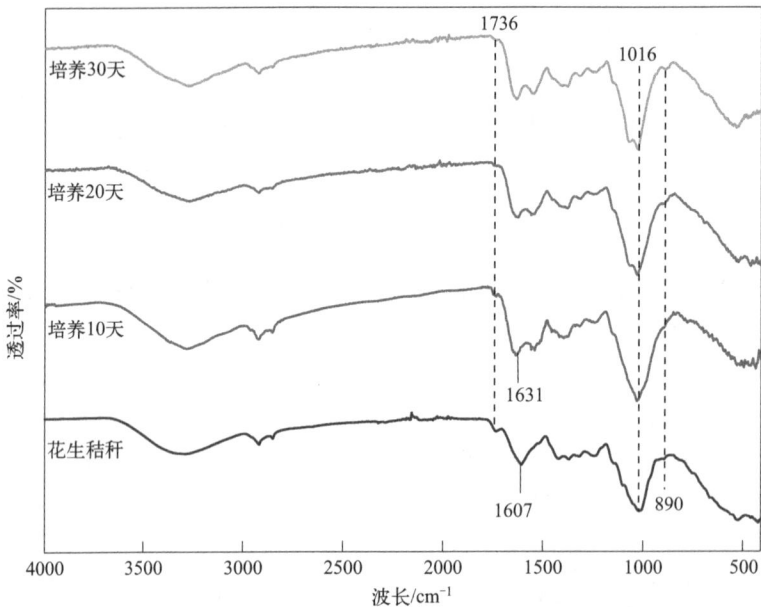

图 5-20 花生秸秆和灵芝菌丝-花生秸秆复合材料红外光谱图

木质素主要是一种高分子量的多聚酚类化合物，由苯丙烷单体组成，其红外吸收峰主要分布在 $3500 \sim 3000cm^{-1}$ 和 $1600 \sim 800cm^{-1}$ 的两个区域。其中，羟基（—OH）和芳环（C—H）的振动频率出现在 $3500 \sim 3000cm^{-1}$ 区域。花生秸秆经过灵芝菌丝的降解作用，木质素侧链上的羰基（C=O）伸缩振动吸收峰（$1607cm^{-1}$）变化增强，从 $1607cm^{-1}$ 移至 $1631cm^{-1}$，说明菌丝在定植过程中消耗了木质素。随着培养时间延长，花生秸秆中的纤维素和半纤维素组分发生了显著变化。具体来说，半纤维素的乙酰基非共轭羰基吸收峰（$1736cm^{-1}$）、仲醇和脂肪醚的 C—O 吸收峰（$1016cm^{-1}$）以及纤维素 β-链的特征吸收峰（$890cm^{-1}$）均表现出变化。这些变化表明菌丝体降解了花生秸秆中的半纤维素和纤维素。

5.4.4 灵芝菌丝-花生秸秆复合材料热稳定性能

将培养 10 天、20 天、30 天的灵芝菌丝-花生秸秆复合材料样品研磨成粉末。每种取约 5mg 粉末进行热重分析，使用氮气作载气。设置加热速率为 10℃ /min、气体流速为 50mL/min，从室温 25℃加热至 750℃，并在最高温度下保温 2min 以收集数据。

图 5-21 和图 5-22 展示了培养 10 天、20 天和 30 天的灵芝菌丝-花生秸秆复合材料的 TG 和 DTG 曲线。灵芝菌丝-花生秸秆复合材料的质量损失过程可以划分为四个阶段。

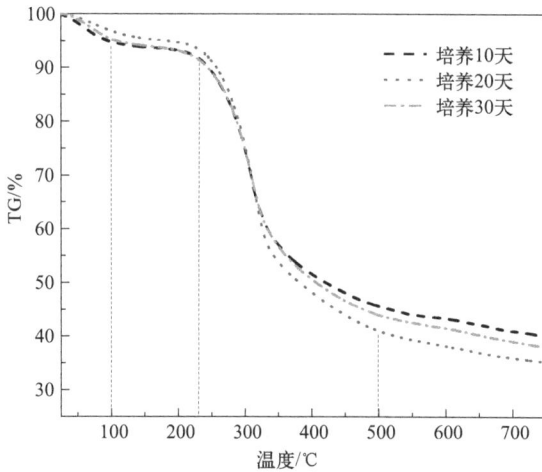

图 5-21　灵芝菌丝-花生秸秆复合材料 TG 曲线

第一阶段是从室温至 100℃，主要由于水分蒸发造成的微小质量损失，此阶段的曲线变化平缓。

第二阶段是从 100℃至 230℃，随着温度上升，材料质量持续减少，质量损失率逐渐增加。

第三阶段在 230℃至 500℃的范围内，各材料显示出最大质量损失速率，质量剩余率急剧减少。此阶段质量减少主要由纤维素、半纤维素、木质素和菌丝体菌丝壁中的 β-葡聚糖等成分降解引起的。研究显示植物大分子热降解的顺序依次是半纤维素（200～260℃）、纤维素（240～350℃）、木质素（280～500℃）。在 120℃至 350℃间，菌丝体的主要质量损失来源于 β-葡聚糖的降解挥发；在 350℃至 500℃间，菌丝体的质量损失则是由于甲壳质-葡聚糖或甲壳质的降解。

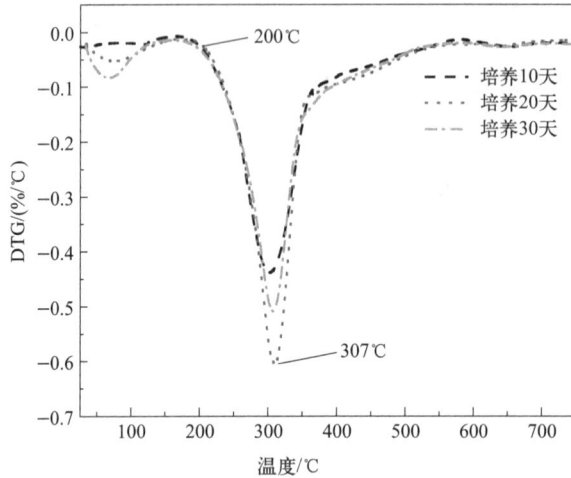

图 5-22   灵芝菌丝-花生秸秆复合材料 DTG 曲线

第四阶段是从 500℃升至 750℃，质量剩余率在 500℃之后逐渐变平。培养 10 天的灵芝菌丝-花生秸秆复合材料的质量剩余率最高，为 40.81%；而培养 20 天的复合材料质量剩余率最低，为 35.85%。

培养时间会影响菌丝体复合材料的热解速率和质量剩余率。不同培养时间下的复合材料呈现基本一致的 TG 曲线走势，表明热分解过程中发生相似的化学反应。然而，基质被菌丝体降解的程度不同导致三种材料的最大热解速率存在差异。

5.4.5   灵芝菌丝-花生秸秆复合材料力学性能

① 密度测试方法   遵循 GB/T8168—2008《包装用缓冲材料静态压缩试验方法》，使用电子天平测定试件重量、游标卡尺测量试件高度。每组样品选择 4 个试件，计算平均值。密度 ρ 可由式（5-1）求得：

$$\rho = \frac{m}{Sh} \tag{5-1}$$

式中，ρ 为密度，g/cm³；m 为试件质量，g；S 为试件底面积，cm²；h 为试件高度，cm。

② 应力-应变曲线测试方法   遵循 GB/T8168—2008《包装用缓冲材料静态压缩试验方法》，使用万能试验机进行试样测试，记录 F-x 曲线，试验终止条件为试样的压缩相对形变量达到 50%。利用式（5-2）和式（5-3），计算并绘制试件的应力（σ）-应变（ε）曲线。

$$\sigma = \frac{F}{S} \tag{5-2}$$

式中，σ 为压缩应力，MPa；F 为压缩载荷，N；S 为试样底面积，mm^2。

$$\varepsilon = \frac{T - T_j}{T} \qquad (5\text{-}3)$$

式中，ε 为压缩应变，%；T 为试样原始厚度，mm；T_j 为试样压缩过程中的厚度，mm。

③ 回弹性能测试方法　在复合材料应力-应变曲线试验中，当应变达到 50% 时停止试验，3min 后取出试样，利用游标卡尺测量回弹后试样厚度，回弹率可由式（5-4）求得：

$$w = \frac{T_j - \left(\dfrac{T_i}{2}\right)}{\dfrac{T_i}{2}} \qquad (5\text{-}4)$$

式中，w 为回弹率，%；T_i 为试样压缩前的厚度，mm；T_j 为试样发生回弹后的厚度，mm。

（1）应力-应变曲线分析

图 5-23（a）～（c）展示了 GSP、GMP、GLP 三种材料在培养时间为 10 天、20 天、30 天的应力-应变曲线，这些曲线显示出相似的趋势。压缩过程可划分为三个阶段：初期（0～20% 应变），由于内部孔隙较大，应力-应变曲线斜率基本保持不变；中期（20%～40% 应变），随着空气排出，随应变增长压缩应力开始加速增加；后期（应变超过 40%），压缩应力随应变增加而急剧上升，复合材料孔隙率大幅降低，材料变得密实，难以进一步压缩，导致压缩应力快速增加。图 3-13（a）、（b）和（c）中的曲线几乎重合，表明延长培养时间对复合材料的抗压性能影响有限。菌丝体主要增强材料的韧性，而其刚度主要由生长底物决定。

花生秸秆长度对菌丝体复合材料的压缩强度影响显著。根据表 5-4，GSP、GMP、GLP 的平均压缩强度分别为 20.7kPa、16.7kPa、14.9kPa。可见，随着花生秸秆长度增加，复合材料的压缩强度逐渐降低。这是因为较长的花生秸秆增加了材料的孔隙率，使复合材料更易于压缩。灵芝菌丝-花生秸秆复合材料的密度介于 0.12～0.17g/cm³。

表 5-4　灵芝菌丝-花生秸秆复合材料压缩强度和密度

材料	压缩强度 /kPa	密度 /（g/cm³）
GSP	20.7	0.15～0.17
GMP	16.7	0.14～0.15
GLP	14.9	0.12～0.13

(a) GSP应力-应变曲线

(b) GMP应力-应变曲线

(c) GLP应力-应变曲线

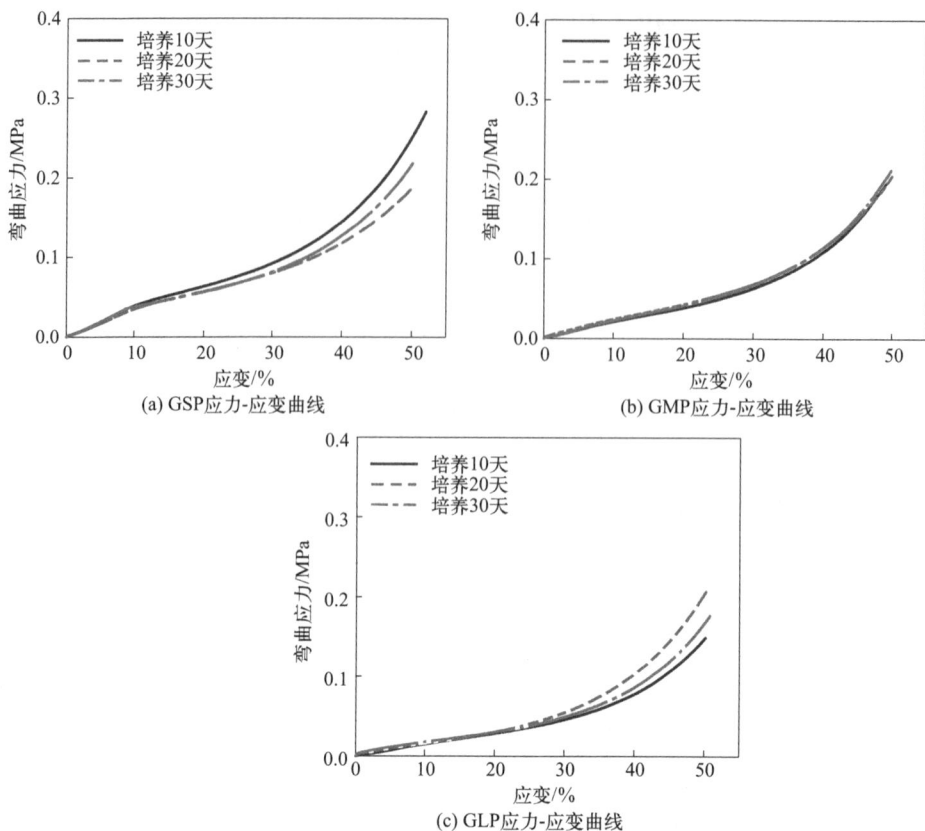

图5-23　灵芝菌丝-花生秸秆复合材料应力-应变曲线

（2）回弹率分析

复合材料在承受压缩载荷后恢复原形的能力称为回弹性能。材料的回弹率越高，其回弹性能越好。图5-24显示了GSP、GMP、GLP在培养时间为10天、20天、30天时的回弹率结果。延长培养时间可提升复合材料的回弹率。随着培养时间延长，复合材料内部菌丝含量和菌丝直径都会增大，这一变化提高了材料的回弹性能。花生秸秆越长，复合材料回弹率越高。这是因为大孔隙率有助于增强材料的回弹性能。观察图5-25可知，在压缩试验后，GLP表面未出现显著裂痕。这一现象表明GLP内部含有较多的孔隙，且其表面透气性良好，有助于材料在受压后恢复至原始状态。因此，在培养时间为10天、20天和30天时，GLP的回弹率一直保持在41%以上。

5.4.6　灵芝菌丝-花生秸秆复合材料物理特性

① 接触角测量方法　根据GB/T 30693—2014《塑料薄膜与水接触角的测量》

标准，选取表面平整的菌丝体复合材料，手动缓慢地将液滴滴落至试样表面，确保液滴大小和形状一致。测量时，向表面随机区域滴加约 1μL 的水。每组选择 4 个试样，对每个试件进行 4 次重复测试，计算平均值。

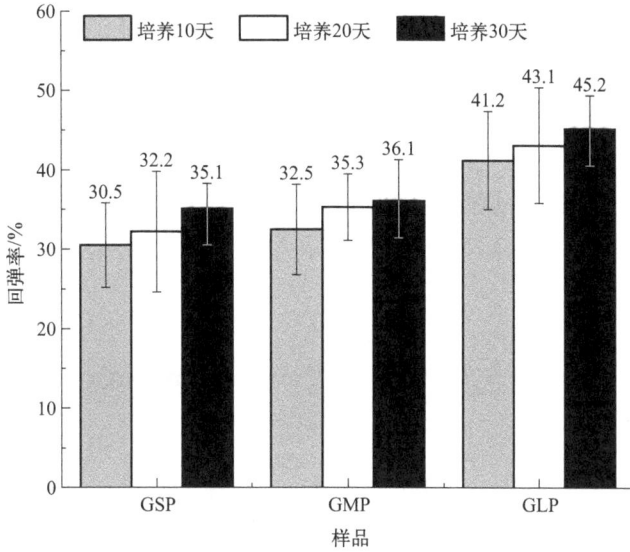

图 5-24　培养时间为 10 天、20 天、30 天的 GSP、GMP、GLP 的回弹率

(a) 压缩前 GLP　　　　　　　　　　(b) 压缩后 GLP

图 5-25　压缩试验前后的 GLP

② 导热系数测试方法　导热系数测量是在平均温度 25℃下进行。每组试件选择 4 个样品，每个样品进行 10 次测量，计算平均值。

（1）接触角分析

水接触角是水滴与材料表面接触时形成的角度，提供了有关材料表面疏水性或亲水性的信息。接触角大于 90° 表明材料表面具有疏水性，使水滴不能完全展开而形成球状。接触角小于 90° 则表明材料表面具有亲水性，水滴易渗透进材料。菌丝体表面存在疏水素和疏水蛋白等化学物质使水滴难以展开，而形成较大的接触角。图 5-26 展示了 GSP、GMP、GLP 在培养时间为 10 天、20 天、30 天时接触角的结果：培养时间为 10 天时，GSP、GMP、GLP 三种材料的平均接触角为 109.7°；培养时间延长至 30 天，这些材料的平均接触角增至 119.7°。随着培养时间延长，表层菌丝体分化程度更高，形成了致密平整的菌丝生物膜，使得材料接触角更高。花生秸秆长度对灵芝菌丝-花生秸秆复合材料的接触角影响较小。这归因于塑料薄膜上扎有透气孔，它们为表层菌丝提供充足的水分和氧气，促进了菌丝体的良好生长，使得花生秸秆长度对菌丝体复合材料接触角影响不显著。

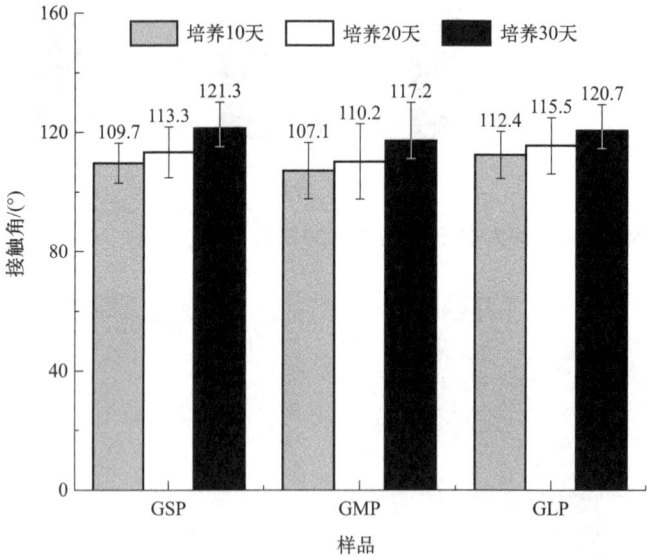

图 5-26　培养时间为 10 天、20 天、30 天的 GSP、GMP、GLP 的接触角

（2）导热系数分析

导热系数反映了材料在稳态条件下传递热能的能力，其值大小受材料特性和孔隙率等因素影响。菌丝体由细长的菌丝交织形成复杂网络，其内部充满细小孔隙，可以有效降低热量流动。图 5-27 展示了 GSP、GMP、GLP 在培养时间为 10 天、20 天、30 天时导热系数的测试结果。花生秸秆长度增加和培养时间延长都会降低菌丝体复合材料的导热系数。这是因为长花生秸秆增加了材料的孔隙率，而导热系数与孔隙率成反比。同时，随着培养时间的延长，复合材料内部菌丝体

密度增加，菌丝体强化了其阻止热量传播的能力。灵芝菌丝-花生秸秆复合材料导热系数的范围为 0.051 ～ 0.059W/（m·K）。其中，培养 30 天 GLP 的导热系数有最小值，为 0.051W/（m·K）。通常将导热系数小于 0.25 W/（m·K）的材料称为保温材料，小于 0.05W/（m·K）的称为高效保温材料，灵芝菌丝-花生秸秆复合材料属于较好的保温材料。

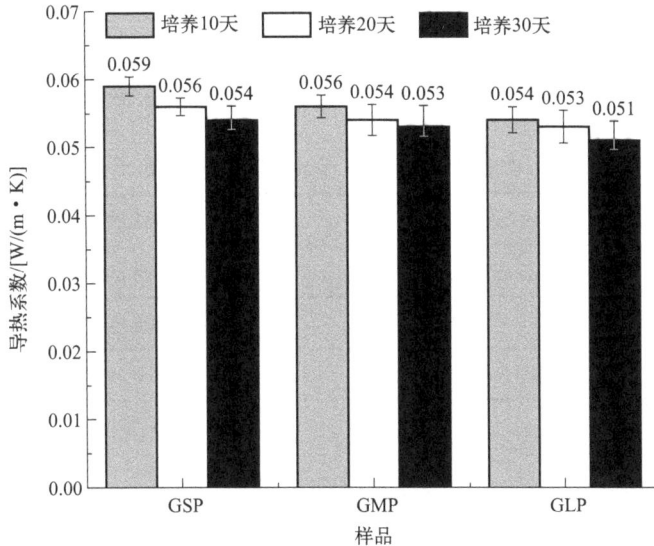

图 5-27 培养时间为 10 天、20 天、30 天的 GSP、GMP、GLP 的导热系数

5.5 平菇菌丝-沙柳复合材料

沙柳是一种在内蒙古广泛分布的沙生灌木，具有"平茬复壮"的生物学特性。这种植物因其稳定的物质组成和发达的根系，常被用于植被恢复、防风固沙等目的。沙柳的有机成分主要为纤维素（52.63%）、半纤维素（22.3%）、木质素（19.1%）、灰分（2.1%）以及苯甲醇提取物（3.1%）等物质。沙柳的纤维含量高，纤维长度适中，能够与菌丝体形成良好的结合，提高复合材料的强度和韧性。沙柳在复合材料中还表现出良好的热稳定性和耐水性，有助于提升材料的综合性能。在环保方面，沙柳的利用符合可持续发展的理念。沙柳作为一种可再生资源，其种植和采伐不会对环境造成破坏，反而能够促进生态平衡。同时，沙柳的种植和采伐成本相对较低，有利于降低复合材料的生产成本。

5.5.1 平菇菌丝-沙柳复合材料的制备

平菇菌丝-沙柳复合材料的制备与前文灵芝菌丝-花生秸秆复合材料的制备基本相同。

平菇菌丝-沙柳复合材料基质配方的质量比如下：

① 短沙柳　牛粪：石膏：淀粉：水 = 70：20：2：8：110；

② 中沙柳　牛粪：石膏：淀粉：水 = 70：20：2：8：110；

③ 长沙柳　牛粪：石膏：淀粉：水 = 70：20：2：8：110。

表 5-5 为不同碳源颗粒度平菇菌丝-沙柳复合材料的种类。

表 5-5　平菇菌丝-沙柳复合材料种类

编号	材料类型	碳源颗粒度	菌种
FSS	平菇菌丝-短沙柳复合材料	2～4 mm 沙柳	
FMS	平菇菌丝-中沙柳复合材料	4～6 mm 沙柳	平菇菌种
FLS	平菇菌丝-长沙柳复合材料	6～8 mm 沙柳	

5.5.2 平菇菌丝-沙柳复合材料的微观形貌

图 5-28 是平菇菌丝-沙柳复合材料表面纯菌丝的扫描电镜图，（a）、（b）图的放大倍数分别为 250 倍、3000 倍。可以观察到，扁平状腔体结构的菌丝紧密交织在一起，这与灵芝菌丝形态极为相似。

(a) 250×　　　　　　　　　　(b) 3000×

图 5-28　平菇菌丝扫描电镜图

图 5-29 为平菇菌丝-沙柳复合材料内部沙柳的扫描电镜图，（a）、（b）图的放大倍数为 2000 和 4000 倍。观察到，菌丝如爪子般紧密黏附在沙柳表面。此外，

在图 5-30（b）圆形标记处，沙柳表面出现了平菇菌丝降解形成的深凹坑和裂纹，这表明平菇菌丝体降解了沙柳基质。

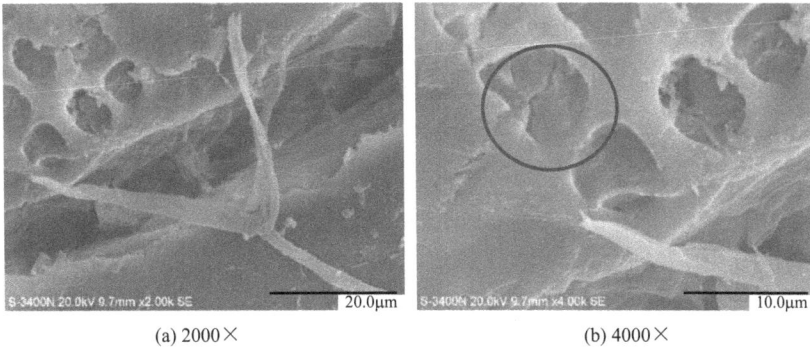

(a) 2000×   (b) 4000×

图 5-29　菌丝-基质共混扫描电镜图

5.5.3　平菇菌丝-沙柳复合材料官能团变化

沙柳的有机成分主要包括 52.63% 的纤维素、22.3% 的半纤维素、19.1% 的木质素、2.1% 的灰分和 3.1% 的苯醇抽出物等。图 5-30 展示了沙柳、培养 10 天、20 天、30 天的平菇菌丝-沙柳复合材料红外光谱。主要特征峰中，最明显的吸收峰出现在波数段 3300 ～ 3500cm^{-1}，对应于分子内羟基（—OH）的伸缩振动谱带。这些分子内羟基主要来自纤维素、半纤维素、多糖和单糖。随着培养时间延长，沙柳中的纤维素和半纤维素组分显著变化。具体来说，半纤维素的乙酰基上非共轭羰基特征吸收峰（1736cm^{-1}）、纤维素 β- 链的特征吸收峰（895cm^{-1}）均表现出变化。这表明菌丝体对沙柳中的半纤维素和纤维素进行了降解。同时，1588cm^{-1} 吸收峰（表示木质素中芳环骨架的 C=O 键伸缩振动）和 1450cm^{-1} 吸收峰（表示木质素中芳环骨架的 C—H 键伸缩振动）均有不同程度的减弱，说明木质素结构断裂，菌丝体在定植过程中降解了木质素。

5.5.4　平菇菌丝-沙柳复合材料热稳定性能

图 5-31 和图 5-32 展示了培养 10 天、20 天和 30 天的平菇菌丝-沙柳复合材料 TG 和 DTG 曲线。这些材料的热降解过程可以概括为四个阶段：

第一阶段：在 25℃到 100℃的温度范围内。复合材料的质量略有下降，这是由于复合材料中的水分释放，导致质量减少。

第二阶段：在 100℃到 240℃的温度范围内。复合材料经历了第二个失重期，在该温度区间内，纤维素、木质素等大分子化学成分具备较高的耐热性，不容易分解或失重，因此复合材料表现出高热稳定性。

第三阶段：在 240℃ 到 500℃ 的温度范围内。三种材料均经历了最大失重期，并且热解速率达到峰值。

第四阶段：在 500℃ 到 750℃ 的温度范围内。由于大部分易挥发成分已经分解或挥发完毕，导致剩余物分解速率降低，残留质量约为 24%。

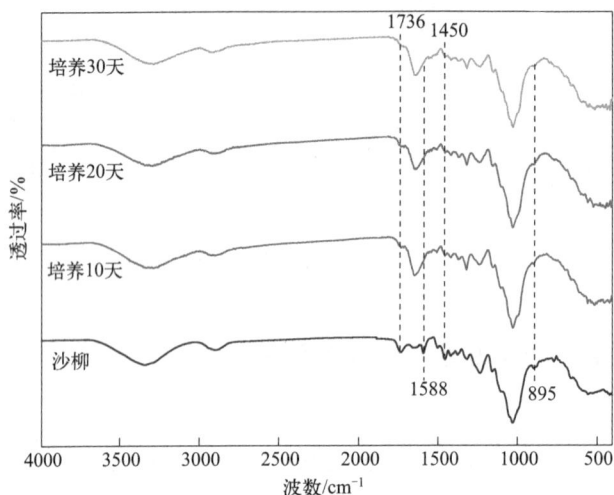

图 5-30　沙柳和平菇菌丝-沙柳复合材料的 FT-IR 红外光谱图

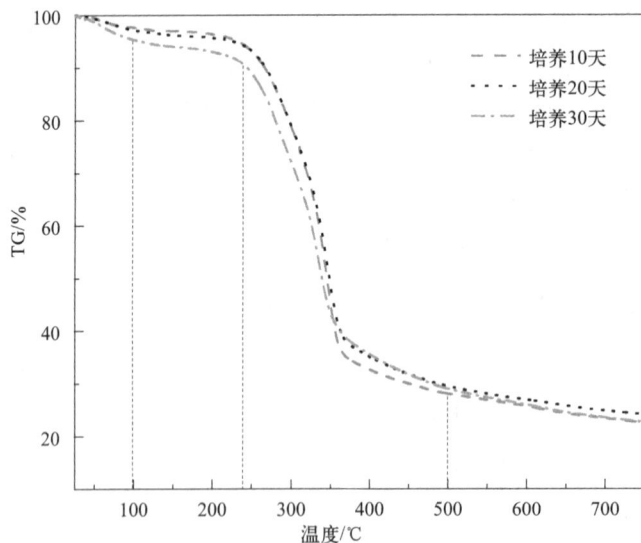

图 5-31　平菇菌丝-沙柳复合材料 TG 曲线

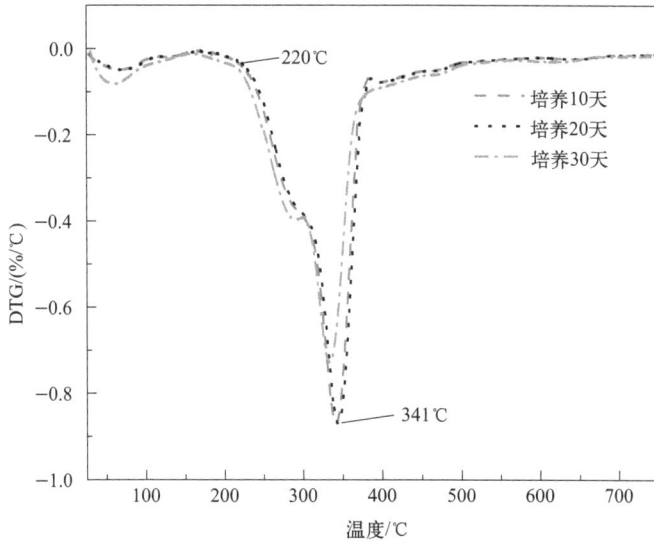

图 5-32   平菇菌丝-沙柳复合材料 DTG 曲线

5.5.5   平菇菌丝-沙柳复合材料力学性能

（1）应力-应变曲线分析

图 5-33（a）、（b）、（c）展示了 FSS、FMS、FLS 在培养时间 10 天、20 天、30 天时的应力-应变曲线，这些曲线显示出相似的趋势。压缩过程可划分为三个阶段：初期（0～20% 应变），由于内部孔隙较大，应力-应变曲线斜率基本保持不变；中期（20%～40% 应变），随着空气排出，应变增加导致压缩应力快速增加；后期（应变超过 40%），随着应变增加压缩应力急剧上升，复合材料孔隙率大幅降低，材料变得密实，难以进一步压缩，导致压缩应力急速增加。图 5-34（a）、（b）和（c）中曲线几乎重合，表明延长培养时间对提升复合材料抗压缩性能影响甚微。这进一步证明菌丝体的主要贡献在于增强材料的韧性，而其刚度主要由生长底物决定。

表 5-6 显示平菇菌丝-沙柳复合材料密度范围为 0.12～0.17g/cm³，和灵芝菌丝-花生秸秆复合材料密度一致。FSS、FMS、FLS 的平均压缩强度为 37.8kPa、22.5kPa、16.5kPa，这表明沙柳越长，复合材料越容易压缩。对比平菇菌丝-沙柳复合材料压缩强度和灵芝菌丝-花生秸秆复合材料压缩强度的结果，发现相同情况下平菇菌丝-沙柳复合材料压缩强度更高。这是因为菌丝体复合材料的刚度主要由基质决定，沙柳，作为硬木类纤维，综纤维素含量高达 78.96%，材料质地坚硬。相比之下，花生秸秆作为软木类基质，木质素含量约为 8%，材料较松软。

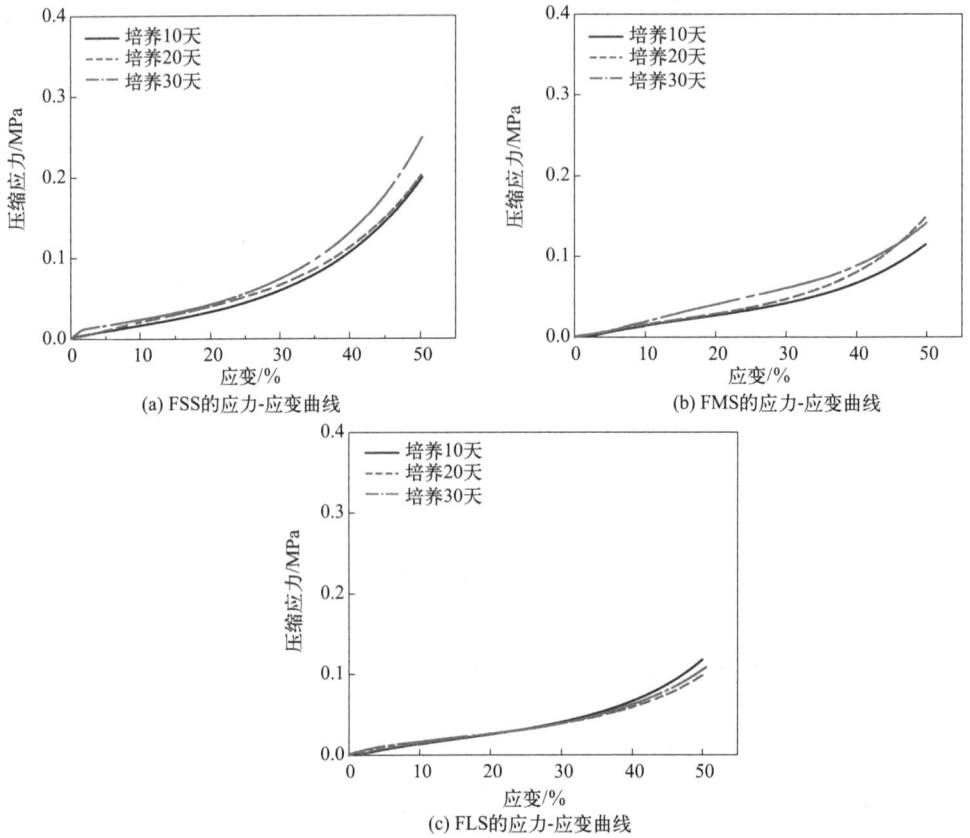

(a) FSS的应力-应变曲线

(b) FMS的应力-应变曲线

(c) FLS的应力-应变曲线

图 5-33   平菇菌丝 - 沙柳复合材料应力 - 应变曲线

表 5-6   平菇菌丝 - 沙柳复合材料的压缩强度和密度

材料	压缩强度 /kPa	密度 / (g/cm^3)
FSS	37.8	0.15 ～ 0.17
FMS	22.5	0.14 ～ 0.16
FLS	16.5	0.12 ～ 0.13

（2）回弹率分析

图 5-34 展示了 FSS、FMS、FLS 在培养时间为 10 天、20 天和 30 天时回弹率的结果。随着培养时间延长，平菇菌丝 - 沙柳复合材料的回弹率逐步提高，这一结果有两个原因可以对应。首先，培养时间延长导致材料内部菌丝体累积，菌

丝绕着沙柳形成立体"绕棒"结构，使材料在压缩后能够有效反弹。其次，培养时间延长导致材料外层形成浓厚的白色"菌衣"（见图 5-35），这增强了对基质的包裹，提高了材料的形态稳定性和回弹能力。沙柳长度增加也能使平菇菌丝-沙柳复合材料回弹率提高。这是因为较长沙柳制成的复合材料拥有更高的孔隙率，而材料回弹率和材料孔隙率呈正相关。因此，在 10 至 30 天的培养期内，FLS 的回弹率都保持在 44% 以上。

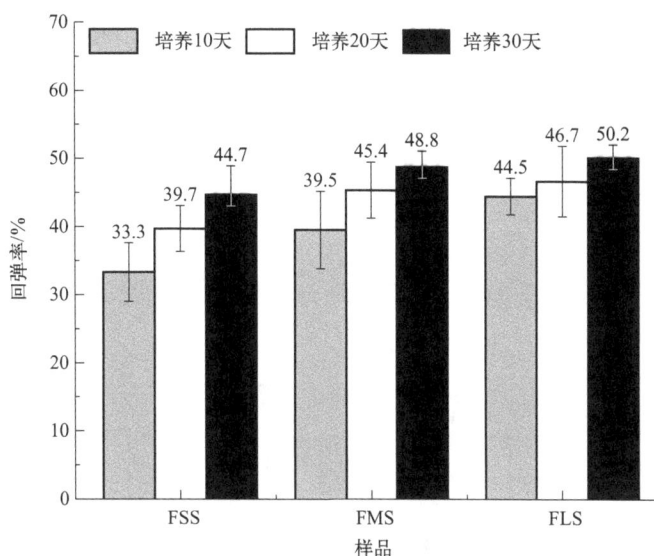

图 5-34　培养时间为 10 天、20 天、30 天时 FSS、FMS、FLS 的回弹率

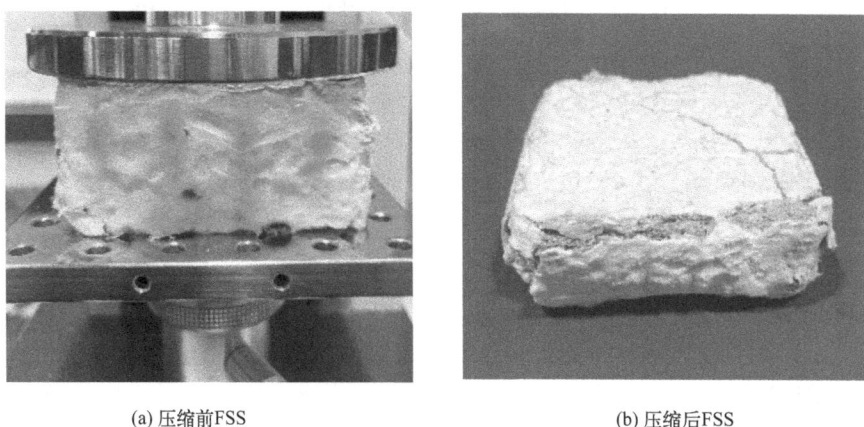

(a) 压缩前FSS

(b) 压缩后FSS

图 5-35　压缩试验前后的 FSS

5.5.6　平菇菌丝-沙柳复合材料物理特性

（1）接触角分析

图 5-36 展示了培养时间为 10 天、20 天、30 天时 FSS、FMS、FLS 接触角的结果。所有试样的接触角都大于 90°，这主要与材料表面疏水性的菌丝有关。随着培养时间的延长，平菇菌丝-沙柳复合材料的接触角逐渐增加。当培养时间为 10 天时，FSS、FMS 和 FLS 的平均接触角为 95.8°；培养时间延长至 30 天时，FSS、FMS 和 FLS 的平均接触角增至 123.3°，提高了 28.7%。培养时间为 10 天时，复合材料水接触角较小，是因为培养时间为 10 天时复合材料表面菌丝较少，菌丝覆盖相对不足，甚至有少量基质暴露，使得复合材料接触角较小。随着培养时间延长，平菇菌丝-沙柳复合材料外表层会生成厚密的白色"菌衣"。这层"菌衣"使得平菇菌丝-沙柳复合材料表面疏水性增强。

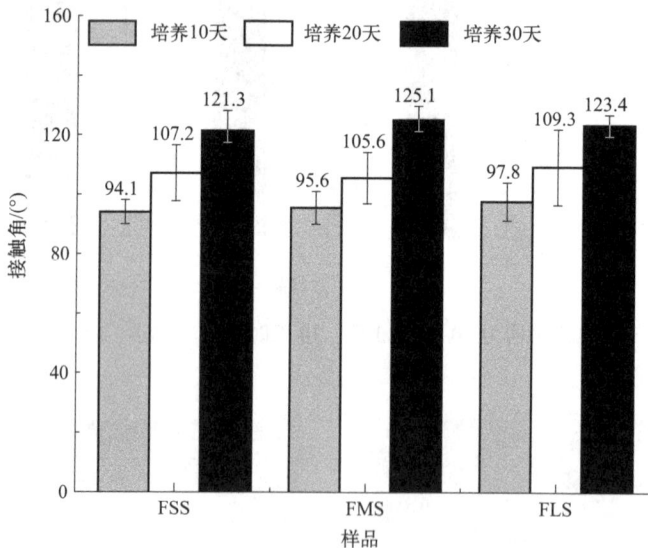

图 5-36　培养时间为 10 天、20 天、30 天时 FSS、FMS、FLS 的接触角

（2）导热系数分析

图 5-37 展示了 FSS、FMS、FLS 在培养时间为 10 天、20 天、30 天时导热系数的结果，平菇菌丝-沙柳复合材料导热系数范围为 0.049 ～ 0.062W/（m·K），已达到或超过了常规聚合物保温泡沫的标准。导热系数和沙柳长度呈负相关。随着培养时间延长，沙柳被逐渐消化降解，使得复合材料内部连续介质减少和菌丝体大量累积。孔隙率和菌丝体密度的增加共同降低了菌丝体复合材料的导热系

数。因此，培养了 30 天的 FLS 有最佳导热系数 0.049W/（m·K）。

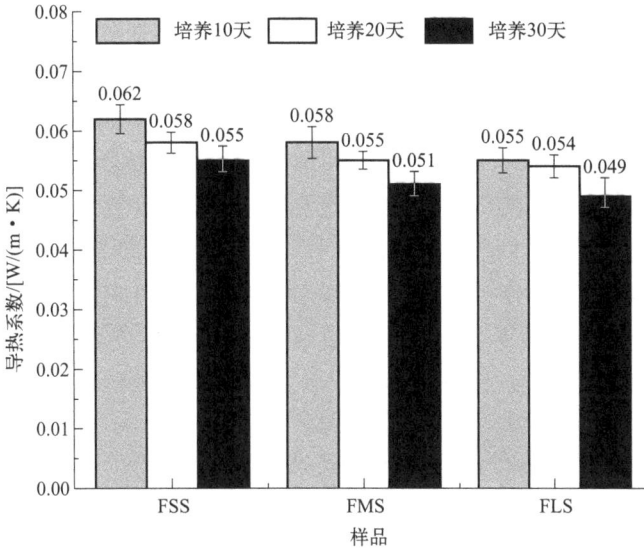

图 5-37　培养时间为 10 天、20 天、30 天时 FSS、FMS、FLS 的导热系数

5.6　小结

菌丝体复合材料作为一种新型绿色材料，具有可生物降解、可再生、低能耗等优点，展现出广阔的应用前景。通过优化制备工艺和材料性能，可以进一步提高其在建筑、包装、纺织皮革和医疗器械等领域的应用潜力。未来的研究需要解决生产成本、材料性能、标准化和环境影响等问题，以推动菌丝体复合材料的可持续发展和广泛应用。本章研究了利用农林剩余物制备菌丝体复合材料的可行性及其性能表现。研究内容涵盖了菌丝体复合材料的制备工艺、微观结构、宏观性能以及在不同应用领域的潜力。

菌丝体复合材料的制备包括基质预处理、配料、灭菌、接种、定模、培养、脱模和烘干等步骤。通过调整基质类型、菌种选择、培养时间和环境条件，可以精确控制材料的性能和形态。液态发酵法（LSF）和固态发酵法（SSF）是两种主要的培养方法，各有优缺点。LSF 生长速度快，但易受污染；SSF 生长速度较慢，但污染风险低，适合生产较厚的材料。

以花生秸秆和沙柳为基质成功制备了灵芝菌丝-花生秸秆复合材料和平菇菌丝-沙柳复合材料，探究了培养时间和碳源颗粒度对菌丝体复合材料应力-应变曲线、回弹率、接触角以及导热系数的影响。结果表明：菌丝体的主要作用是增加材料韧性；两种菌丝体复合材料密度都在 0.12 ～ 0.17g/cm³ 的范围内。菌丝体复合材料回弹率与碳源颗粒度、培养时间呈正相关，灵芝菌丝 - 长花生秸秆复合材料的回弹率超过 41%、平菇菌丝 - 长沙柳复合材料的回弹率超过 44%。菌丝体复合材料压缩强度与碳源颗粒度呈负相关，这主要与材料内部的孔隙率有关，灵芝菌丝 - 短花生秸秆复合材料的压缩强度为 20.7kPa、平菇菌丝 - 短沙柳复合材料的压缩强度为 37.8kPa。随着培养时间增加，菌丝体复合材料的表面接触角也相应增大，当培养时间为 30 天时，灵芝菌丝 - 花生秸秆复合材料的平均接触角为 119.7°，平菇菌丝 - 沙柳复合材料的平均接触角为 123.3°。增加培养时间和碳源颗粒度均能降低复合材料导热系数，灵芝菌丝 - 花生秸秆复合材料导热系数的范围为 0.051 ～ 0.059W/（mK）、平菇菌丝 - 沙柳复合材料导热系数的范围为 0.049 ～ 0.062W/（mK）。利用农林牧业剩余物开发的菌丝体复合材料，有望成为保温材料和缓冲包装材料的绿色替代品。

目前，菌丝体复合材料已在多个领域展现出应用潜力，包括建筑、包装、纺织皮革、医疗器械等。在建筑领域，其可用于保温隔热材料、轻质结构材料等，具有良好的保温隔热性能和一定的抗压强度。在包装领域，可替代传统塑料泡沫等材料，具有良好的缓冲性能。在医疗器械领域，可用于创可贴、骨折修复支架、药物传递系统等。然而，菌丝体复合材料仍面临一些挑战。其生产成本相对较高，规模化生产难度较大。材料的强度和耐久性有待提高，尤其是在潮湿环境下的性能稳定性。此外，目前缺乏统一的生产标准和质量检测方法。

参 考 文 献

[1] Bajwa D S，Holt G A，Bajwa S G.，et al. Enhancement of termite （Reticulitermes flavipes L.） resistance in mycelium reinforced biofiber-composites[J]. Industrial Crops and Products，2017，107：420-426.

[2] Jones M P，Bhat T，Huynh T，et al. Waste-derived low-cost mycelium composite construction materials with improved fire safety[J]. Fire and Materials，2018，42：816-825.

[3] 闫薇，于兰芳，曹春红，等. 菌丝体生物泡沫材料防火特性研究 [J]. 消防科学与技术，2021，40（08）：1239-1242.

[4] 李红丽. 基于杨木木屑和人造板废料的菌丝体复合材料制备工艺研究 [D]. 泰安：山东农业大学，2023.

[5] Zhang M，Xue J，Cao J，et al. Mycelium Composite with Hierarchical Porous Structure for Thermal Management[J]. Small，2023，19（46）：2302827.

[6] Alemu D，Tafesse M，Mondal A K. Mycelium - based composite：The future sustainable biomaterial[J]. International Journal of Biomaterials，2022（1）：8401528.

[7] Verma N，Jujjavarapu S E，Mahapatra C. Green sustainable biocomposites：Substitute to plastics with innovative fungal mycelium based biomaterial[J]. Journal of Environmental Chemical Engineering，2023，11（5）：110396.

[8] Elsacker E，Vandelook S，Brancart J，et al. Mechanical，physical and chemical characterisation of mycelium-based composites with different types of lignocellulosic substrates[J]. PLoS One，2019，14（7）：0213954.

[9] Lingam D，Narayan S，Mamun K，et al. Engineered mycelium-based composite materials：Comprehensive study of various properties and applications[J]. Construction and Building Materials，2023，391：131841.

[10] Peng L，Yi J，Yang X，et al. Development and characterization of mycelium bio-composites by utilization of different agricultural residual byproducts[J]. Journal of Bioresources and Bioproducts，2023，8（1）：78-89.

[11] Shakir M A，Ahmad M I. Bioproduct advances：insight into failure factors in mycelium composite fabrication[J]. Biofuels，Bioproducts and Biorefining，2024.

[12] Schritt H，Vidi S，Pleissner D. Spent mushroom substrate and sawdust to produce mycelium based thermal insulation composites [J]. Journal of Cleaner Production，2021，313（1）：1-8.

[13] Appels F V W，Camere S，Montalti M，et al. Fabrication factors influencing mechanical，moisture-and water-related properties of mycelium-based composites[J]. Materials & Design，2019，161：64-71.

[14] Nashiruddin N I，Chua K S，Mansor A F，et al. Effect of growth factors on the production of mycelium-based biofoam[J]. Clean Technologies and Environmental Policy，2022，24（1）：351-361.

[15] Hoa H T，Wang C L. The effects of temperature and nutritional conditions on mycelium growth of two oyster mushrooms（Pleurotus ostreatus and Pleurotus cystidiosus）[J]. Mycobiology，2015，43（1）：14-23.

[16] Yang Z，Zhang F，Still B，et al. Physical and mechanical properties of fungal mycelium-based biofoam[J]. Journal of Materials in Civil Engineering，2017，29（7）：04017030.

[17] Sun W，Tajvidi M，Howell C，et al. Insight into mycelium-lignocellulosic bio-composites：Essential factors and properties[J]. Composites Part A：Applied Science and Manufacturing，2022，161：107125.

[18] Jones M，Huynh T，Dekiwadia C，et al. Mycelium composites：a review of engineering characteristics and growth kinetics[J]. Journal of Bionanoscience，2017，11（4）：241-257.

[19] 袁久刚，王应雪，周爱晖，等. 大型真菌及菌丝体复合材料的应用研究进展 [J]. 纺织学报，2024，45（07）：223-229.

[20] Abhijith R, Ashok A, Rejeesh C R. Sustainable packaging applications from mycelium to substitute polystyrene: a review[J]. Materials today: proceedings, 2018, 5(1): 2139-2145.

[21] 张凯. 香菇菌柄纤维的制备及成膜性研究[D]. 天津科技大学, 2019.

[22] Shao G, Xu D, Xu Z, et al. Green and sustainable biomaterials: Edible bioplastic films from mushroom mycelium[J]. Food Hydrocolloids, 2024, 146: 109289.

[23] Zhang M, Zhang Z, Zhang R, et al. Lightweight, thermal insulation, hydrophobic mycelium composites with hierarchical porous structure: design, manufacture and applications[J]. Composites Part B: Engineering, 2023, 266: 111003.

[24] Shankar M P, Hamza A, Khalad A, et al. Engineering Mushroom Mycelium for a Greener Built Environment: Advancements in Mycelium-based Biocomposites and Bioleather[J]. Food Bioscience, 2024: 105577.

[25] Bahua H, Wijayanti S P, Putra A S, et al. Life cycle assessment (LCA) of leather-like materials from mycelium: Indonesian case study[J]. The International Journal of Life Cycle Assessment, 2024, 29(10): 1916-1931.

[26] Verma N, Jujjavarapu S E, Mahapatra C. Green sustainable biocomposites: Substitute to plastics with innovative fungal mycelium based biomaterial[J]. Journal of Environmental Chemical Engineering, 2023, 11(5): 110396.

[27] 廖雅鑫, 尤珈. 基于设计应用的菌丝体生物材料研究进展[J]. 北京服装学院学报（自然科学版）, 2022, 42(02): 93-102.

[28] Aiduang W, Jatuwong K, Luangharn T, et al. A Review Delving into the Factors Influencing Mycelium-Based Green Composites (MBCs) Production and Their Properties for Long-Term Sustainability Targets[J]. Biomimetics, 2024, 9(6): 337.

[29] Yang L, Park D, Qin Z. Material function of mycelium-based bio-composite: A review[J]. Frontiers in Materials, 2021, 8: 737377.

[30] Erjavec J, Kos J, Ravnikar M, et al. Proteins of higher fungi-from forest to application[J]. Trends in biotechnology, 2012, 30(5): 259-273.

[31] Andlar M, Rezić T, Marđetko N, et al. Lignocellulose degradation: An overview of fungi and fungal enzymes involved in lignocellulose degradation[J]. Engineering in life sciences, 2018, 18(11): 768-778.

[32] Hassan S S, Williams G A, Jaiswal A K. Emerging technologies for the pretreatment of lignocellulosic biomass[J]. Bioresource technology, 2018, 262: 310-318.

[33] Fricker M D, Heaton L L M, Jones N S, et al. The mycelium as a network[J]. The fungal kingdom, 2017: 335-367.

[34] Jones M, Kujundzic M, John S, et al. Crab vs. mushroom: A review of crustacean and fungal

chitin in wound treatment[J]. Marine Drugs，2020，18（1）：64.

[35] Gow N A R，Lenardon M D. Architecture of the dynamic fungal cell wall[J]. Nature Reviews Microbiology，2023，21（4）：248-259.

[36] Elsacker E，Vandelook S，Van Wylick A，et al. A comprehensive framework for the production of mycelium-based lignocellulosic composites[J]. Science of The Total Environment，2020，725：138431.

[37] 闫薇，史田田，李少博，等．木竹碎料／菌丝体原位成型材料的性能［J］.木材科学与技术，2021，35（04）：57-63.

[38] Attias N，Danai O，Abitbol T，et al. Mycelium bio-composites in industrial design and architecture：Comparative review and experimental analysis[J]. Journal of Cleaner Production，2020，246：119037.

[39] 吴豪，赵鹏，章琦，等．基于菌丝体的缓冲包装材料制备及性能研究［J］.浙江科技学院学报，2015，27（01）：22-27.

[40] Pelletier M G，Holt G A，Wanjura J D，et al. Acoustic evaluation of mycological biopolymer，an all-natural closed cell foam alternative[J]. Industrial Crops and Products，2019，139：111533.

[41] Santos I S，Nascimento B L，Marino R H，et al. Influence of drying heat treatments on the mechanical behavior and physico-chemical properties of mycelial biocomposite[J]. Composites Part B：Engineering，2021，217：108870.

[42] 郭和睿，包德福，王赛赛．以菌丝体为材料的旅游纪念品设计研究［J］.设计，2021，34（09）：14-17.

[43] 潘青青，吴定橙，单伟雄，等．添加花生秸秆的无胶纤维板的制备工艺及优化［J］.包装工程，2020，41（11）：127-134.

[44] 于博，张显权，邹莉，等．菌丝／木屑复合材料的性能［J］.东北林业大学学报，2014，42（06）：95-98.

[45] 彭柳城．基于不同农业副产物的菌丝体生物质复合材料制备及其性能研究［D］.上海海洋大学，2023.

[46] Hoa H T，Wang C L. The Effects of Temperature and Nutritional Conditions on Mycelium Growth of Two Oyster Mushrooms（Pleurotus ostreatus and Pleurotus cystidiosus）[J]. Mycobiology，2015，43（01）：14-23.

[47] Sisti L，Gioia C，Totaro G，et al. Valorization of wheat bran agro-industrial byproduct as an upgrading filler for mycelium-based composite materials[J]. Industrial Crops and Products，2021，170：113742.

[48] Macedo J S，Otubo L，Ferreira O P，et al. Biomorphic activated porous carbons with complex microstructures from lignocellulosic residues[J]. Microporous and Mesoporous Materials，2008，107

（03）：276-285.

[49] Girometta C，Dondi D，Baiguera R M，et al. Characterization of mycelia from wood-decay species by TGA and IR spectroscopy[J]. Cellulose，2020，27（11）：6133-6148.

[50] Manan S，Ullah M W，Ul-Islam M.，et al. Synthesis and applications of fungal mycelium-based advanced functional materials[J]. Journal of Bioresources and Bioproducts，2021，6（01）：1-10.

[51] 侯佳希. 真菌菌丝/玉米秸秆基多孔复合材料的制备[D]. 长春：吉林农业大学，2021.

[52] Peng L，Yi J，Yang X，et al. Development and Characterization of Mycelium Bio-Composites by Utilization of Different Agricultural Residual Byproducts[J]. Journal of Bioresources and Bioproducts，2023，8（01）：78-89.

[53] 梁宇飞，薛振华. 沙柳的低温热解特性研究[J]. 木材加工机械，2014，25（04）：48-50+58.

[54] Sisti L，Gioia C，Totaro G，et al. Valorization of wheat bran agro-industrial byproduct as an upgrading filler for mycelium-based composite materials[J]. Industrial Crops and Products，2021，170：113742.

[55] 薛玉，杨桂花，陈嘉川，等. 沙柳特性及其综合利用[J]. 华东纸业，2011，42（04）：57-60+64.

[56] 王春雨. 农业废弃物中微量元素的赋存形态及其在生物炭中的富集和生物可利用性研究[D]. 上海：华东理工大学，2021.

随着全球农业和生态环境问题的日益严峻，农林剩余物的合理利用成为资源管理和可持续发展领域的重要课题。特别是通过生物炭（biochar）技术转化剩余物，不仅能解决废弃物处理难题，还能提升土壤肥力、修复受损环境。生物炭作为一种高效的土壤改良剂和生态修复材料，在农业生产和环境保护中的应用前景广阔。本章将深入探讨生物炭的特性、应用背景及农林剩余物的利用现状，全面剖析其在农业与生态修复中的作用与潜力。

6.1　生物炭的发展概况

生物炭（biochar）是一种通过生物质热解（pyrolysis）制备的碳质材料（图 6-1），常用的生物质有农业废弃物、林业残余物、秸秆、木材等。该过程是在缺氧或低氧条件下加热生物质，通常温度在 $300 \sim 700℃$ 之间。生物炭的基本特性使其在农业和生态修复中具有广泛的应用潜力。

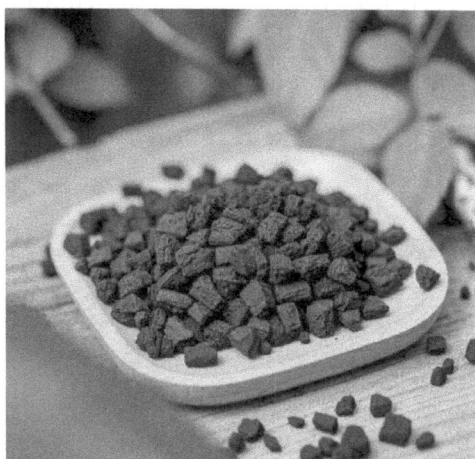

图 6-1　生物炭

6.1.1　生物炭的发展历史与传统应用

生物炭的历史可以追溯到数千年前，最早的应用可以在古代的农业实践中找到。生物炭在全球多个地区用于农业、土壤改良和燃料等多种用途。其传统应用经历了漫长的发展过程，尤其在古代美洲文明中具有重要的地位。生物炭的研究与应用起源于 20 世纪 70 年代，但其广泛关注始于 21 世纪初，随着气候变化、土壤退化和环境污染问题的日益严峻，生物炭作为一种潜在的环境修复和农业改良材料逐渐崭露头角。

生物炭在历史上的一个最著名应用是在亚马孙流域的"黑土"或称"Terra Preta"中。这种由土著人制造的土壤，通过添加炭化物质（包括木炭和植物残余）显著提高了土壤的肥力和作物产量。研究表明，这些土壤能够提高土壤的水分保持能力，增强微生物活性，并长期保持其肥力。该技术为后来的生物炭研究和应用奠定了基础，尤其在土壤改良和农业可持续发展领域。

在欧洲，生物炭常被用于炉灶中的燃料，而在一些地区的农业生产中，木炭也被用作土壤调理剂，尤其是在贫瘠的土地上。生物炭能够通过改善土壤的结构、提高其透气性和保水性来促进作物生长。此外，生物炭还作为防止土壤酸化和抑制病虫害的手段，在一些传统农业实践中得到了应用。

除了作为农业改良剂，生物炭的另一个传统应用领域是作为燃料。在传统的木炭生产中，木材经过高温无氧热解得到木炭，这种材料因其高能量密度而被广泛用于取暖、烹饪和冶炼等多个领域。在许多地区，尤其是在非洲和亚洲，木炭至今仍然是日常生活中的重要能源之一。尽管这些传统应用并未像现代工业应用那样深入研究，但它们为生物炭的现代应用积累了宝贵的经验。

生物炭在历史上有着广泛的应用，但传统的生产方式存在许多局限性，如效率低下、污染排放严重等。特别是在木炭的生产过程中，常常伴随着大量的烟雾和有害气体排放，严重影响环境。因此，随着科学技术的进步，生物炭的生产工艺逐渐向更环保、更高效的方向转变，现代生物炭技术也开始应用于农业、环保和碳封存等多个领域。

6.1.2　生物炭的研究进展

现代生物炭的生产技术取得了显著进步。传统的生物炭生产方式主要依赖简单的热解过程，而现代研究则致力于优化热解条件，以提高生物炭的质量和功能性。通过调控温度、加热速率、气氛（氧气浓度）等因素，研究人员能够精确调控生物炭的孔隙结构、比表面积及其表面化学特性，这些都对生物炭的吸附能力、肥力改良能力及环境修复性能至关重要。此外，气化、共热解和微波加热等新型热解技术的应用，也为生物炭的高效、绿色生产提供了更多可能性。

目前生物炭的应用研究也从单一的土壤改良逐步扩展到多个领域。近年来，生物炭在水污染治理、重金属修复、农药残留清除等环境污染治理中的潜力得到了广泛验证。通过表面功能化改性（如酸化、氮化、磁性化等），生物炭可以高效吸附水中的有害物质，如氮、磷、重金属离子和有机污染物。这使得生物炭不仅作为土壤改良剂，还成为一种理想的环保材料。

6.1.2.1　在农业中的应用研究进展

（1）土壤改良

生物炭可以改善盐碱地的土壤，增加贫瘠红壤中的有机质含量，改善土壤结构，防止水土流失，提高土壤保水能力，促进土壤团聚体的形成，有利于农作物的种植。相关研究人员对黄河三角洲盐渍化土壤施用不同类型的生物炭（秸秆、棉花和玉米芯生物炭），研究发现生物炭具有降低 Na^+ 浓度、土壤中钠吸附比和电导率的作用，玉米芯生物炭的施用对于碱地的改良效果显著，可明显促进玉米生长。还有研究人员发现土壤施用生物炭可以降低土壤盐碱化，防止土块板结，提高土壤氮素含量，提高玉米产量。探究橡胶木生物炭对高原酸性土壤理化性质的影响，发现生物炭可以提高土壤 pH、增加土壤有机质，同时改善土壤肥力。分析施加生物炭对不同粒径团聚体的影响，发现生物炭配施化肥均可提高团聚体中微生物量、碳、氮含量和胞外酶活性。相关研究人员以丹江口水库的土壤为研究对象，发现在土壤中添加椰壳生物炭有助于促进土壤团聚体的形成，提高土壤结构的稳定性，增加土壤中微生物量，且生物炭与腐植酸耦合施用的效果更佳。通过对土壤团聚体施用生物炭，分析其碳、氮含量，发现生物炭能增加土壤大团聚体有机碳和微生物含量，并提高土壤团聚体稳定性。探究生物炭用量和灌水量对土壤物理性质及温室番茄生长生理特性的影响，结果表明土壤中适当添加生物炭可以有效增加土壤的保水性。相关研究人员研究连年施加生物炭对黑土区坡耕地的土壤结构、持水性能、玉米产量及可持续性的影响，发现适量生物炭能有效降低土壤固相比例，提高气相和液相比例，改善土壤结构。

如图 6-2 所示，在农业中，生物炭的应用还包括增加作物的抗逆性、提高水分利用效率及促进土壤微生物多样性等方面的作用。通过合理施用生物炭，作物的产量和品质显著提升，同时土壤健康也得到了有效的保护。

（2）提高土壤肥力

现代生物炭的研究也深入到生态修复领域。特别是在污染土壤的修复方面，生物炭因其具有良好的吸附性、稳定性和土壤改良功能，成为一种有效的修复材料。大量研究显示，生物炭能够吸附土壤中的重金属离子、农药残留以及其他有害物质，降低其生物可利用性，从而减少污染物对植物的危害。与此同时，生物炭还能改善土壤的物理和化学性质，提高土壤的有机质含量和水分保持能力，促进植物生长。

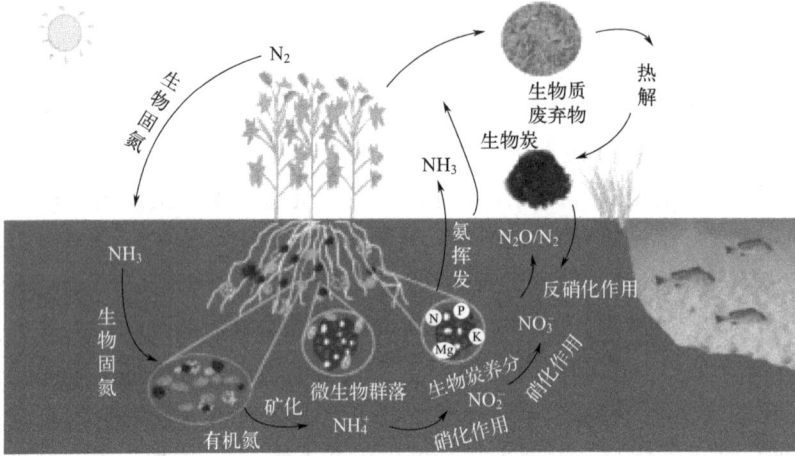

图 6-2　生物炭促进植物生长

随着环保要求的提高，生物炭作为废物资源化的有效途径，逐渐成为研究热点。通过将农业废弃物、林业剩余物、城市有机垃圾等废物进行热解处理，不仅可以减轻废弃物的环境压力，还能转化为具有高附加值的生物炭产品。废物转化为生物炭的过程不仅符合资源循环利用的理念，还具有显著的环境效益。

相关研究人员将秸秆和生物炭还田，相关性分析表明土壤有机碳、全磷、速效氮、速效钾浓度随生物炭和秸秆量的增加而增加，同时生物炭还田效果优于同碳量秸秆还田。将生物炭混肥施用于葡萄幼苗，提高了根际土壤肥力、蔗糖酶和过氧化氢酶活性，同时对土壤容重和 pH 有一定的降低作用。另一项研究发现氮肥减量 30% 配施生物炭可提高土壤肥力和土壤酶活性，增加水稻产量。易从圣等将生物炭与尿素、磷酸氢二钾及自制淀粉胶黏剂混合制备生物炭基复混肥，发现其能显著降低尿素释放率，提高土壤肥力，促进农作物生长。研究生物炭基肥含量对马铃薯土壤脲酶和产量的影响，发现 $900kg/hm^2$ 生物炭基肥施用量为最适施肥量。研究水稻秸秆直接还田和炭化还田对热带土壤-水稻体系氨挥发的影响，发现生物炭在土壤中对 NH_4^+ 表现出极强的吸附性能，有利于降低土壤氨挥发损失。

生物炭在水土保持方面的应用，凭借其优异的物理化学性质，已成为提升土壤结构、减少水土流失、改善水质和增强土壤保水能力的重要手段。

6.1.2.2 在生态修复中的应用研究进展

随着现代工业进入新时代，由冶金、采矿、电镀和农业活动引起的重金属污染日益严重。由于其具有高毒性、生物积累以及不可生物降解性，对生态环境和人类生命健康造成了威胁。相关研究人员总结了生物炭去除废水中特定有机污染物的相关研究，分析出生物炭对有机污染物的优异吸附作用得益于 π-π 作用力、氢键、疏水和静电作用力。

（1）吸附农药

生物炭在处理制药废水方面表现出相当大的潜力。将板栗刺壳炭化为生物炭，用高锰酸钾进行化学活化，发现其对废水中的 Cr 有很强的吸附力。从油桃壳中制备了含磷生物炭，发现其表面有类似焦磷酸盐的官能团，对于四环素有优越的吸附能力，应用于溶液中能对四环素进行高效去除。生物炭能减少水体环境中的农药含量，去除水体中合成的有机污染物提供了理论依据。以印楝废料为原料制备生物炭，将其作为吸附剂以去除苯达松，同时考察了吸附时间、生物炭用量、杀虫剂浓度和 pH 对生物炭吸附特性的影响，发现生物炭可作为吸附剂去除水流中的合成有机污染物。相关研究人员综述了生物炭在农药的吸附、解吸和浸出等主要过程中的作用，总结出生物炭对杀虫剂的去向影响显著。研究椰子纤维生物炭的吸附对敌敌畏的吸附机理，发现盐酸改性的椰子纤维废料在缺氧 4h、600℃ 条件下可明显提高生物炭的比表面积及孔隙率，最大吸附量为 90.9mg/g。相关研究人员探索废弃生物质制备磁性生物炭的方法，并研究其对亚甲基蓝的吸附性能，发现磁性钴镍铁氧体-生物炭吸附效果好且易于磁分离回收。以凹凸棒土和碱性木质素为原料，通过慢速限氧热解法制备生物炭/凹凸棒土来吸附水中磺胺嘧啶，为生物炭去除水体中抗生素提供了理论依据和实践基础。使用 2-硫脲嘧啶对丝瓜生物炭纤维进行改性，结果表明改性生物炭纤维对 Cu^{2+} 具有显著的亲和力和吸附性，并能对酸性废水中 Cu^{2+} 进行选择性分离。

（2）吸附重金属离子

重金属废水是一种具有较高毒性、难降解和易富集等特性的"三致"（致畸、致癌、致突变）废水，重金属废水处理一直是废水治理的难点之一。目前处理重金属废水的方法主要有物理法（混凝、吸附、膜分离、萃取和离子交换等）、化学法（化学沉降、电絮凝、微电解和电还原等）和生物法（生物修复、生物絮凝和生物吸附等）。活性炭吸附法处理重金属废水较其他处理方法具有成本低、效果好和操作简单等优点，美国环保署（US EPA）认为活性炭吸附法是处理水中重金属污染物最有效的方法之一。

生物质进行高温热解制得的生物炭具有较大的比表面积、丰富的孔结构和表面官能团，对重金属有较好的吸附性能。生物炭可以碱化土壤，降低土壤中重金属的生物有效性和可移动性。武超等将小麦秸秆生物炭与锌肥联用作用于小麦种植土壤，发现生物炭和锌处理可降低小麦低亲和性阳离子通道对土壤镉的吸收。相关研究人员采用不同质量比的聚磷酸铵和油茶壳进行共热解，制备了富氮、富磷生物炭，经改性的生物炭含 N 和 P 官能团数量增多，能明显提高吸附 Pb（Ⅱ）的能力。以氯化镁为添加剂，以芋头、玉米、木薯、杉木、香蕉和油茶为原料，制备生物炭吸附水中 Cr（Ⅴ），研究发现香蕉秸秆生物炭对 Cr（Ⅴ）的吸附性能最好，理论吸附量为 125.00 mg/g 6 种载镁生物炭在去除废水中 C（Ⅵ）方面具有巨大的潜在优势。制备负载氧化镁的油茶壳生物炭，通过静态吸附实验研究得出，室温下，pH 为 6，初始 Cd^+ 质量浓度为 100mg，吸附剂加入量为 1g/L，吸附时间为 180min 时，油茶壳生物炭对水中 Cd^+ 吸附能力最强。相关研究人员总结了近年来功能化生物炭对水体无机污染物的吸附研究，发现功能化生物炭在水处理领域表现出巨大的应用潜力。相关研究人员在无 Pb^{2+} 和含 Pb^{2+} 对照下研究了生物炭对玉米幼苗生长的影响，发现生物炭吸附了培养液中的 Pb^{2+}，缓解了 Pb^{2+} 对玉米幼苗的生长抑制作用，明显促进了玉米幼苗的早期生长。探究了淹水环境下生物炭对不同类型土壤中 Cd 的钝化效果，发现生物炭处理显著降低了 3 种土壤的水溶态 Cd 含量，并减缓了土壤氧化还原反应。还有相关人员以铜矿区排土场污染土壤为研究对象，探讨了在重金属胁迫下生物炭对土壤理化性质的影响，发现生物炭可改善红壤矿区污染土壤的理化性质，并明显影响土壤重金属形态。以铜矿区污染土壤为研究对象，研究重金属形态含量与生物炭、微生物活性的相关性，发现生物炭可减弱矿区土壤重金属对香根草生长的毒害作用，并促进香根草对重金属的富集，有利于重金属污染土壤修复，改善土壤质量。

（3）缓解温室效应

生物炭作为一种碳封存材料，其在气候变化中的作用受到了广泛关注。大量研究表明，生物炭能够通过长期稳定地固定碳，减少二氧化碳的排放。生物炭的碳封存时间可达到数百年，有效抑制了大气中温室气体的浓度。为了量化生物炭的碳封存潜力，全球多个研究机构和环境组织对其碳固定能力进行评估，并提出了不同的碳交易模式，以推动生物炭在碳市场中的应用。

生物炭还田可削减环境污染、缓解温室气体排放，相关研究从固碳路径、气体调控差异及堆肥应用等方面揭示其环境效应：综述性研究明确生物炭可降低土壤 CO_2、CH_4 排放，支撑"大气 CO_2 固存于土壤"的减排机制；气体调控差异方面，如水稻秸秆生物炭降低高含水率水稻土 N_2O 排放，水淹没条件下，废菇基质生物炭减少油茶树人工林肥料土壤 N_2O 排放但提升 CH_4 释放；堆肥应用中，花生壳生物炭配施猪粪堆肥时，随添加量增加，N_2O、NH_4 排放显著降低。

6.2　生物炭的制备工艺

制备吸附性能良好的生物质活性炭是目前吸附技术研究的关键，也是当前该领域研究的热点。由于吸附介质（气相和液相）和吸附质的不同，对生物质活性炭的性质要求也不同。气相吸附中，要求生物质活性炭具有高比表面积和较小的孔径而在液相溶液中，吸附污染物较为复杂，除要考虑生物质活性炭的孔径大小和吸附质的大小关系外，还要考虑生物质活性炭表面官能团和吸附质之间的作用力。从制备吸附性能较好的生物质活性炭来看，通常可通过提高生物质活性炭的比表面积提高表面吸附官能团的密度及控制孔径大小来提高生物质活性炭的吸附性能。

生物质废弃物是当今世界上仅次于煤炭、石油和天然气的第四大能源，以其总量大、分布广、CO_2 零排放、低硫、低氮和低灰分等特点，受到越来越多的关注。制备生物质活性炭的原材料一般为各种生物质废弃物等，制备过程包括炭化和活化两个阶段。炭化阶段是指通过高温或低温热解原材料，去除碳以外的大部分杂质如氢、氧、钙、镁等，留下大部分炭质并产生大量微孔；活化阶段是指利用物理或化学方法对其进行活化，改变其微孔分布的过程，同时生成一些新的官能团结构。活性炭的微孔结构与活化方法和活化条件有关，不同制备条件下得到的活性炭吸附性能会产生差异。活化后生物质活性炭的比表面积可达 $500 \sim 1700m^2/g$，生物质活性炭的吸附量不仅取决于比表面积大小，更是与其微孔构造和分布情况密不可分。选择合适的生物质原材料，精确控制炭化和活化工艺步骤，即可根据特定用途调整孔结构。

6.2.1　原料预处理

为提高生物质活性炭的品质，需要将制备生物质活性炭的原材料进行预处理，包括干燥、粉碎、过筛。经过预处理可以提高生物质活性炭的纯度与吸附性能。一般预处理的实验条件为：将生物质原材料粉末放置烘箱110℃的温度条件下干燥24h，除去生物质原材料的自由水分，然后进行粉碎，过筛至80～200目。用去离子水反复洗涤，105℃烘干后充分研磨，即得预处理后的生物质原材料。

6.2.2 炭化方法

炭化是以农作物秸秆、玉米芯和废菌棒等生物质为原材料制备生物质活性炭的必经工艺过程，得到的炭化材料具有初始孔隙和一定的机械强度，有利于进一步活化。炭化的实质是原材料中有机物进行热解的过程，包括热分解反应和缩聚反应。研究表明，炭化材料的结构特点直接影响活性炭产品的性能。

热分解法是将生物质在无氧或绝氧条件下进行高温热解炭化，使其发生裂解反应，最终制备成生物炭。

热分解法主要分为快速热解法和慢速热解法两种。快速热解通过快速加热生物质可以得到大量的液态产物，停留时间短，升温速度快，产物多为生物油；慢速热解是指生物质在慢速加热条件下发生裂解反应，停留时间长，升温速度慢，固、液、气三相产物比重均较大，主要产物为生物炭。快速热解需要研磨原料以便快速传热，且难以从生物油中提取生物炭，成本较高。热分解法制备的生物炭通常具有较高的热稳定性和化学稳定性，适用于高温环境下应用。具体如表6-1所示。

表 6-1 不同生物炭热解工艺特点

工艺种类	工艺参数	特点
慢速热解	400～600℃，0.1～1.0℃/min，2～4h	生物炭孔隙率高，产率高，可达60%
快速热解	400～550℃，1～2s，>120℃/min，无氧	生物油（质量分数40%～70%）、气体产物（质量分数20%～40%）和少量固体产物（质量分数10%～25%）
微波热解	550～700℃，5～20min	生物炭性质均匀，孔隙结构丰富，但热解过程处理量较低，单次热解量少，产率低

（1）热解设备

① 固定床反应器　适合小规模生产。

② 流化床反应器　用于均匀加热的大规模工业化生产。

③ 连续式热解设备　适合于高效率生产。

（2）热解控制

① 升温速率　较慢的升温速率有助于提高生物炭产率和稳定性。

② 反应时间　通常为 0.5～2h，时间越长，产物中碳含量越高。

③ 气氛控制　使用氮气或惰性气体维持低氧环境，避免燃烧反应。

6.2.3　活化方法

生物质活性炭的制备通常需要炭化和活化两个阶段，其中活化是造孔阶段，最为关键。影响生物质活性炭性能的主要因素有炭化温度、炭化时间、活化温度、活化时间。如果采用化学制备方法时还需考虑浸渍时间、化学活化剂和原材料质量比对生物质活性炭性能的影响。

生物质活性炭的吸附特性不仅仅因为其有大量的孔隙结构，还与它的表面化学性质有关。在生物质活性炭炭化和活化过程中，其表面会或多或少生成一部分含官能团，这些表面官能团会促进生物质活性炭的化学吸附。研究表明，药剂化学活化会使生物质活性炭表面引进更多的含氧官能团，而气体物理活化在这方面的作用微乎其微。相对于气体物理活化法，药剂化学活化法具有活化产率高活化温度低，通过选择合适的活化温度和活化时间得到高比表面积的活性炭等优点。

一步炭化不能使产物拥有大量的孔结构，为了提高炭的孔隙度，大量研究者采用制备活性炭的方法，将第一步产生的炭化产物进行活化处理，并在惰性气体条件下加热。由于活化剂的作用和温度对反应物的影响，导致生成具有大量微孔结构的高比表面积生物质活性炭，可用于医疗、能源储存、电化学材料、吸附等领域。相比于直接高温热解制备活性炭，能耗降低并且表面含有一定量的官能团。吴情芳等采用物理活化法，将水热炭化后的木屑和稻壳经 CO_2 活化处理后，产物对有机物和重金属离子的吸附作用明显加强，并获得了良好的造孔效果。研究人员通过水蒸气物理活化法活化稻壳水热炭化物，可将其比表面积和孔容分别提高到 $2337m^2/g$ 和 $2.12cm^3/g$。由于孔径分布涉及微孔、中孔和大孔结构且分布均匀，所以对于不同大小的有机分子都具有良好的吸附效果。

生物质活性炭的孔隙结构可以通过多种途径改变，例如活化条件、前体物质和生物质活性炭的制备方法。生物质活性炭的表面化学官能团主要是在活化过程、热处理以及后续的化学处理过程中生成。生物质活性炭的吸附特性可以通过物理、化学和电化学手段来改变，大多是通过物理吸附实现的，除此之外还有少量的化学吸附。物理吸附通过范德华力实现，而化学吸附则在吸附剂和吸附质之间形成了化学键，因此物理吸附是可逆的，化学吸附相反；当发生化学吸附后，虽然可以通过某些手段使得吸附质解析，但是生物质活性炭的活性也因其表面特性的改变而发生了改变。

6.2.4 加热方法

（1）传统加热

传统加热是在外部温度梯度的推动下，经过热源的传导、媒介的热传递、容器壁的热传导、样品内部的热传导等过程来完成的。传统加热法制备生物质活性炭，在熔炉中进行，先使材料表面受热，热量经过热传导进入材料内部，由于材料的形状和尺寸的差异，表面受热不均匀而导致产品质量较差。因此，传统加热法存在能耗大、加热效率低和加热不均匀等缺点。传统加热法还有过度加热的风险，导致原材料过度炭化，形成的孔结构遭到破坏。另外，炭化后需要进行活化步骤，造成的能量损耗较大，既不经济也不环保。王省伟研究了马弗炉加热氯化锌活化法制备核桃果皮基活性炭，制备的活性炭比表面积达到 $1258.05m^2/g$。

（2）微波加热

微波是频率为 300MHz ～ 3000GHz 的电磁波。微波加热是以物质与电磁辐射之间的相互作用为基础，它是独立于周围材料的导热系数，也是一个瞬时加热的开关。通过微波照射诱导加热的过程中，样品内的极性分子吸收微波后做振荡运动，分子之间相互摩擦产生热量。目前，微波加热在制备和改性炭材料中迅速兴起。与传统加热法的热传导或热传递不同，微波加热法通过电磁波穿透被加热的材料，为整个材料提供能量，被炭化的颗粒内部的高温和温度较低的材料表面之间形成巨大的温度梯度，使得微波辐照反应在低温下进行得更快、更高效。由于加热速率较快，处理时间更短，因此在加热过程中可以尽可能地节省时间和能量，甚至能抑制不期望的副反应，并使新的限速反应成为可能。与普通加热方法相比，微波加热具有诸多优点，如选择性加热、升温速度快、加热效率高、缩短加热时间、降低能量消耗、加热受热均匀等。利用微波的加热特性，可研发出在常规加热条件下无法实现的新技术、新工艺和新产品，并使加热过程高效、节能。

以棉花秸秆、芦竹为原料，采用化学活化耦合微波加热法制备活性炭：棉花秸秆经化学活化后微波加热 10min，产物比表面积达 $729.33m^2/g$；芦竹基活性炭以磷酸活化时，传统加热法制备的活性炭孔结构不均，比表面积 $1463m^2/g$、产量 35.8%，而微波加热法所得活性炭孔结构更发达，比表面积达 $1567m^2/g$、产量提升至 55.9%，吸附性能更优。

6.3 生物炭的改性

6.3.1 酸改性

酸改性技术可有效调控生物炭的比表面积与孔隙结构，并降低其灰分含量。该过程同时向生物炭表面引入多种含氧官能团，显著提升了其表面官能团的丰度与多样性。常用于此类改性的酸包括硫酸、硝酸、磷酸、草酸及柠檬酸等。酸种类是决定改性效果的关键因素之一。Xu 等的研究表明，使用不同酸（H_2SO_4、H_3PO_4、HNO_3）处理玉米秸秆生物炭后，由于含氧官能团的引入，生物炭的 H 和 O 元素含量均呈上升趋势。三种酸改性所得生物炭的比表面积与孔容增幅顺序为：$H_3PO_4 > H_2SO_4 > HNO_3$，且灰分含量均有所下降。此外，原料特性同样是决定酸改性效果的重要变量。Chen 等采用硫酸分别处理玉米秸秆和稻壳生物炭后发现，改性后玉米秸秆生物炭的比表面积、总孔容及平均孔径相较于原始样品均减小；而稻壳生物炭的比表面积与总孔容则呈现增长趋势。

6.3.2 碱改性

碱改性的主要目标在于增强原始生物炭的比表面积，并增加其表面含氧官能团的多样性。研究表明，该处理通常能显著提升生物炭的孔隙结构参数。Liu 等利用 KOH 处理水稻秸秆生物炭制备了碱改性样品（KRBC）。分析结果显示，KRBC 的比表面积与总孔容分别达到了未改性生物炭（RBC）的 2.74 倍和 2.68 倍。红外光谱分析进一步证实，相较于 RBC，KRBC 表面含有更丰富的含氧官能团，且其芳香性结构增强，这些特性共同促进了其对 Zn（Ⅱ）吸附能力的提升。Tang 等则采用 NaOH 对小麦秸秆生物炭进行碱改性。其研究发现，改性后生物炭的比表面积、总孔容及微孔体积较原始生物炭分别增长了 4.5 倍、2.3 倍和 5.7 倍。然而，值得注意的是，红外光谱数据表明，在此改性过程中，碱改性生物炭的表面官能团组成并未发生显著改变。综上可见，碱改性普遍能够有效增大生物炭的比表面积与孔容，但其对表面官能团的影响则取决于原料特性及具体的改性工艺条件。

6.3.3 氧化剂改性

氧化剂改性处理是显著提升生物炭含氧官能团丰度的有效策略，常用氧化剂包括过氧化氢（H₂O₂）和高锰酸钾（KMnO₄）等。研究表明，氧化剂的作用效果受原料类型和处理工艺影响显著。Zhang 等首先将不同热解温度制得的山核桃片生物炭进行球磨，随后采用 10% H₂O₂ 溶液进行改性以吸附亚甲基蓝（MB）。该后处理过程显著增加了生物炭表面羟基与羧基的含量，从而增强了其对 MB 的吸附性能。与之形成对比的是，Qi 等的研究采用 H₂O₂ 溶液对小麦秸秆原料进行预处理，再于 100～600W 微波功率下炭化制备生物炭用于重金属吸附。虽然 H₂O₂ 预处理使小麦秸秆生物炭的比表面积（从 3.5589m²/g 增至 6.1466m²/g）与孔容增大，提升了其对重金属的吸附能力，但其红外光谱显示预处理前后生物炭的谱峰特征相似，表明表面含氧官能团并未明显增加。上述研究揭示，H₂O₂ 改性对生物炭表面官能团的影响，与所采用的生物质原料及生物炭的制备方式密切相关。

此外，氧化剂的应用阶段（即在炭化前对原料进行预处理或在炭化后对生物炭进行后处理）会显著影响最终改性产物的性能特征。Huang 等的研究为此提供了例证：他们分别通过 KMnO₄ 预处理小麦秸秆（制得 Mn-BC）和 KMnO₄ 后处理原始生物炭（制得 BC-Mn）制备了两种改性生物炭。两种改性途径均使生物炭的比表面积和孔容较原始样品（BC）显著提升，且 Mn-BC 的这两项指标均高于 BC-Mn，两者对四环素的吸附性能均得到改善。然而，红外光谱分析却表明，原始 BC 含有丰富的官能团，而 Mn-BC 和 BC-Mn 中的官能团丰度则相对较低。因此，基于特定应用需求选择预处理或后处理策略，能够对生物炭的物理化学性质进行精细化调控。

6.3.4 金属盐或金属氧化物改性

采用金属盐或金属氧化物处理生物炭是一种重要的改性策略。在此过程中，生物炭作为多孔炭质载体，其表面或孔隙内可沉积金属（氢）氧化物颗粒，从而显著改变并提升生物炭的功能特性，例如增强吸附性能、赋予催化活性以及引入磁性。该改性策略主要可通过以下两种途径实现：

① 预负载热解法　将生物质原料预先浸渍于金属盐溶液中，随后在惰性气氛中进行热解；

② 后浸渍法　生物质原料经热解生成生物炭后，再将其浸渍于含目标金属离子的溶液中进行负载。

6.3.5 其他改性

碳质复合材料改性可有效提升生物炭的孔隙结构参数。例如，将碳纳米管、石墨烯等碳质材料与生物炭复合，能够显著增加其比表面积。Gao 等利用大片磷状氧化石墨烯改性甘蔗渣生物炭以去除水体中的双酚 S（BPS）。结果表明，改性后生物炭的比表面积由原始样品的 $5.08m^2/g$ 增至 $188.9m^2/g$，其对 BPS 的吸附容量提升至原始生物炭的 2.8 倍。

水蒸气活化技术通常在高温（> 700℃）条件下利用水蒸气处理生物炭，该过程通过显著扩增比表面积与优化孔隙分布以增强物理吸附性能。同时，水蒸气处理常促进含氧官能团（如羟基、羧基）的形成，从而提升材料的化学活性。Švábová 等对比了未活化、空气活化及水蒸气活化的核桃壳 / 杏核生物炭对丙酮的吸附性能。比表面积排序为：蒸汽活化（500 ～ 727m²/g）＞空气活化（59 ～ 514m²/g）＞未活化（1.71 ～ 236m²/g），其中具有最大比表面积的蒸汽活化样品表现出的吸附容量最高（60.3 ～ 277.3mg/g）。

气体活化法（常用 CO_2 为活化剂）通过扩孔与表面修饰提升生物炭性能。Rawat 等采用 CO_2 活化荔枝核生物炭制备超级电容器电极。原始生物炭在 700℃ 热解后于 1A/g 电流密度下比电容为 190F/g；经 CO_2 活化后，其分级多孔结构与丰富的杂原子官能团使比电容增至 493F/g，且循环稳定性显著增强。

球磨处理通过机械研磨将生物炭粒径纳米化，其比表面积随粒径减小而增大，进而强化吸附与催化性能。研究表明，球磨改性使稻壳、玉米秸秆及松木锯末生物炭的比表面积与含氧官能团丰度同步增加，对丙酮和甲苯的吸附容量较原始样品分别提升 1.2 ～ 3.2 倍与 1.2 ～ 2.9 倍。

6.4 小结

在农业与生态修复领域，生物炭展现出多元应用价值。农业方面，它能改良盐碱地、红壤等特殊土壤，提升土壤肥力及保水保肥能力，促进作物生长、提高产量与品质，同时助力农业绿色可持续发展；生态修复中，可吸附水体与土壤中的重金属及有机污染物，钝化重金属生物有效性，还能调节土壤微生物、减少温室气体排放，从多维度支撑生态系统修复。

生物炭的制备涵盖原料预处理、热解（含快速和慢速等方式）、产物收集及副产品回收，通过化学或物理改性可增强其性能。性能研究表明，原料类型与改性方式会影响生物炭的结构（如孔隙率）和吸附性能，为质量控制与合理应用提供科学依据；而酸、碱、氧化剂等改性技术，能通过调控孔隙结构或引入官能团提升性能，且效果因原料和工艺而异，为针对性优化生物炭功能提供了技术路径。

参考文献

[1] 郭世龙，韩艳，王傲洁，等.生物炭添加对降低盐滩地有害离子及促进玉米生长效果研究 [J].
内蒙古师范大学学报（自然科学汉文版）.2022.51（5）：494-499.

[2] 王世斌，高佩玲，相龙康，等.生物炭、河沙对盐碱土水盐、氮素及玉米产量的影响 [J].灌溉
排水学报，2021，40（9）：17-23.

[3] 朱曦，王豪吉，程圆钦，等.施用橡胶木生物炭对高原酸性红壤理化性质的影响 [J].川云南师
范大学学报（自然科学版）.2021.41（6）：51-56.

[4] 张帅，成宇阳，吴行，等.生物炭施用下潮土团聚体微生物量碳氮和酶活性的分布特征 [J].植
物营养与肥料学报，2021.27（3）：369-379.

[5] 于静静，蔡德宝，陈秀文，等.生物炭和腐植酸对丹江口库区土壤团聚体的影响 [J].河南农业
科学，2021，50（11）：87-96.

[6] 杨卫君，惠超，邓天池，等.生物炭对砂壤土团聚体及其碳、氮分布的影响 [J].中国土壤与肥
料，2022（12）：1-9.

[7] 李欣雨，张川，闫浩芳，等.生物炭和灌水量对土壤保水性及温室番茄生理特性的影响 [J].排
灌机械工程学报，2022，40（3）：317-324.

[8] 魏永霞，朱畑豫，刘慧.连年施加生物炭对黑土区土壤改良与玉米产量的影响 [J].农业机械学
报，2022，53（1）：291-301.

[9] 孙娇，梁锦秀，孔德杰，等.生物炭与秸秆还田对风沙土壤-微生物-胞外酶化学计量特征的
影响 [J].草业学报，2021，30（11）：29-39.

[10] 何秀峰，赵丰云，于坤，等.生物炭对葡萄幼苗根际土壤养分、酶活性及微生物多样性的影响
[J].中国土壤与肥料，2020（6）：19-26.

[11] 郭琴波，王小利，段建军，等.氮肥减量配施生物炭对稻田有机碳矿化及酶活性影响 [J].水土
保持学报，2021.35（5）：369-374.

[12] 易从圣，宗同强，杜衍红，等.生物炭基复混肥缓释特性研究 [J].广州化学，2018.43（3）：
60-64.

[13] 高佳，王姣，王松，等.生物炭基肥对马铃薯田土壤脲酶活性和产量的影响 [J].作物杂志，
2021（6）：134-138.

[14] 吴佩聪，张鹏，单颖，等.秸秆炭化还田对热带土壤-水稻体系氨挥发的影响 [J].浙江农业学
报，2021，33（4）：678-687.

[15] Fan Y，Wang H，Deng L，et al. Enhanced adsorption of Pb（Ⅱ）by nitrogen and phosphorus co-
doped biochar derived from Camellia oleifera shells[J]. Environmental Research，2020，191：
110030.

[16] 周宇，陈晓娟，卢开红，等.生物质炭的制备、功能改性及去除废水中有机污染物研究进展

[J]. 人工晶体学报，2021.50（12）：2389-2400.

[17] 蒋燕舒，李必冬，杨珺杰，等. 板栗刺壳生物炭对废水中 Cr（Ⅵ）的吸附特性研究 [J]. 应用化工，2021，50（9）：2457-2462.

[18] Liu Q，Li D，Cheng H，et al. High mesoporosity phosphorus-containing biochar fabricated from Camellia oleifera shells：Impressive tetracycline adsorption performance and promotion of pyro-phosphate-like surface functional groups （COP bond）[J]. Bioresource Technology，2021，329：124922.

[19] Ponnam V，Katari N K，Mandapati R N，et al. Efficacy of biochar in removal of organic pesticide，Bentazone from watershed systems [J]. Journal of Environmental Science and Health，Part B，2020，55（4）：396-405.

[20] Khorram M S，Zhang Q，Lin D，et al. Biochar：a review of its impact on pesticide behavior in soil environments and its potential applications [J]. Journal of environmental sciences，2016，44：269-279.

[21] Binh Q A，Kajitvichyanukul P. Adsorption mechanism of dichlorvos onto coconut fibre biochar：the significant dependence of H-bonding and the pore-filling mechanism [J]. Water Science and Technology，2019，79（5）：866-876.

[22] 牛志睿，封温俐，黄华，等. 钴镍铁氧体 - 生物炭的制备及对亚甲基蓝的吸附 [J]. 延安大学学报（自然科学版），2021，40（3）：1-5.

[23] 陈茂，张鑫，谢伟，等. 生物炭 / 凹凸棒土的制备及对磺胺嘧啶的吸附 [J]. 化工进展，2022，41（5）：2623-2635.

[24] Liatsou I，Pashalidis I，Dosche C. Cu（Ⅱ）adsorption on 2-thiouracil-modified Luffa cylindrica biochar fibres from artificial and real samples，and competition reactions with U（Ⅵ）[J]. Journal of hazardous materials，2020，383：120950.

[25] 梁丽春，李朝霞，庞少峰，等. 一步低温热解制备生物炭及其在染料废水处理中的应用 [J]. 功能材料，2021，52（10）：10212-10220.

[26] 武超，周顺江，王华利，等. 生物炭和锌对土壤镉赋存形态及小麦镉积累的影响 [J]. 环境科学研究，2022，35（1）：202-210.

[27] Li A，Deng H，Jiang Y，et al. High-efficiency removal of Cr（Ⅵ）from wastewater by Mg-loaded biochars：adsorption process and removal mechanism [J]. Materials，2020，13（4）：947.

[28] 范友华，喻宁华，邓腊云，等. 高介孔体积油茶壳活性炭的制备工艺研究 [J]. 西北林学院学报，2019，34（5）：187-194.

[29] 刘蕊，李松，罗璇，等. 功能化生物炭吸附水中无机污染物的研究进展 [J]. 科学技术与工程，2021，21（27）：11455-11462.

[30] 杨晓智，郭建华，于凯川，等. Pb^{2+} 胁迫下生物炭对玉米种子萌发和幼苗早期生长的影响 [J].

科学技术与工程，2018，18（33）：237-243.

[31] 张家康，庄雅玲，张力文，等 . 水稻秸秆生物炭对 3 种土壤水溶态 Cd 动态变化的影响［J］. 福建农业学报，2021.36（2）：228-235.

[32] 汪洋，艾艳梅，陈泓璐，等 . 生物炭对铜矿区排土场污染土壤理化性质和重金属形态的影响［J］. 水土保持研究，2023，30（2）：444-450.

[33] 艾艳梅，汪洋，李佳琪，等 . 生物炭对铜矿区污染土壤微生物活性及香根草富集铜、镉、铅的影响［J］. 水土保持学报，2022，36（6）：402-409.

[34] 王慧娟，邓扬悟，汪江萍，等 . 生物炭在土壤固碳方面的应用研究进展［J］. 现代农业研究，2019（12）：92-93.

[35] Xu X，He C，Yuan X，et al. Rice straw biochar mitigated more N_2O emissions from fertilized paddy soil with higher water content than that derived from ex situ biowaste［J］. Environmental Pollution，2020，263：114477.

[36] Xu X，Yuan X，Zhang Q，et al. Biochar derived from spent mushroom substrate reduced N_2O emissions with lower water content but increased CH_4 emissions under flooded condition from fertilized soils in Camellia oleifera plantations［J］. Chemosphere，2022，287：132110.

[37] 王义祥，叶菁，林怡，等 . 花生壳生物炭用量对猪粪堆肥温室气体和 NH_3 排放的影响［J］. 中国农业大学学报，2021，26（6）：114-125.

[38] 孙再庆，符菁，徐晓云，等 . 生物炭稻田施用下的土壤固碳减排效应及其微生物群落结构分析［J］. 农业与技术，2021，41（12）：36-43.

[39] Xu Y G，Bai T X，Yan Y B，et al. Enhanced removal ofhexavalent chromium by different acid-modified biocharderived from corn straw：Behavior and mechanism［J］.Water Science & Technology，2020，81（10）：2270-2280.

[40] Chen M，Wang F，Zhang D L，et al. Effects of acid modi-fication on the structure and adsorption NH，'-N proper.ties of biochar［J］.Renewable Energy，2021，169（12）：1343-1350.

[41] Sing H J，Verma M.Waste derived modified biochar aspromising functional material for enhanced water remedi-ation potential［J］.Environmental Research，2024，245（5）117999-118016.

[42] Liu S C，Xie Z L，Zhu YT，et al. Adsorption characteristicsof modified rice straw biochar for Zn and in-situ remedi.ation of Zn contaminated soil［J］.Environmental Technology & Innovation，2021，22（5）：101388-101399.

[43] Tang Y，Li Y，Zhan L，et al. Removal of emerging contam-inants（bisphenol A and antibiotics）from kitchen wastewater by alkali-modified biochar［J］. Science of the Total Environment，2022，805（10）：150158-150167.

[44] Zhang Y，Zheng Y L，Yang Y C，et al. Mechanisms andadsorption capacities of hydrogen peroxide modified bal!milled biochar for the removal of methylene blue fromaqueous solutions［J］. Biore-

source Technology，2021337（7）：125432-125438.

［45］Qi G D，Pan Z F，Zhang X Y，et al. Novel pretreatmentwith hydrogen peroxide enhanced microwave biochar forheavy metals adsorption：Characterization and adsorption performance［J］. Chemosphere，2024，346（6）：140580-140588.

［46］Huang Z，Fang X，Wang S，et al. Effects of KMnO.pre- and post-treatments on biochar properties and itsadsorption of tetracycline［J］. Journal of MolecularLiquids，2023，373（3）：121257-121267.

［47］Nguyen D L T，Binh O A，Nguyen X C，et al. Metal salt-modified biochars derived from agrowaste for effectivecongo red dye removal［J］.Environmental Research，2021，200（5）：111492-111502.

［48］Zhou L L，Jiang Y，Zhang G Y，et al. Pyrolysis-catalysisof medical waste over metal-doping porous biochar toco-harvest jet fuel range hydrocarbons and H，-rich fuelgas［J］. Journal of Analytical and Applied Pyrolysis，2023175（5）：106157-106167.

［49］Dong J，Shen L F，Shan S D，et al. Optimizing magnetic functionalization conditions for efficient preparation of magnetic biochar and adsorption of Pb（Ⅱ）from aqueous solution［J］.Science of the Total Environment，2022806（6）：151442-151453.

［50］Premarathnaks D，Rajapaksha A U，Sarkar B，et al.Biochar-based engineered composites for sorptive decon.tamination of water：A review［J］. Chemical Engineering Journal，2019，372（2）：536-550.

［51］Gao Y R，Fang Z，Lin W H，et al. Large-flake graphenemodified biochar for the removal of bisphenol S fromwater：Rapid oxygen escape mechanism for synthesis andimproved adsorptionperformance［J］.Environmental Pollution，2023，317（7）：120847-120856.

［52］Švábová M，Bicáková O，Vorokhta M. Biochar as an effective material for acetone sorption and the effect of surface area on the mechanism of sorption［J］. Journal of Environmental Management，2023，348（8）：119205-119213.

［53］Panwar N L，Pawar A. Influence of activation conditions on the physicochemical properties of activatedbiochar：A review［J］.Biomass Conversion and Biorefinery2022，12（3）：925-947.

［54］Rawat S，Boobalan T，Sathish M，et al. Utilization of CO，activated litchi seed biochar for the fabrication ofsupercapacitor electrodes［J］. Biomass and Bioenergy2023，171：106747.

第**7**章
农林剩余物制备功能性复合材料

随着全球农林的发展，大量剩余物随之产生，若处理不善，资源浪费与环境恶化问题接踵而至。把这些剩余物制成功能性复合材料，既能解决资源环境困境，又能开拓新的应用领域。对其展开研究，经济与社会效益显著。本章将围绕农林剩余物制备功能性复合材料的技术、应用及前景展开深入探讨。

7.1 能源环保类复合材料

7.1.1 超级电容器电极材料

在当今科技飞速发展的时代，能源存储与转换技术成为了全球关注的焦点。如图 7-1 所示，超级电容器作为一种极具潜力的高效储能器件，因其具有功率密度高、充放电速度快、循环寿命长等显著优势，在电子设备、电动汽车、智能电网等众多领域展现出了巨大的应用潜力，吸引着科研人员不断探索创新。

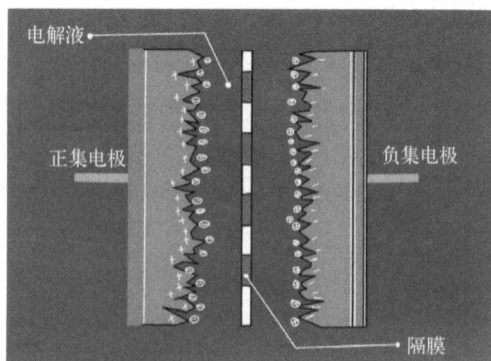

图 7-1 超级电容器示意图

传统的超级电容器电极材料多依赖贵金属和过渡金属氧化物。例如，常见的氧化钌（RuO_2），虽然在电化学性能方面表现优异，具有较高的比电容，但钌作为一种贵金属，资源稀缺且价格昂贵，这使得基于氧化钌的超级电容器电极材料成本居高不下。此外，像二氧化锰（MnO_2）等过渡金属氧化物电极材料，虽然成本相对较低，但其电导率有限，在实际应用中会影响超级电容器的整体性能，如充放电效率和功率密度等。这些问题严重限制了超级电容器的大规模商业化应用，成为了该领域发展的瓶颈。

农林剩余物基超级电容器电极材料的出现，为解决上述难题提供了新的方向。农林剩余物（如稻壳、秸秆）经炭化处理后生成的多孔生物质炭，因其高比表面积和丰富孔隙结构，成为超级电容器电极的理想候选材料。通过将生物质炭与聚苯胺、聚吡咯等导电高分子复合，可构建三维导电网络，显著提升电极材料的导电性和离子传输效率。研究显示，采用KOH活化法制备的分级多孔炭材料，在2A/g电流密度下比电容可达320F/g，循环5000次后容量保持率超过92%，在新能源储能领域展现出广阔应用前景。

福建农林大学范毡仔、赵伟刚等研究人员以杉木树皮这一木材加工剩余物为原料，采用炭化-活化两步法成功制备出具有三维网状结构的多孔炭材料，并将其应用于超级电容器电极材料领域。研究中引入微波水热法实现杂原子掺杂，制备出B、N掺杂的杉木树皮基多孔炭材料，有效提升了炭材料的比电容。同时，为了构建具备高功率密度与能量密度的超级电容器储能装置，研究人员选取杉木加工剩余物杉木木粉为原料，制备出活性炭纤维材料，并深入探究金属氢氧化物/活性炭纤维正极复合材料以及金属硫化物/TiCT正极复合材料。通过精准调控材料的组成、结构以及微观形貌，成功设计并合成了具有高比电容、倍率性能和循环稳定性的正、负极电极材料，进而构建出储能性能优异的非对称型超级电容器。该超级电容器具备快速充放电、高功率密度、长循环寿命以及良好的化学稳定性等诸多优点，被视为生物质基材料最具潜力的高值化应用途径之一。

另外，将食用菌菌糠进行一定的处理，可作为性能良好的电极材料。食用菌菌糠是指玉米芯、玉米面、麸皮、木屑、稻草及多种农作物秸秆等栽培食用菌后的培养基剩余物，如图7-2所示。主要含有粗纤维、抗营养因子和少量的蛋白质等物质。我国的食用菌总产量逐年增长，造成了大量废弃菌糠的产生，这些菌糠除部分被用作畜禽饲料、有机肥料、花土外，大部分按传统的处理方法丢弃或燃烧，不但造成资源浪费，而且导致霉菌和害虫滋生、空气中有害孢子和害虫的数量增加，从而造成环境污染。

图 7-2　食用菌菌糠材料

　　研究人员发现将废弃木耳菌糠多糖置于氮气氛围下，以 900℃的高温炭化，能制成三维烟雾状的生物质炭，所制备的碳材料具有极高的比表面积（2160m²/g）和优异的微孔率（其中微孔表面积占 60%，孔径主要集中在 0.7nm）。利用这种废弃木耳菌糠多糖基生物质炭作为电极材料的超级电容器在三电极系统中比电容可达到 152F/g（5A/g），表明其具有优异的电化学性能。此外，有研究人员发明了一种制备生物质基有序微孔碳材料的方法，如图 7-3 所示。解决了现有利用农林废弃物制备电极材料时，因实验条件严苛导致的孔隙率低下的问题。他们采用成本低廉的农林废弃物秸秆为原料，先微波加热预处理，再与 $FeCl_3$ 催化剂充分混合，随后进行热解，最后在二氧化碳氛围中活化一段时间后清洗得到有序微孔碳材料。该制备方法具有成本低、易于规模化生产的优势，所制备的碳材料拥有比表面积高、碳骨架高度有序、类石墨烯结构等特点，可兼顾高传质和高传导的双重特点，作为超级电容器电极材料表现出优异的电容性能。

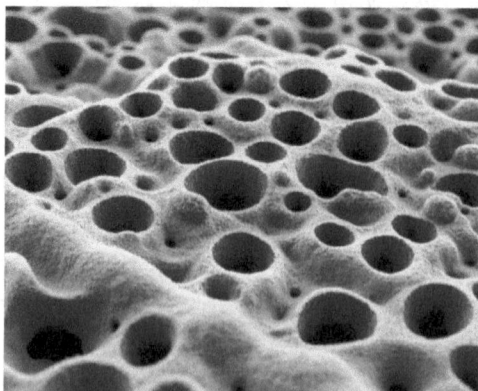

图 7-3　生物质基有序微孔碳材料

农林剩余物基超级电容器电极材料的研究为解决超级电容器电极材料面临的成本高、资源稀缺等问题提供了有效途径。然而，目前该领域仍处于发展阶段，还面临一些挑战。例如，虽然现有研究制备出的材料在实验室条件下表现出了良好的性能，但在大规模生产过程中，如何保证材料性能的一致性和稳定性，以及如何进一步降低生产成本，仍需要深入研究。此外，与传统电极材料相比，农林剩余物基电极材料在长期循环稳定性方面还有一定的提升空间。未来，需要进一步深入研究材料的结构与性能关系，优化制备工艺，加强基础研究与应用研究的结合，推动农林剩余物基超级电容器电极材料的产业化进程，为超级电容器领域的发展注入新的活力，助力新能源产业的蓬勃发展。

7.1.2　生物质基电池隔膜材料

生物质基隔膜（见图 7-4）材料的选择，包括纤维素、微米纤维、纤维素纳米纤维、纤维素衍生物与其他生物质资源。以纤维素纳米晶为基体，通过引入二氧化硅、氧化铝等无机粒子构建复合隔膜，可有效解决锂硫电池中多硫化物的穿梭效应。该材料通过调控纳米晶排列形成垂直孔道结构，使锂离子迁移数提升至0.79。同时热稳定性测试表明，在200℃高温下仍保持完整形貌，显著优于商用聚丙烯隔膜。实验证明，使用该隔膜的锂硫电池在1C倍率下循环200次后容量衰减率降低至0.15%/次。

图 7-4　生物质基隔膜

在现代电池技术领域，电池隔膜作为电池的关键组件之一，其性能优劣对电池的整体表现起着举足轻重的作用。电池隔膜的主要功能是分隔正负极，阻止两极之间的电子直接传导，从而防止电池短路。与此同时，它需要具备良好的离子导通性，允许锂离子等带电离子自由通过，以保证电池能够正常地进行充放电化学反应。随着电子设备向小型化、高性能化发展，以及电动汽车行业对长续航、高安全性电池的迫切需求，对电池隔膜材料的性能要求也日益严苛。传统的电池隔膜材料，如聚乙烯（PE）和聚丙烯（PP），在过去的很长时间里被广泛应用。它们具有一定的机械强度和化学稳定性，能够满足部分电池的基本使用要求。然而，随着技术的不断进步，这些传统材料的局限性也逐渐凸显出来。

① PE 和 PP 隔膜的润湿性较差　这意味着电解液难以充分浸润隔膜，导致离子在隔膜中的传输效率较低，进而影响电池的充放电性能。例如，在高倍率充放电过程中，由于离子传输速度受限，电池的功率性能会明显下降。

② 热稳定性较低　在高温环境下，隔膜容易发生收缩、变形甚至熔化，这不仅会影响电池的正常运行，还可能引发安全隐患。以电动汽车为例，在长时间高速行驶或快充过程中，电池会产生大量热量，如果隔膜热稳定性不足，就有可能导致电池内部短路，引发火灾等严重事故。

③ 传统隔膜在安全性方面存在不足　如对锂枝晶的抑制能力较弱，锂枝晶的生长可能会刺穿隔膜，造成电池短路，降低电池的使用寿命和安全性。

生物质基电池隔膜材料因其独特的优势，逐渐成为当前电池材料领域的研究热点。生物质材料通常具有丰富的孔结构，这些孔隙大小不一、分布多样，为离子的传输提供了便捷的通道。例如，植物纤维中存在着大量的微孔和介孔，这些孔隙相互连通，形成了一个复杂的网络结构，使得锂离子能够在其中快速扩散。而且，生物质材料分子表面含有丰富的极性官能团，如纤维素、甲壳素和壳聚糖，见图 7-5。这些极性官能团能够与电解液中的锂离子发生相互作用，增强电解液与隔膜的亲和性，从而提高离子通量，实现锂离子的高效电化学沉积。天然生物材料衍生的纳米碳材料在电池隔膜领域展现出了巨大的应用潜力。这类材料具有丰富多孔结构，比表面积大，能够为离子提供更多的传输路径，同时还具备高导电性能，有助于提高电池的整体导电性。

此外，生物质基电池隔膜材料结构多样化的特点使其可以根据不同的电池需求进行定制化设计。例如，通过控制纳米碳材料的制备工艺，可以调控其孔隙结构和表面官能团，以满足不同电池体系对隔膜材料的性能要求。从力学性能角度来看，天然聚合物的高机械模量能够有效地抑制锂枝晶的生长，见图 7-6。锂枝晶在电池充放电过程中会逐渐生长，如果不能得到有效抑制，就会刺穿隔膜，导致电池短路。而高机械模量的聚合物膜可以像坚固的屏障一样，阻挡锂枝晶的生长，提高电池的安全性和稳定性。

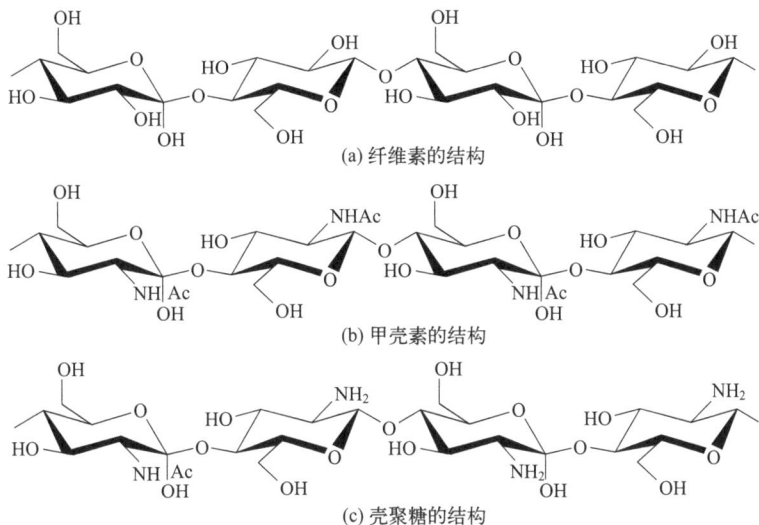

(a) 纤维素的结构

(b) 甲壳素的结构

(c) 壳聚糖的结构

图 7-5 常见生物质材料分子结构构示意图

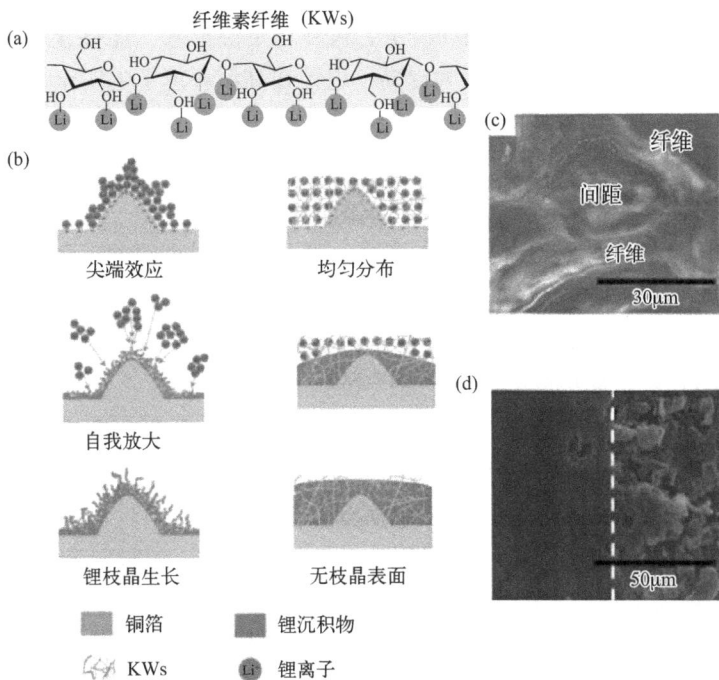

图 7-6 生物质材料的人工界面保护层调控锂离子沉积

（a）KWs 界面层调控锂离子均匀沉积示意图；（b）基于 KWs 保护锂金属电池与未保护电池
的锂枝晶生长行为对比；（c）基于 KWs 界面层的锂金属电池的锂沉积形貌图；
（d）基于 KWs 保护锂金属电池与未保护电池的负极表面预沉积锂枝晶形貌图

从化学角度分析，聚合物骨架中丰富的极性官能团能够对锂离子的沉积行为进行调控。这些极性官能团可以与锂离子发生特异性吸附，引导锂离子均匀地沉积在电极表面，避免出现局部锂离子浓度过高的情况，从而减少锂枝晶的形成，提高电池的充放电效率和循环寿命。安徽利科新材料科技有限公司申请的"一种生物基隔膜浆料、锂电池隔膜及其锂电池"专利，展示了生物质基电池隔膜材料在实际应用中的创新成果。该生物基隔膜浆料使用带有生物基官能团呋喃环结构的生物基高耐热纳米颗粒，呋喃环结构具有共轭 π 电子体系，这种特殊的结构使得纳米颗粒能够与电池中的电解液产生较好的亲和性，从而提高电解液在隔膜中的浸润性和离子传输效率。同时，选用高比表类型且具有较佳吸液保液能力的纳米无机颗粒与生物基高耐热纳米颗粒相互均匀混合，形成致密涂层。生物基耐热纳米颗粒能够很好地填充无机颗粒之间的缝隙，进一步优化隔膜的微观结构，提高其阻隔性能。此外，该专利还选用玻璃化转变温度较高的黏结剂，这种黏结剂在保证隔膜结构稳定性的同时，与生物基高耐热纳米颗粒和纳米无机颗粒共同形成了较佳的耐热结构层。在制备过程中，匹配合浆涂覆工艺，并且通过交联剂的作用，使涂层具有更佳的强度，从而使隔膜具有更高的耐热性。实验数据表明，该生物质基隔膜在150℃的高温环境下，尺寸稳定性良好，能够有效避免因高温导致的隔膜收缩和变形问题，大大提高了电池在高温环境下的安全性和可靠性。

尽管生物质基电池隔膜材料已经取得了一定的研究进展，但目前仍面临一些挑战。

① 在制备工艺方面，虽然已经开发出了多种制备方法，但部分工艺还不够成熟，难以实现大规模工业化生产。例如，一些制备过程需要复杂的设备和严格的条件控制，导致生产成本较高，限制了其商业化应用。

② 在性能优化方面，虽然生物质基隔膜在润湿性和离子通量等方面表现出了优势，但在机械强度和长期稳定性方面仍有待进一步提高。特别是在高能量密度电池的应用场景下，对隔膜的综合性能要求更加苛刻，需要在保证离子传输效率的同时，提高隔膜的机械强度，以承受电池充放电过程中产生的应力变化。此外，不同生物质原料的质量差异较大，这也给材料性能的一致性控制带来了困难。

未来，针对生物质基电池隔膜材料的研究需要从多个方面深入开展。在材料设计方面，进一步深入研究生物质材料的结构与性能关系，通过分子设计和材料改性等手段，有针对性地优化隔膜材料的性能。

7.1.3 光热转换功能材料

光热转换材料是一种新型能源利用材料，可将光能高效转换为热能。但是，常见的光热转换材料普遍存在价格昂贵、潜在生物毒性、易光降解等问题。农林剩余物作为一种丰富的可再生资源，通过特定的处理方法也能够制备出具有优异光热转换功能的复合材料。这不仅为农林剩余物的资源化利用开辟了新途径，还为光热转换材料的发展提供了新的原料来源。农林剩余物中含有大量的纤维素、木质素等有机成分，这些成分经过一系列化学转化和物理加工过程，可以制备出具有特殊结构和性能的碳纳米材料，从而实现光热转换功能。木质素的分子骨架含有众多芳香环，可形成分子内的 π-π 共轭，光热转换潜力优异，但少有科研工作者关注到这一特性。因此，系统研究木质素的光热转换功能，开发绿色生物质基光热转换材。对实现木质素的高值化利用和光热转换材料的绿色可持续发展具有重要意义。木质素的分子结构中含有较多的芳香结构单元，且羟基等活性官能团含量丰富，可以形成有效的分子内 π-π 共轭效应，是极具潜力的绿色光热转换材料。现阶段研究人员对光热转化材料的研究取得了一定的进展，例如，Karimi 等将一定浓度的 RGO 涂在杨木上，杨木负载 RGO 提高了光吸收率，并且作为基材的木材拥有强大毛细管力，所以光热转换效率可以达到92.64％。碳纳米管有着较高的热导率，会极大地改善复合材料的热导率。Yang等构建了由碳纳米管和甘蔗组成的光热材料，可以实现94％的转换效率。聚吡咯（PPy）和聚多巴胺（PDA）共轭聚合物材料的强 π 电子定位导致其出色的光吸收和优异的光热转换性能。且这些材料还具有很强的黏合性和高稳定性，可很好地与基板材料复合。Zhang 等以柚子皮为基材，通过氧化聚合 PPy 对其进行功能化，然后冷冻干燥得到光热转换材料，见图 7-7。此外，利用木质素分子中的共轭结构，通过化学接枝碳纳米管构建光热涂层，可实现 90% 以上的太阳光吸收率。在海水淡化应用中，该材料通过调控表面润湿性形成梯度蒸发界面，使蒸发速率达到 2.1kg/（$m^2 \cdot h$），较传统材料提升 40%。某沿海地区中试项目数据显示，采用该技术的太阳能驱动蒸发装置每日可产出淡水 8.5L/m^2，同时可同步吸附污水中 90% 以上的有机污染物。

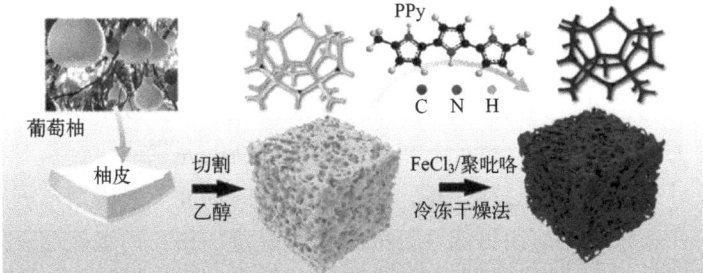

图 7-7　与共轭聚合物复合的光热材料制备过程

光热转换的原理基于材料对光能的吸收和转化。当光照射到材料表面时，材料中的电子会吸收光子的能量，从而从基态跃迁到激发态。处于激发态的电子是不稳定的，它们会在极短的时间内衰减回基态，在这个过程中，电子将吸收的光能以热能的形式释放出来，进而实现光能到热能的转化。常见的光热转换材料种类繁多，包括碳基材料、金属基纳米粒子、无机半导体材料等。这些材料各自具有独特的光吸收特性和光热转换性能。木基的碳材料由 sp^2 和 sp^3 杂化碳原子共同形成的网络结构组成，其中 sp^2 杂化碳原子的网状结构表面存在着高密度的离域 π 电子，能够产生独特的光学和光谱特性。它们能够吸收全光谱的太阳光并通过晶格振动将太阳能转化为热能。木材可以通过高温炭化、水热炭化等方法转变为炭材料。木材中的木质素在炭化过程中主要进行热解和石墨化两种反应，石墨化程度的提高有利于增强碳材料的光热转换性能。根据所选择的炭化方法不同，取得的效果也有所差别。

尽管农林剩余物制备的光热转换功能材料取得了显著的研究成果，但目前仍面临一些挑战。在材料制备方面，现有的制备工艺往往较为复杂，对设备和操作条件要求较高，这限制了材料的大规模生产和应用。同时，制备过程中的原料成本和能耗也是需要考虑的问题，如何在保证材料性能的前提下，降低制备成本和能耗，是未来研究的重要方向之一。在材料性能方面，虽然目前的材料在光热转换效率和储能性能等方面表现出了一定的优势，但与实际应用需求相比，仍有提升的空间。例如，在提高材料的长期稳定性和耐候性方面，还需要进一步地研究和改进。此外，不同应用场景对材料的性能要求差异较大，如何根据具体应用需求对材料进行定制化设计和优化，也是当前面临的挑战之一。

为了推动农林剩余物基光热转换功能材料的发展，未来的研究可以从以下几个方面展开。在材料制备工艺优化方面，研究人员需要进一步探索更加简单、高效、绿色的制备方法，降低生产成本和能耗，实现材料的大规模工业化生产。例如，可以研究新型的化学反应路径和物理加工技术，简化制备流程，提高生产效率。同时，加强对制备过程中工艺参数的精确控制和优化，以确保材料性能的一致性和稳定性。在材料性能提升方面，深入研究材料的结构与性能关系，通过对材料的微观结构进行调控和优化，进一步提高光热转换效率、储能性能以及长期稳定性等关键性能指标。例如，可以通过引入新的元素或化合物对材料进行改性，或者设计更加合理的材料结构，以增强材料的性能。在应用拓展方面，积极探索该材料在新领域的应用可能性，如在农业温室加热、污水处理、航空航天热管理等领域的应用，进一步挖掘材料的潜在价值。此外，加强产学研合作，促进科研成果的快速转化和应用，也是推动该领域发展的重要途径。科研机构、高校和企业应紧密合作，共同攻克技术难题，实现农林剩余物基光热转换功能材料的产业化发展，为解决能源和环境问题做出更大的贡献。

7.2 吸附与过滤功能材料

7.2.1 重金属吸附材料

纸基材料是典型的具有良好可加工性的柔性二维材料，其内部纤维交错排列，形成复杂的孔隙结构，是理想的空气过滤材料基材。纤维素作为植物纤维主要组分，是一种广泛存在于自然界的绿色可再生资源；纤维素纸基材料以纤维素纤维为主要原料，具有制备方便、稳定性强、绿色可降解等优势，以其取代石油基合成高分子聚合物制备空气过滤材料具有较大的发展潜力。碳纳米管（CNT）作为一种新型碳纳米材料，具有独特的中空管状结构、高比表面积及优异的导电性、导热性，能够赋予空气过滤材料更强的吸附性能，且可形成良好的电子传输网络。纤维素纤维作为纸基空气过滤材料的骨架，可为 CNT 结构稳定的微孔网络，纤维素纤维分丝帚化延伸出的纤维素纳米纤丝也有利于 CNT 和纤维素纤维的缠结。此外，同步冷冻干燥的成形方式可为空气过滤材料提供更多孔隙结构，使其在具有更强过滤性能的同时具有更低的压降。

以秸秆为原料制备的纤维素气凝胶，如图 7-8。经氨基化改性后对 Pb^{2+}、Cd^{2+} 等重金属离子的吸附容量可达 450mg/g。研究发现，材料中引入的巯基官能团与金属离子形成稳定螯合物，结合气凝胶的三维网络结构，可在 10min 内完成 80% 的吸附过程。在湖南某铅锌矿污染土壤修复工程中，该材料使土壤中铅含量从 850mg/kg 降至 150mg/kg 以下，修复成本较传统技术降低 60%。

图 7-8　纤维素气凝胶示意图

在全球工业化进程加速推进的当下，重金属污染已演变成一个严峻且亟待解决的环境问题，对生态系统的平衡以及人类的健康构成了极为严重的威胁。常见的重金属污染物，如铅（Pb）、汞（Hg）、镉（Cd）、铬（Cr）等，具备诸多危害特性。它们毒性极大，即使在环境中以极低浓度存在，也可能对生物体产生显著的不良影响。而且，这些重金属难以通过自然过程降解，会在环境中长期残留，不断积累。同时，它们具有很强的生物富集性，容易在生物体内逐渐累积，随着食物链的传递，其浓度会逐级放大，最终对处于食物链顶端的人类健康造成严重损害。

当重金属进入水体和土壤后，会引发一系列连锁反应。在水体中，它们会破坏水生生物的生理功能，影响其生长、繁殖和生存。例如，汞会损害鱼类的神经系统，导致其行为异常，甚至死亡；镉会影响水生植物对营养物质的吸收，阻碍其正常生长。在土壤中，重金属会改变土壤的理化性质，降低土壤肥力，影响农作物的生长发育，导致农作物减产甚至绝收。更为严重的是，人类通过饮水、食用受污染的食物等途径摄入重金属，会引发各种严重疾病。铅会损害人体的神经系统，影响儿童的智力发育，导致学习障碍、行为异常等问题；汞会对肾脏和免疫系统造成损害，降低人体的抵抗力；镉长期积累在人体内，会引发肾功能衰竭，增加患癌症的风险；铬的某些化合物具有致癌性，长期接触可能导致肺癌等恶性肿瘤。

传统的重金属处理方法，如化学沉淀法和离子交换法，在实际应用中暴露出诸多问题。化学沉淀法是向含重金属的废水中加入沉淀剂，使重金属离子生成难溶性的沉淀物，从而从废水中分离出来。然而，这种方法需要消耗大量的化学试剂，成本较高。而且，在沉淀过程中，可能会产生大量的污泥，这些污泥若处理不当，会造成二次污染。离子交换法是利用离子交换树脂与重金属离子进行交换反应，将重金属离子吸附在树脂上，从而达到去除的目的。虽然该方法具有一定的选择性和较高的去除效率，但离子交换树脂价格昂贵，再生过程复杂，且再生后的废液也需要妥善处理，否则同样会造成环境污染。因此，开发高效、低成本、环境友好的重金属吸附材料迫在眉睫。

农林剩余物所制备的重金属吸附材料，以其独特的优势，有望成为解决重金属污染问题的新途径。农林生产过程会产生大量剩余物，富含纤维素、半纤维素和木质素等成分，这些成分的分子结构中有丰富的活性基团，如羟基（—OH）、羧基（—COOH）、氨基（—NH$_2$）等，化学活性强，能够与重金属离子产生离子交换、络合等化学反应，高效吸附重金属离子。研究表明，对农林剩余物进行简单的预处理，就可以显著提高其对重金属的吸附性能。例如，南昌大学的徐升等以天然苎麻麻骨为原料，深入探索吸附重金属 Cu^{2+} 和 Cd^{2+} 全过程的影响因素和吸附行为，并通过动态和静态试验分别对吸附过程进行模型拟合。发现将苎麻麻骨加工成水分散苎麻麻骨饼（WDRSC），可提高苎麻麻骨对重金属的吸附量，试验中所制 WDRSC 的配方为（质量比）：润湿剂（13%）＋黏结剂（2%）＋崩解剂（10%）＋苎麻麻骨（75%）。该产品入水后可迅速被水润湿并自动分散成悬浮液，在较短的时间内使麻骨与重金属废水充分接触并混合。对 Cu^{2+} 和 Cd^{2+} 的去除率分别提高了 11% 和 4%。中国林业科学研究院林产化学工业研究所的研究人员以农林废弃物竹屑为原料，开展了更为深入的研究。他们采用磷酸活化法制备竹基活性炭，其中，磷酸在活化过程中发挥了重要作用。在高温条件下，磷酸与竹屑发生化学反应，促使竹屑内部形成丰富的孔隙结构，增加了材料的比表面积，为重金属离子提供了更多的吸附位点。

此外，对制备的竹基活性炭进行表面改性，通过化学方法引入氨基、羧基等官能团。可以进一步增强活性炭对重金属离子的吸附能力。实验数据充分证明了改性竹基活性炭的优异性能。对镉离子（Cd^{2+}）的吸附容量高达 120.5mg/g，对铅离子（Pb^{2+}）的吸附容量为 105.3mg/g，与未改性的活性炭相比，吸附效果有了显著提升。在实际应用场景中，研究人员将该改性竹基活性炭添加到受重金属污染的水体中，并进行搅拌，使活性炭与水体充分接触。经过一定时间的吸附反应后，检测水体中的镉离子和铅离子浓度，结果发现，水体中的镉离子和铅离子浓度明显降低，达到了国家规定的排放标准。这一成果为受重金属污染水体的治理提供了切实可行的解决方案，展示了农林剩余物基重金属吸附材料在实际应用中的巨大潜力。

然而，目前农林剩余物基重金属吸附材料在实际应用中仍面临一些挑战。首先，虽然这些吸附材料对重金属离子具有一定的吸附能力，但在复杂的实际环境中，存在多种干扰离子，可能会影响其对目标重金属离子的吸附选择性和吸附容量。例如，在含有多种重金属离子和其他杂质离子的工业废水中，吸附材料可能会优先吸附部分干扰离子，从而降低对目标重金属离子的吸附效果。其次，吸附材料的再生和重复使用性能有待提高。在实际应用中，吸附材料吸附饱和后，需要进行再生处理，以便重复使用，降低成本。但目前的再生方法往往存在效率低、能耗高、对吸附材料结构造成破坏等问题，影响了吸附材料的重复使用性能。此外，大规模生产高质量的农林剩余物基重金属吸附材料还面临技术和成本方面的挑战，需要进一步优化生产工艺，提高生产效率，降低生产成本。

针对以上问题，未来的研究可以从以下几个方面展开。在提高吸附选择性方面，可以深入研究吸附材料的表面化学性质和微观结构，通过表面修饰、接枝特定官能团等方法，增强吸附材料对目标重金属离子的特异性吸附能力。例如，利用分子印迹技术，制备对特定重金属离子具有高度选择性的吸附材料。在吸附材料的再生和重复使用方面，探索新的再生方法和技术，如采用温和的物理或化学再生方法，减少对吸附材料结构的破坏，提高再生效率和重复使用次数。同时，研究吸附材料在多次循环使用过程中的性能变化规律，为实际应用提供更可靠的技术支持。在大规模生产方面，加强对制备工艺的优化和创新，研发高效、低成本的生产技术，实现吸附材料的规模化生产。此外，还可以开展吸附材料与其他处理技术的联合应用研究，如将吸附技术与生物处理技术、膜分离技术等相结合，进一步提高重金属污染治理的效果和效率。通过以上研究的深入开展，有望进一步推动农林剩余物基重金属吸附材料的发展和应用，为解决重金属污染问题提供更有效的技术手段。

7.2.2 VOCs 吸附功能材料

在当今工业化和城市化快速发展的时代，挥发性有机化合物（VOCs）已成为一类不容忽视的大气污染物。VOCs 来源广泛，涵盖了工业生产、交通运输、建筑装修以及日常生活等多个领域。在工业废气方面，化工、涂装、印刷、电子制造等行业的生产过程中会大量排放 VOCs。例如，化工企业在化学反应、物料储存与输送环节，会释放出苯、甲苯、二甲苯等芳香烃类 VOCs。在涂装作业时，涂料中的有机溶剂挥发会产生大量的挥发性有机气体。此外，汽车尾气也是VOCs 的重要来源之一，发动机在燃烧过程中，未完全燃烧的燃料和润滑油会挥发产生多种 VOCs，如烯烃、烷烃等。此外，室内装修材料，像油漆、胶黏剂、板材、家具等，在使用过程中也会不断释放 VOCs，成为室内空气污染的主要源头，严重影响人们的生活质量和身体健康。

VOCs 对大气环境和人体健康均产生诸多负面影响。在大气环境方面，VOCs 是形成光化学烟雾的关键前体物。当 VOCs 与氮氧化物在阳光照射下发生一系列复杂的光化学反应时，会产生臭氧、过氧乙酰硝酸酯（PAN）等二次污染物，这些物质会导致大气能见度降低，形成烟雾状的污染现象，不仅影响城市景观，还会对生态系统造成严重破坏，危害植物生长，降低农作物产量。同时，VOCs 还参与酸雨的形成过程，其在大气中经过复杂的氧化反应后会生成酸性物质，随降水落到地面，对土壤、水体和建筑物等造成腐蚀损害。对人体健康而言，VOCs 具有刺激性和毒性。当人们暴露在含有 VOCs 的环境中时，短时间内可能会出现眼睛刺痛、喉咙发痒、咳嗽、气喘等呼吸道刺激症状，还可能引发头痛、头晕、恶心、呕吐等神经系统不适症状。长期接触高浓度的 VOCs，则会对人体的多个器官和系统造成慢性损害。例如，苯被国际癌症研究机构确认为致癌物质，长期接触苯会增加患白血病和其他血液系统疾病的风险；甲醛不仅具有刺激性气味，还可能导致呼吸道炎症、过敏反应，甚至引发鼻咽癌等恶性肿瘤。

常见的 VOC 吸附材料包括活性炭、分子筛、硅胶等，如图 7-9 所示。活性炭具有发达的孔隙结构和巨大的比表面积，能够通过物理吸附作用有效地吸附 VOCs，其吸附性能受孔隙结构、表面化学性质以及 VOCs 分子特性等多种因素影响。分子筛则是一类具有均匀微孔结构的晶体材料，凭借其特殊的孔径和孔道结构，对不同分子大小和形状的 VOCs 具有良好的筛分和吸附选择性。硅胶是一种多孔性的无机高分子材料，表面含有大量的硅羟基，具有较强的亲水性，在吸附极性 VOCs 方面表现出一定的优势。然而，这些传统吸附材料在实际应用中也面临一些挑战，如活性炭的吸附容量有限，且在高温、高湿度环境下吸附性能会下降；分子筛的制备成本较高，且再生过程较为复杂；硅胶对非极性 VOCs 的吸附效果相对较差。

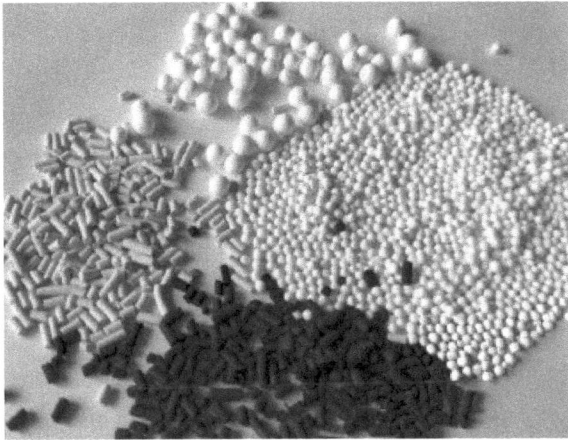

图 7-9 常见的 VOCs 吸附材料

农林剩余物制备的吸附材料在 VOCs 吸附领域具有良好的应用前景。其含有的纤维素、半纤维素和木质素等有机成分在经过热解、活化等处理后，能够制备出具有高比表面积和丰富孔隙结构的吸附材料，为 VOCs 的吸附提供了充足的吸附位点。我国北方文冠果资源丰富，主要用于制备生物柴油，但其加工剩余物（文冠果壳和制油剩余物）却未被充分利用。有研究以这两种剩余物为原料，以氯化锌溶液为活化剂，在氮气保护下制备活性炭，并探究其对室内 VOCs 气体的吸附能力。该研究考察了氯化锌浓度、浸渍比、炭化温度、炭化时间、活化温度及活化时间等工艺条件对亚甲基蓝和碘吸附性能的影响，确定了文冠果壳活性炭和文冠果制油剩余物活性炭的最佳工艺参数。其中，文冠果壳活性炭的最佳制备工艺条件为：氯化锌浓度 60%、浸渍比 2：1、炭化温度 250℃、炭化时间 3h、活化温度 600℃、活化时间 60min。研究还发现，文冠果壳活性炭对 VOCs

的吸附量随吸附温度升高而降低；其对甲醛、苯、甲苯、二甲苯和氨气的最大吸附量分别为366mg/g、1744mg/g、1964mg/g、1878mg/g 和 134.725mg/g。这表明处理后的文冠果壳是有效的 VOC 吸附材料，能有效去除室内和工业废气中的VOCs。

尽管农林剩余物基 VOC 吸附材料取得了一定的研究成果，但目前仍面临一些问题。

① 在吸附性能方面，虽然这些材料对部分 VOCs 具有较好的吸附效果，但与传统高性能吸附材料相比，在吸附容量、吸附速率和吸附选择性等综合性能上仍存在一定差距。特别是对于一些复杂的混合 VOCs 气体，其吸附效果有待进一步提高。

② 在材料的稳定性和再生性能方面，农林剩余物基吸附材料在多次吸附-解吸循环后，可能会出现吸附性能下降的现象，这主要是由于在再生过程中，材料的孔隙结构可能受到破坏，表面活性位点减少。

③ 目前该类材料的大规模生产技术还不够成熟，制备工艺的优化和控制难度较大，导致产品质量稳定性较差，难以满足工业化应用的需求。

针对上述问题，未来的研究可以从以下几个方面深入开展。

① 在吸附性能提升方面，进一步研究农林剩余物的结构与吸附性能之间的关系，通过优化热解、活化等制备工艺参数，精确调控材料的孔隙结构和表面化学性质，提高其对不同 VOCs 的吸附容量、吸附速率和吸附选择性。例如，研究不同活化剂种类、活化温度和时间对材料吸附性能的影响规律，开发出针对特定 VOCs 的高性能吸附材料。同时，可以采用表面改性技术，如负载金属或金属氧化物、接枝有机官能团等方法，对农林剩余物基吸附材料进行改性，增强其与VOCs 分子之间的相互作用，从而提高吸附性能。

② 在材料稳定性和再生性能研究方面，探索更加温和、高效的再生方法，减少再生过程对材料结构和性能的破坏。例如，研究微波再生、超声波辅助再生等新型再生技术，考察其对农林剩余物基吸附材料再生效果和结构稳定性的影响。同时，通过对材料进行结构优化和表面修饰，提高其在多次吸附-解吸循环过程中的稳定性，延长材料的使用寿命。

③ 在大规模生产技术研发方面，加强对制备工艺的放大研究，解决工业化生产过程中的关键技术问题，如原料的预处理、反应设备的选型与放大、生产过程的自动化控制等。建立标准化的生产流程和质量控制体系，确保产品质量的稳定性和一致性。此外，开展与其他环保技术的联合应用研究，将农林剩余物基VOCs 吸附材料与催化氧化、生物降解等技术相结合，形成更加高效的 VOCs 综合治理技术体系，为解决大气中 VOCs 污染问题提供更全面、更有效的解决方

案。通过以上多方面的深入研究，有望进一步推动农林剩余物基 VOCs 吸附材料的发展和应用，为改善大气环境质量做出更大的贡献。

7.2.3　油水分离复合材料

随着全球工业化进程的加速推进，含油废水的排放量呈现出日益增长的趋势，这对生态环境造成了极为严重的污染。海上原油泄漏、石化工业废水、机械加工废水等各类含油废水来源广泛，且这些废水中通常含有大量的油类物质。当这些油类物质进入水体后，会在水面迅速形成一层致密的油膜。这层油膜犹如一道屏障，严重阻碍了大气中的氧气向水体中溶解，导致水体缺氧现象加剧。而水体缺氧会对水生生物的生存构成巨大威胁，许多鱼类、贝类等水生生物因无法获得足够的氧气而窒息死亡，破坏了水生生态系统的平衡。此外，油类物质还可能会附着在水生植物表面，影响其光合作用和呼吸作用，进而阻碍水生植物的正常生长和繁殖。

传统的油水分离方法，如重力分离法、气浮法、过滤法等。在实际应用中存在诸多局限性。重力分离法主要是利用油和水的密度差异，使油滴在重力作用下上浮至水面，从而实现油水分离。然而，这种方法对于粒径较小的油滴分离效果不佳，分离效率较低，而且所需的设备体积庞大，占地面积大，分离时间长。气浮法是通过向废水中通入空气，使油滴附着在气泡上并随之上浮至水面实现分离。但该方法需要消耗大量的能源来产生气泡，并且对设备的要求较高，操作复杂，运行成本高昂。过滤法虽然能够有效去除较大粒径的油滴，但对于乳化油和溶解油的去除效果较差，容易造成滤膜堵塞，需要频繁更换滤膜，增加了处理成本和维护工作量。因此，开发高效、经济、环保的油水分离材料成为解决含油废水污染问题的关键所在。

具有特殊润湿性的农林剩余物基油水分离复合材料应运而生，为解决油水分离难题提供了新的思路和方法。这类复合材料是通过对农林剩余物进行表面改性，使其具备超亲油疏水或超亲水疏油的特性，从而实现对油水混合物的高效分离。

全球经济的快速发展促使石油能源需求量大幅增长，海上石油运输活动频繁，时常发生石油泄漏事故。面对日益严重的油污染危机，设计具有特殊润湿性的材料，选择性过滤或吸收混合物中的油或水是实现油水分离的一种有效且简便的方法。但目前对超疏水油水分离材料的研究多使用不可再生的石油基资源，生产成本高，难以降解，废弃后容易造成二次污染，不符合我国绿色化学及社会主义经济建设可持续发展的理念。因此，开发以可降解的生物质资源为原料的超疏水油水分离材料，对我国环境治理、水资源净化等方面具有重要的意义。

腰果酚是由农林剩余物腰果壳衍生的天然酚类化合物，是常用的生物质资源之一。南京林业大学的雷文等研究人员根据腰果酚独特的分子结构，设计并合成具有低表面能的腰果酚基苯并以腰果酚、多聚甲醛及 γ-氨基丙基三乙氧基硅烷（APTES）为原料，通过曼尼希缩合反应合成了腰果酚基苯并噁嗪（C-aps）单体。并以其作为低表面能树脂，在棉织物表面构筑超疏水涂层。这种超疏水棉织物具有优异的机械和环境稳定性，可作为过滤膜实现油水混合物和油水乳液的高效分离。此外，他们还采用"一锅法"超声辅助原位生长技术成功制备了超疏水棉织物（PC-aps/TEOS/CF）。实验表明，该材料具有优异的机械稳定性、环境稳定性、超疏水性，且对强酸、强碱和水滴冲击具有高稳定性。油水分离结果表明，PC-aps/TEOS/CF 可高效快速地分离多种重油或轻油／水混合物，具有良好的通量和分离效率，并可循环重复使用。

另外，有研究利用纤维素纳米纤维和纳米二氧化硅制备了一种超亲水疏油的复合膜。纤维素纳米纤维具有良好的亲水性和较高的机械强度，而纳米二氧化硅则具有较大的比表面积和优异的化学稳定性。在制备过程中，将纤维素纳米纤维和纳米二氧化硅通过特定的工艺进行复合，使两者的优势得以结合。该复合膜对水包油乳液的分离效率高达 99% 以上，这得益于其独特的微观结构和表面性质。超亲水的表面能够使水迅速润湿膜表面，并在膜孔内形成连续的水相通道，而油滴则被排斥在膜表面之外，无法通过膜孔，从而实现了水和油的高效分离。这种复合膜在处理含有大量乳化油的废水时表现出了卓越的性能，能够有效地去除废水中的油类物质，使处理后的水质达到排放标准。

还有研究将木质素与聚氨酯复合，制备出了超亲油疏水的海绵材料。木质素是一种天然的高分子聚合物，具有丰富的芳香结构和活性基团，而聚氨酯则具有良好的弹性和耐化学腐蚀性。通过将木质素与聚氨酯进行复合，制备出的海绵材料具有独特的三维多孔结构和超亲油疏水的表面性质。该材料能够快速吸附水中的油类物质，吸附量可达自身重量的多倍以上。这是因为其超亲油的表面能够迅速吸附油滴，而疏水的特性则阻止了水的吸附，使得油滴能够在海绵材料的孔隙中快速扩散和储存。在实际应用中，将这种海绵材料放置在含油废水表面，它能够迅速吸附水面上的油污，实现油水的快速分离。而且，该材料具有良好的重复使用性，经过简单的挤压或清洗处理后，就可以恢复其吸附性能，可多次用于油水分离过程，大大降低了使用成本。

尽管农林剩余物基油水分离复合材料在研究和应用方面取得了一定的成果，但目前仍面临一些挑战。

① 在材料的稳定性方面，部分复合材料在长期接触含油废水或在复杂的环

境条件下，其特殊的润湿性可能会发生变化，导致分离性能下降。例如，一些超亲油疏水材料在长时间接触高浓度的酸性或碱性含油废水时，表面的化学结构可能会受到破坏，从而影响其对油类物质的吸附和分离能力。

② 在大规模生产方面，现有的制备工艺往往较为复杂，对设备和操作条件要求较高，这限制了材料的大规模工业化生产。而且，制备过程中的原料成本和能耗也是需要考虑的问题，如何在保证材料性能的前提下，降低生产成本和能耗，是实现大规模应用的关键。

③ 对于不同类型的含油废水，由于其油类成分、浓度、pH 值等性质差异较大，现有的复合材料可能无法满足所有含油废水的分离需求，需要进一步开发具有广泛适用性的材料。

为了推动农林剩余物基油水分离复合材料的发展和应用，未来的研究可以从以下几个方面展开。在材料稳定性研究方面，深入探究材料在不同环境条件下的稳定性机制，通过优化材料的化学结构和表面改性方法，提高其抗腐蚀、抗氧化等性能，确保材料在长期使用过程中保持稳定的分离性能。例如，研究在材料表面引入特殊的防护涂层或对材料进行交联处理，增强材料的结构稳定性。在大规模生产工艺优化方面，研发更加简单、高效、低成本的制备技术，降低对设备和操作条件的要求，提高生产效率。同时，探索利用更加廉价的原料和绿色环保的生产工艺，减少生产成本和环境污染。例如，研究采用生物合成方法或物理加工技术制备油水分离复合材料，避免使用大量的化学试剂。在材料性能优化和拓展应用方面，针对不同类型的含油废水，开展材料的定制化设计研究。通过调整材料的组成、结构和表面性质，开发出具有广泛适用性的油水分离复合材料。此外，加强与其他相关技术的结合，如将油水分离技术与油水乳液破乳技术、油类物质回收利用技术等相结合，形成一套完整的含油废水处理技术体系，提高含油废水的处理效果和资源利用率。通过以上多方面的深入研究和技术创新，有望进一步提升农林剩余物基油水分离复合材料的性能和应用价值，为解决含油废水污染问题提供更加有效的技术手段。

7.3　生物医用功能材料

7.3.1　创面修复材料

合适的创面修复材料是促进创面修复的基础，应具有良好的可降解性，能够逐步被自体组织所替代，见图 7-10。同时，还要求材料具有抗感染、促愈合等功能，并且应易于生产和加工。基于这些要求，天然生物材料因其高生物相容性、可降解性和生物活性等优势已成为创面修复领域的热门材料。

图 7-10　创面修复材料

在临床医学领域，创面修复是关乎患者康复质量与生活质量的关键环节，尤其对于烧伤、创伤以及糖尿病溃疡等患者而言，有效的创面修复至关重要。烧伤患者往往因皮肤组织遭受高温损伤，导致大面积皮肤缺失，不仅承受着剧烈的疼痛，还面临感染、体液流失等严重并发症的威胁。创伤患者，如因意外事故、手术等造成的伤口，若不能及时、恰当修复，可能引发伤口愈合延迟、瘢痕增生，甚至影响肢体功能。糖尿病溃疡患者由于自身血糖代谢异常，创面愈合能力极差，且极易感染，严重时可能导致截肢，给患者带来巨大的身心痛苦和经济负担。传统的创面修复材料，如纱布，在临床应用中历史悠久。然而，随着医学技术的发展和对创面修复要求的提高，其弊端逐渐显现。纱布的材质特性决定了它容易与创面黏连，在更换敷料时，常常会撕裂新生的组织，给患者带来额外的痛苦，同时也可能延缓创面愈合进程。而且，纱布的透气性较差，不利于创面的气体交换，会在一定程度上影响创面的微环境，抑制细胞的正常代谢和增殖。此外，纱布本身不具备明显的抗感染能力，难以有效抵御外界细菌的入侵，增加了创面感染的风险。在现代医学追求高效、低痛苦、美观的创面修复需求下，传统纱布已难以满足临床实际应用的要求。

农林剩余物基创面修复材料凭借其独特的优势，为创面修复领域注入了新的活力。农林生产过程中产生的大量剩余物，如植物纤维、木质素等，含有丰富的天然成分，这些成分经过科学合理的加工处理后，能够展现出良好的生物相容性、吸水性、透气性和抗菌性，成为制备创面修复材料的优质原料。例如，纤维素作为一种天然的多糖类物质，在创面修复中具有重要作用，见图7-11。它广泛存在于植物细胞壁中，具有良好的生物相容性，不会引起人体的免疫排斥反应。

这意味着将含有纤维素的材料应用于创面时，人体能够较好地接受，为创面修复提供了安全的基础。同时，纤维素具有良好的生物可降解性，在创面修复过程中，随着组织的逐渐愈合，它能够逐渐被人体代谢分解，无须二次取出，减少了患者的痛苦和感染风险。从细胞生物学角度来看，纤维素能够促进细胞的黏附和增殖。细胞在创面修复过程中需要附着在合适的基质上进行生长和分裂，纤维素的特殊结构为细胞提供了良好的黏附位点，能够引导细胞在创面上有序生长，加速创面的愈合进程。

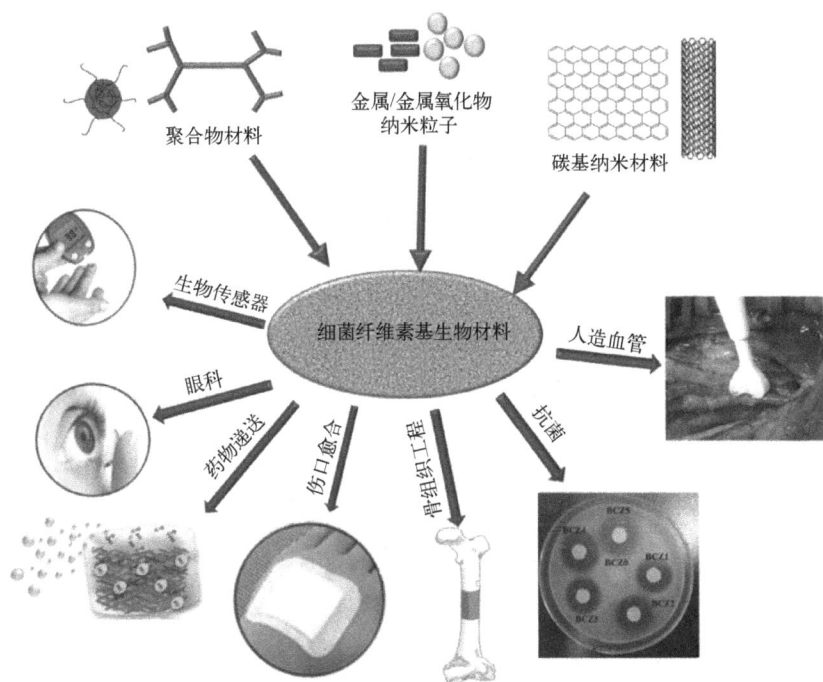

图 7-11　纤维素在医学上的应用

研究人员利用纤维素纳米纤维和壳聚糖制备了一种复合水凝胶创面修复材料。纤维素纳米纤维具有极高的比表面积和良好的亲水性，能够为水凝胶提供丰富的吸水位点，使其具有良好的吸水性和保水性。木葡聚糖和秋葵多糖两种天然植物多糖为水凝胶基质，利用动态硼酸酯键作为交联网络，制备了一种可用于动物皮肤创面修复的全糖水凝胶敷料，并通过体外和体内实验验证了其生物安全性和促进创面修复能力。当应用于创面时，这种复合水凝胶能够快速吸收创面渗出液，保持创面湿润。湿润的创面环境有利于细胞的迁移、增殖和分化，为创面愈合提供了适宜的微环境。同时，壳聚糖的加入赋予了水凝胶强大的抗菌性能。壳聚糖是一种天然的阳离子多糖，其分子结构中的氨基能够与细菌细胞膜表面的阴离子相互作用，破坏细菌细胞膜的完整性，从而达到抗菌的目的。在动物实验中，使用该复合水凝胶处理的创面与使用传统纱布处理的创面形成了鲜明对比。使用复合水凝胶处理的创面愈合速度明显加快，这是因为水凝胶的良好吸水性和保水性为创面细胞提供了充足的水分和营养物质，促进了细胞的代谢和增殖；其抗菌性能有效抑制了创面感染，减少了炎症反应对创面愈合的阻碍。而且，愈合后的瘢痕较小，这得益于水凝胶能够为创面修复提供相对稳定的微环境，减少了瘢痕组织的过度增生，提高了创面修复的质量。

江南大学的科研团队以废弃的棉纤维为原料，通过化学改性和交联反应，制备出了一种具有抗菌和止血性能的创面修复敷料。棉纤维作为一种常见的农林剩余物，来源广泛且成本低廉。在制备过程中，科研人员对棉纤维进行化学改性，使其表面引入特定的功能基团，这些功能基团能够与后续添加的成分更好地结合，同时也改变了棉纤维的表面性质，增强了其与创面的相互作用。交联反应则进一步优化了敷料的结构，使其形成更加稳定的三维网络结构，提高了敷料的力学性能和耐用性。该敷料中引入银纳米粒子是其具备强大抗菌能力的关键。银纳米粒子具有独特的抗菌机制，其极小的粒径使其能够与细菌充分接触，通过释放银离子，与细菌体内的蛋白质、核酸等生物大分子结合，干扰细菌的正常代谢和繁殖过程，从而有效杀灭常见的致病细菌，如金黄色葡萄球菌、大肠杆菌等。同时，敷料中的改性棉纤维能够促进血小板的聚集和凝血因子的激活，实现快速止血。血小板在创面止血过程中起着核心作用，改性棉纤维能够为血小板提供附着位点，加速血小板的聚集，形成血栓，堵塞伤口血管，从而达到止血的目的，通过聚多巴胺涂层修饰和纳米银原位还原对羟乙基纤维素/大豆蛋白质复合海绵进行改性，并系统性评估其生物相容性、抗菌性、促凝血性等性能，期望制备一种新型止血材料用于快速止血和预防感染。凝血因子的激活则进一步促进了血液凝固过程，增强了止血效果。在临床应用中，该敷料表现出了良好的创面修复效果。大量的临床案例表明，使用该敷料能够显著缩短创面愈合时间，减轻患者的痛苦。与传统敷料相比，患者在使用该敷料后，创面感染的发生率明显降低，愈合后的创面质量更好，瘢痕更不明显，为患者的康复提供了有力的支持。

另外，木质素同样具有独特的优势，它具有一定的抗菌性能。研究表明，木质素中的某些化学成分能够抑制细菌的生长和繁殖，其作用机制可能是通过破坏细菌的细胞膜结构、干扰细菌的代谢过程等方式实现的。在创面修复过程中，防止细菌感染是至关重要的环节，木质素的抗菌性能能够有效抑制创面细菌的滋生，减少感染的发生，为创面愈合创造一个相对清洁的环境。

尽管农林剩余物基创面修复材料已经取得了显著的研究成果，但在实际应用和进一步发展中仍面临一些挑战。在材料的性能优化方面，虽然目前的材料在吸水性、抗菌性等方面表现出一定优势，但在促进细胞分化和组织再生方面还有提升空间。例如，对于一些深度创面，如何更有效地引导干细胞分化为特定的组织细胞，促进创面的深度修复和功能重建，是需要深入研究的问题。在材料的安全性评估方面，虽然天然材料的生物相容性较好，但在加工处理过程中可能引入杂质或产生副产物，对人体健康存在潜在风险。因此，需要建立更加完善、严格的安全性评估体系，确保材料在临床应用中的安全性。在大规模生产和质量控制方面，目前的制备工艺还存在一些技术难题，导致生产效率较低，产品质量不稳定。例如，在复合水凝胶的制备过程中，如何精确控制各成分的比例和反应条件，保证每一批产品的性能一致性，是实现大规模生产的关键。

为了推动农林剩余物基创面修复材料的发展和广泛应用，未来的研究可以从以下几个方面深入开展。在材料性能优化研究方面，深入探究材料与细胞、组织之间的相互作用机制，通过调整材料的组成、结构和表面性质，进一步提高其促进细胞分化和组织再生的能力。例如，研究在材料中引入生长因子、细胞外基质成分等生物活性物质，构建更接近天然组织微环境的创面修复材料，促进创面的功能性修复。在安全性评估体系完善方面，加强与生物学、医学等多学科的交叉合作，运用先进的检测技术和方法，全面、深入地评估材料的安全性。不仅要关注材料的急性毒性，还要研究其长期的潜在影响，包括对免疫系统、遗传物质等方面的影响，确保材料在临床应用中的安全性和可靠性。在大规模生产技术研发方面，加大对制备工艺的研究投入，优化生产流程，开发自动化、智能化的生产设备，提高生产效率和产品质量稳定性。同时，建立标准化的生产工艺和质量控制体系，严格规范生产过程中的各个环节，确保产品质量符合临床应用的要求。通过以上多方面的研究和创新，有望进一步提升农林剩余物基创面修复材料的性能和应用价值，为创面修复领域带来更多的突破和发展，造福广大患者。

7.3.2 药物缓释载体

在现代药物治疗领域，药物的精准递送和有效控制释放一直是研究的核心目标之一。药物缓释载体作为一种能够精确调控药物释放速度和释放时间的关键材料，在提高药物疗效、降低药物毒副作用方面发挥着至关重要的作用。传统的药物制剂，无论是口服片剂、胶囊，还是注射剂，在药物释放方面往往存在较大的局限性。以口服药物为例，药物进入胃肠道后，通常会在短时间内快速释放，导致血液中药物浓度迅速上升，随后又快速下降。这种药物浓度的大幅波动，一方面可能使药物在血液中浓度过高，超出安全治疗窗，引发严重的毒副作用；另一方面，当药物浓度低于有效治疗浓度时，又无法持续发挥治疗作用，影响治疗效果。因此，开发能够实现药物稳定、持续释放的载体材料成为药物研发领域的迫切需求。

壳聚糖是一种从甲壳类动物外壳中提取的天然多糖，同时也可从农林剩余物中通过特定的工艺制备得到。它在药物缓释领域展现出巨大的应用潜力，是一种理想的药物缓释载体材料。壳聚糖分子结构中含有丰富的氨基和羟基，这些活性基团赋予了壳聚糖良好的生物相容性、生物可降解性和吸附性。生物相容性使得壳聚糖在体内不会引起免疫排斥反应，能够安全地与人体组织和细胞接触；生物可降解性则保证了在药物释放完成后，壳聚糖载体可以逐渐被人体代谢分解，最终排出体外，避免了长期残留对人体造成潜在危害。壳聚糖可以通过多种物理或化学方法与药物结合，形成纳米粒子、微球、水凝胶等不同形式的药物缓释载体。以制备纳米粒子为例，研究人员通常采用离子交联法。在该方法中，壳聚糖溶液与带负电荷的交联剂（如三聚磷酸钠）在一定条件下混合，通过静电相互作用，壳聚糖分子链发生交联，形成纳米尺寸的粒子。在这个过程中，药物分子可以被包裹在纳米粒子内部。由于壳聚糖的特殊结构和性质，药物在纳米粒子内部处于相对稳定的状态。当纳米粒子进入体内后，随着时间的推移，壳聚糖会在体内酶或生理环境的作用下逐渐降解，从而缓慢释放出包裹的药物。这种缓慢释放的特性能够使药物在体内保持相对稳定的浓度，延长药物的作用时间。此外，研究人员将壳聚糖与抗癌药物阿霉素结合制备成纳米粒子，在癌症治疗领域展现出显著的优势。阿霉素是一种广泛应用于临床的抗癌药物，但由于其在体内分布缺乏特异性，对正常组织和细胞也具有一定的毒性，限制了其临床应用剂量和疗效。而将阿霉素包裹在壳聚糖纳米粒子中，形成的纳米载药体系能够实现药物的靶向递送和缓释。在体内，纳米粒子可以通过肿瘤组织的高通透性和滞留效应（EPR效应）被动靶向到肿瘤部位。同时，壳聚糖纳米粒子表面的氨基可以进行修饰，连接具有肿瘤靶向性的配体，如叶酸、抗体等，实现主动靶向递送，提高药物在肿瘤组织中的浓度。此外，由于壳聚糖的缓释作用，阿霉素能够在肿瘤组织中缓慢释放，持续发挥抗癌作用，增强了抗癌效果。同时，由于减少了药物在正常组织中的分布和暴露，降低了对正常组织的毒副作用，提高了患者的生活质量和治疗依从性。

除壳聚糖外，木质素也被用于制备微球药物缓释载体。木质素是植物细胞壁中的复杂大分子，为植物提供结构支撑与保护。近年来，其在药物递送系统领域的应用潜力受到关注。木质素具备生物可降解性、生物相容性及低毒性，是替代传统药物载体材料的理想选择，可用于开发高性能的新型药物递送系统。在制药行业，药物递送系统对于实现药物精准靶向、减少毒副作用、提升药效具有重要意义。然而，传统药物递送系统存在生物利用度低、药物代谢快、靶向性差等问题。木质素基微球药物缓释载体的出现，为解决这些难题提供了新思路。在制备木质素基微球时，通常采用乳液聚合法、喷雾干燥法等技术。通过调整微球的制备工艺参数，如反应温度、时间、反应物浓度等，可以精确控制微球的粒径、形态和内部结构。同时，选择合适的药物负载方式，如吸附法、共价结合法等，能够实现对药物释放速度的有效调控。

在体外释放实验中，木质素基微球表现出良好的药物缓释性能。研究人员通过模拟人体生理环境，将负载药物的微球置于特定的缓冲溶液中，监测药物的释放情况。结果发现，该微球能够在数天内持续释放药物，且释放曲线较为平稳。这一特性使得药物能够在较长时间内维持有效治疗浓度，避免了药物浓度的剧烈波动。将负载了抗生素的木质素基微球应用于感染性伤口的治疗，展现出良好的治疗效果。在伤口局部，微球能够持续释放抗生素，保持伤口周围较高的药物浓度，有效抑制细菌生长，防止伤口感染，促进伤口愈合。与传统的抗生素给药方式相比，木质素基微球药物缓释载体能够减少给药次数，降低药物的全身副作用，提高治疗的便利性和有效性。

尽管农林剩余物基药物缓释载体取得了一定的研究进展，但目前在实际应用中仍面临一些挑战。在材料的制备工艺方面，虽然已经开发出多种制备方法，但部分工艺仍存在操作复杂、成本较高、重现性差等问题，限制了大规模生产和临床应用。例如，一些纳米粒子的制备过程需要严格控制反应条件，对设备要求较高，且制备过程中可能使用有毒有害的有机溶剂，增加了产品的安全性风险。在药物负载和释放性能方面，虽然能够实现一定程度的药物负载和缓释，但对于一些难溶性药物，其负载效率较低，且在体内复杂的生理环境下，药物释放行为难以精确预测和控制。此外，农林剩余物基药物缓释载体在体内的代谢过程和长期安全性研究还不够深入，需要进一步开展相关的基础研究和临床试验，以确保其在临床应用中的安全性和有效性。

针对以上问题，未来的研究可以从以下几个方面展开。

① 在制备工艺优化方面，深入研究农林剩余物基材料的物理化学性质，开发更加简单、高效、绿色的制备技术。例如，探索采用生物合成法、绿色化学合成法等新型制备方法，减少有机溶剂的使用，降低生产成本，提高制备工艺的重现性和规模化生产能力。

② 在药物负载和释放性能提升方面，通过对载体材料的结构进行设计和改性，提高其对难溶性药物的负载能力。例如，在载体材料表面引入亲水性基团或

构建特殊的纳米通道结构，增加药物的溶解度和负载量。

③ 在安全性和体内代谢研究方面，加强与生物学、医学等多学科的交叉合作，开展系统的体内外研究。通过动物实验和临床试验，深入探究农林剩余物基药物缓释载体在体内的代谢途径、代谢产物以及对机体的长期影响，全面评估其安全性和有效性。建立完善的质量控制标准和评价体系，确保产品质量的稳定性和一致性，为其临床应用提供坚实的理论和实践基础。

通过以上多方面的深入研究和技术创新，有望进一步推动农林剩余物基药物缓释载体的发展和应用，为现代药物治疗提供更加高效、安全、个性化的解决方案，提升人类的健康水平。

7.3.3 组织工程支架

组织工程支架是组织工程领域的关键组成部分，如图 7-12 所示。它为细胞的黏附、增殖和分化提供三维支撑结构，促进组织的修复和再生。理想的组织工程支架需要具备多方面的优良性能。

① 良好的生物相容性　支架材料不会引起机体的免疫排斥反应，能够与周围的组织和细胞和谐共处，为细胞的黏附、生长和分化提供安全的微环境。

② 生物可降解性　随着组织的修复和再生，支架应能逐渐降解并被机体吸收或代谢排出体外，避免在体内长期残留引发潜在的不良影响。

③ 合适的力学性能　支架需要在一定时间内提供足够的力学支撑，以维持组织的正常形态和功能，同时其力学性能应与所修复组织的力学特性相匹配，避免因力学不匹配导致组织修复异常。

④ 合理的孔隙结构　丰富且连通的孔隙能够促进细胞的迁移、营养物质的传递以及代谢产物的排出，为细胞的生长和组织的构建创造有利条件。

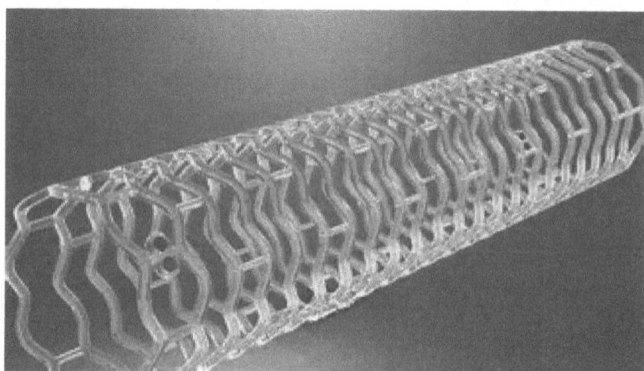

图 7-12　组织工程支架

农林剩余物基组织工程支架凭借其来源广泛、成本低廉、生物活性高等显著优势，在组织工程领域展现出了广阔的应用前景。经过适当处理后，可转化为具有独特性能的组织工程支架材料。纤维素基材料是一种常用的农林剩余物基组织工程支架材料。其分子结构中含有丰富的羟基，这些羟基为材料的化学修饰提供了众多活性位点。通过化学修饰等方法，能够在纤维素分子上引入各种功能基团，从而改善材料的性能，使其更符合组织工程支架的要求。

近年来，由骨折、肿瘤、各种创伤、代谢性骨疾病以及骨结核等引起的骨缺损疾病越来越多。全世界每年要进行 200 多万例的骨移植手术，耗资 150 多万美元的医疗成本。在临床中常用的治疗手法是自体骨移植和同种异体骨移植。但是，自体骨治疗材料来源有限，易引起自身二次创伤和并发症等问题。而同种异体骨移植会引发免疫排斥的问题。所以，寻找一种合成材料来模拟自然骨的成分，用来修复骨缺损疾病，是骨修复材料研究的主要方向。骨组织工程作为骨修复方面的一种新的方法被关注。骨组织工程主要是通过将成骨细胞植入合成的支架材料上，然后在体外培养形成矿化骨的一种方法，见图 7-13。骨组织工程主要包括种子细胞、支架材料和信号因子（骨生长因子、骨诱导因子等）三个基本要素。支架材料是骨组织工程的框架，它的特性直接影响种子细胞的生物特性和生长、迁移、增殖及代谢，因此支架材料是骨组织工程中的一个关键要素。

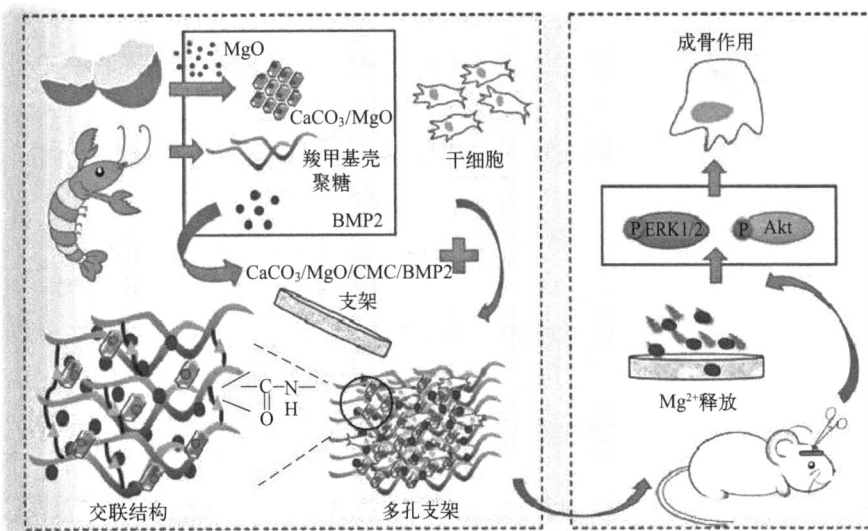

图 7-13　一种新型骨修复纳米材料
BMP2—骨形态发生蛋白 2；ERK1/2—细胞外信号调节激酶 1/2；Akt—蛋白激酶 B

寻找一种合适的支架材料是骨组织工程的重点。天然骨主要是由Ⅰ型胶原和羟基磷灰石构成的复合材料，与天然骨结构成分相似的胶原、壳聚糖、羟基磷灰石、纤维素在骨修复当中作为支架材料受到研究者的关注。纤维素是自然界含量最丰富的天然多糖，而木醋杆菌发酵产的细菌纤维素应用更广泛，其生物相容性良好，兼具力学强度与弹性模量，三维网状结构还与骨细胞外基质类似，为细胞黏附生长提供优良支架。但细菌纤维素致密结构制约细胞浸润，需改性优化（如氧化改性可疏松结构，却会劣化力学性能）。羟基磷灰石是生物骨的主要无机成分，具有良好的生物性和骨传导性，但也具有力学性能差的缺点。温州医科大学的研究团队先对细菌纤维素进行氧化改性，来改善其致密的空间结构和降解性。然后采用原位复合法、物理混合法及生物矿化法制了改性细菌纤维素／羟基磷灰石复合多孔支架材料。通过采用 FESEM、EDX、XRD、FTIR，对支架材料进行表征分析，通过力学性能测试及相对密度比较支架材料的特性，并通过体外实验来评估支架材料的生物相容性。结果发现原位复合法、物理混合法及生物矿化法都可以成功地将羟基磷灰石复合在改性细菌纤维素的纳米纤维上，但是复合的机理各不相同。原位复合法中羟基磷灰石纳米颗粒是以螯合键的方式与氧化细菌纤维素纳米纤维上的羧基联合，而物理混合和生物矿化法中羟基磷灰石纳米颗粒是采用静电吸附的方式复合在氧化细菌纤维素纤维上。复合后产物的微观结构和力学性能也有很大的差异，采用原位复合法制备的支架强度最低，而用生物矿化复合的支架强度最高。体外实验显示细胞生长良好，成骨细胞在改性细菌纤维素／羟基磷灰石复合支架材料表面均有不同程度的黏附和增殖，对细胞的形态没有影响，说明支架材料具有良好的细胞相容性和表面活性，基体提供的三维立体式空间结构为细胞提供了相对稳定的微环境，有利于成骨细胞的生长和繁殖。因此原位复合法、物理混合法和生物矿化法合成的改性细菌纤维素／羟基磷灰石复合支架材料的基本特性能满足骨组织工程修复的需求，是一种有前景的骨修复材料。

采用 3D 打印技术制备的纤维素／羟基磷灰石复合支架，孔隙率可控在 70%～85% 之间，压缩模量达 120MPa，接近天然骨组织。体外细胞实验表明，人骨髓间充质干细胞在支架上的增殖速率提高 2.3 倍，碱性磷酸酶活性增加 40%。在兔股骨缺损模型中，植入 6 周后新骨生成量达对照组 3 倍。组织工程作为一门新兴的交叉学科，融合了生命科学与工程学的原理和技术，旨在构建组织工程支架，为细胞的生长、增殖和分化提供三维空间，从而促进组织和器官的修复与再生。这一领域的研究对于解决临床上组织和器官缺损修复的难题具有重要意义，有望为众多患者带来新的治疗希望。而组织工程支架作为组织工程的核心要素之一，其性能直接关系到组织工程治疗的效果，因此备受关注。

　　静电纺丝技术也是制备纤维素纳米纤维支架的一种常用且有效的方法。在静电纺丝过程中，将含有纤维素的溶液或熔体置于高压电场中，在电场力的作用下，溶液或熔体被拉伸形成极细的纤维，并在接收装置上沉积，最终形成具有高孔隙率、大比表面积和良好力学性能的纤维素纳米纤维支架。电纺纳米纤维支架能最大程度仿生细胞外基质的组分和结构。纳米纤维支架具有较高的比表面积和孔隙率，比传统支架更利于细胞在支架上的黏附、迁移、生长及分化。静电纺丝技术制备聚乙烯醇/明胶纳米纤维支架，这种支架的高孔隙率能够为细胞提供充足的生长空间，使细胞可以在支架内部自由迁移和分布；大比表面积则增加了细胞与支架的接触面积，有利于细胞的黏附和营养物质的交换；而良好的力学性能则能够保证支架在组织修复过程中为细胞提供稳定的力学支撑。

　　此外，研究人员将骨髓间充质干细胞接种到纤维素纳米纤维支架上，进行体外培养实验。结果发现，细胞能够在支架上良好地黏附、增殖和分化。骨髓间充质干细胞具有多向分化潜能，在合适的微环境下可以分化为多种细胞类型，如成骨细胞、软骨细胞等。在纤维素纳米纤维支架提供的微环境中，细胞能够表达成骨相关基因，这为骨组织工程的应用提供了重要的基础。在骨组织修复过程中，支架不仅为细胞提供了附着和生长的场所，还能通过其孔隙结构引导细胞的定向迁移和组织的有序生长，促进新骨组织的形成和重建。

　　尽管农林剩余物基组织工程支架取得了一定的研究成果，但目前仍面临一些挑战。

　　① 在材料性能方面，虽然这些支架在生物相容性和生物活性方面表现出一定的优势，但在力学性能和降解速率的精确调控上还存在不足。例如，在一些对力学性能要求较高的组织修复应用中，如承重骨的修复，现有的支架可能无法提供足够的力学强度，导致支架在使用过程中容易变形或断裂。此外，支架的降解速率与组织再生速度之间的匹配问题也尚未得到很好的解决，如果支架降解过快，可能无法为组织修复提供足够的支撑；而降解过慢，则可能影响组织的正常生长和重塑。

　　② 在制备工艺方面，目前的制备方法还存在一些技术难题，限制了支架的大规模生产和临床应用。例如，静电纺丝技术虽然能够制备出性能优良的纤维素纳米纤维支架，但该技术存在生产效率低、成本高的问题，难以满足临床对大量支架的需求。冷冻干燥法在制备木质素-丝素蛋白支架时，对设备和工艺条件要求较高，且制备过程中可能会出现支架结构不均匀等问题，影响产品质量的稳定性。

③ 在临床转化方面，从实验室研究到临床应用还存在较大的差距。目前，大多数农林剩余物基组织工程支架的研究还处于动物实验阶段，缺乏充分的临床前和临床试验数据支持。在临床应用中，还需要考虑支架的安全性、有效性、免疫原性以及与现有临床治疗方法的兼容性等诸多问题。

针对以上问题，未来的研究可以从以下几个方面深入开展。

① 在材料性能优化方面，深入研究农林剩余物基材料的结构与性能关系，通过材料复合、表面改性等技术手段，进一步提高支架的机械性能和降解速率的可控性。例如，可以将纤维素与其他具有高强度的材料复合，制备出具有更高力学强度的支架；通过对木质素和丝素蛋白的化学修饰，精确调控支架的降解速率，使其与组织再生速度更好地匹配。

② 在制备工艺改进方面，研发更加高效、低成本、可规模化生产的制备技术。例如，探索新型的纺丝技术或改进冷冻干燥设备和工艺，提高生产效率，降低生产成本，同时保证支架质量的稳定性和一致性。此外，还可以结合 3D 打印等先进制造技术，实现支架的个性化定制，满足不同患者和组织修复的特殊需求。

③ 在临床转化研究方面，加强与医学、生物学等多学科的合作，开展系统的临床前和临床试验研究。深入评估支架在体内的生物学行为、安全性和有效性，建立完善的质量控制标准和评价体系。同时，积极探索与现有临床治疗方法的联合应用，提高组织工程支架的临床应用效果，加速其从实验室到临床的转化进程。

参 考 文 献

[1] 初洺旭 . 废弃木耳菌糠的资源化利用研究 [D]. 长春：吉林农业大学，2019.

[2] 陈慕婷，刘佳琪，毕明舜，等 . 生物质基锂电池隔膜材料研究进展 [J]. 造纸科学与技术，2023，42（06）：1-11+32.

[3] 伍翠霞 . 蚕沙生物质碳基复合材料用于锂硫电池隔膜修饰层的研究 [D]. 武汉：华中农业大学，2022.

[4] 姜贺龙 . 生物质凝胶锂硫电池隔膜修饰材料制备及储能性能研究 [D]. 大连理工大学，2022.

[5] Banu J R, Kavitha S, Kannah R Y, et al. A review on biopolymer production via lignin valoriza-tion[J]. Bioresource Technology, 2019, 290：121790.

[6] Rinaldi R, Jastrzebski R, Clough M T, et al. Paving the way for lignin valorisation： recent ad-vances in bioengineering, biorefining and catalysis[J]. Angewandte Chemie-International Edition, 2016, 55（29）：8164-8215.

[7] 李锦兴 . 木质素的光热转换效应及其在光热功能弹性体的应用研究 [D]. 广州：华南理工大学，

2022.

[8] 党奔，陈志俊．木基光热转换功能材料的应用研究进展［J］．材料导报，2025，39（01）：55-67.

[9] Karimi-Nazarabad，Mahdi，Goharshadi，Elaheh K.Mehrkhah，Roya，et al.Highly efficient clean water production：Reduced graphene oxide/graphitic carbon nitride/wood［J］.SEPARATION AND PURIFICATION TECHNOLOGY，2021，279，119788-119788.

[10] Yang Y，Liu C，Zhao M，et al.Highly Efficient Solar Steam Generation under Low Solar Flux via Carbon-Nanotube-Modified Sugarcane［J］.Energy Technology，2021.DOI：10.1002/ente.202100588.

[11] Zhang C，Xiao P，Ni F，et al.Converting Pomelo Peel into Eco-Friendly and Low-Consumption Photothermal Biomass Sponge Towards Multifunctional Solar-to-Heat Conversion［J］.ACS Sustainable Chemistry & Engineering，2020，8（13）：5328-5337.

[12] 张美云，聂景怡，刘馨茗等．高分子科学视角下"以纸代塑"面临的挑战及应对策略［J］．中国造纸，2023，42（7）：102-117.

[13] Zhang M Y，Nie J Y，Liu X M，et al. Challenges and counter- measures of replacing plastic with paper：from the perspective of polymer science［J］. China Pulp & Paper，2023，42（7）：102-117.

[14] Wang M，Tang X H，Cai J H，et al. Construction，mechanism and prospective of conductive polymer composites with multiple interfaces for electromagnetic interference shielding：a review［J］. Carbon，2021，177：377-402.

[15] 董云渊，陈晓彬，金晨，等．MSPE-GC/MS 在造纸废水苯系污染物检测中的应用研究［J］．中国造纸学报，2020，35（2）：64-68.

[16] 徐升．苎麻麻骨吸附重金属机理及吸附材料的制备［D］．南昌大学，2016.

[17] 王瑀．纤维素基重金属离子吸附剂的制备及性能研究［D］．北京：中国林业科学研究院，2008.

[18] 朱洪志．文冠果加工剩余物活性炭的制备及对 VOC 吸附性能研究［D］．呼和浩特：内蒙古农业大学，2014.

[19] 朱青美，张妍婧，付慧莉，等．木质素/聚氨酯复合膜的制备与表征［J］．武汉工程大学学报，2022，44（4）：403-407.

[20] 沈鑫，刘雪，宿烽，等．完全可降解聚乳酸及其共聚物的生物相容性：研究、应用与未来［J］．中国组织工程研究，2018，22（14）.

[21] Gao Y X，Wang L F，Ba T，et al.Research advances of natural biomaterials in promoting wound repair［J］. Chinese Journal of Burns|Chin J Burns，2023，39（5）.

[22] 王晴，杨宏珊，李欣然，等．静电纺天然生物材料纳米纤维的制备及创面修复应用［J］．纺织科学研究，2024，（11）：30-35.

[23] 刘宇．基于木葡聚糖和秋葵多糖可注射水凝胶的制备及其创面修复应用［D］．广西大学，2024.

[24] 杨心迪.大豆蛋白质抗菌止血海绵的制备、评价及其应用研究[D].武汉大学，2023.

[25] 于丁一.环境响应性木质素基水凝胶药物载体的制备和性能研究[D].郑州：河南中医药大学，2023.

[26] 南方.改性细菌纤维素/羟基磷灰石复合多孔支架的制备及表征[D].温州医科大学，2016.

[27] 贺云飞，王爽，马俊，等.P38/AKT通路调控骨髓间充质干细胞在不同空间结构纳米纤维环支架中的定向分化[J].中国组织工程研究，2020，24（10）：1540-1546.

第 **8** 章

农林剩余高值化利用的
未来发展方向

8.1 材料技术现状与发展瓶颈

农林剩余物（图 8-1）是农林生产以及农林产品加工过程中产生的一类废弃物，据统计，我国每年仅农作物秸秆和林业采伐加工剩余物超过了 18 亿吨，农林可收集总量大约在 10 亿吨以上，生物质资源丰富。但大部分农林剩余物留在田间被自然分解、露天焚烧、制炭，不仅效率低，而且会导致温室气体排放等环境污染严重和空气质量恶化等问题。因此，近年来除了饲料化、肥料化和基质化等传统的循环利用的资源化方式以外，还产生了新的资源化利用途径，包括材料化、能源化和生态化等。

8.1.1 技术进展

农林剩余物的数量正在迅速增加，导致许多环境和治理问题。因此，将农林剩余物回收利用并增值应用越来越受到关注。近些年农林剩余物利用和衍生功能材料的研究进展主要包括以下两个方面，如图 8-2 所示。

① 通过各种方法从农林剩余物中提取纤维素、木质素、蛋白质和果胶等天然聚合物，以期进一步应用于食品、农业和医药等领域；在提取方法上，有机溶剂法、机械、化学和生物处理相结合、压力或超声波结合等新方法，这些方法相比传统方法更高效、环保，并且提高了提取产物的产率和纯度、简化提取过程且增强了提取物的功能特性。

② 以简单且成本效益高的方式直接将农林剩余物进行再利用，或者直接将其转化为具有大表面积、多孔结构、良好的化学稳定性、优异的性能以及再生能力的碳材料，通过各种方法，预处理以及纳米颗粒的掺入来提高碳基材料的功能

性，并应用于吸附、催化、储能电极和功能复合材料等方面。

(a) 落叶   (b) 木屑

(c) 果壳   (d) 秸秆

图 8-1 农林剩余物实例

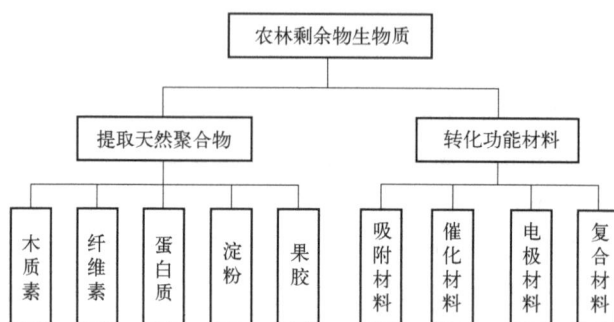

图 8-2 农林剩余物材料技术现状

8.1.2 主要挑战

尽管我国农林剩余物应用研究取得了一定进展，但还处于较为基础的水平，仍面临诸多挑战。目前我国生物质开发存在三方面问题：

① 资源属性认识弱。对于农林剩余物的资源、环境、民生、零碳等价值属性认识不深刻，往往将其视为无用的废弃物，甚至随意丢弃，导致资源浪费和环境污染。

② 政策落实不到位，难以实现规模化生产。剩余物收集没有规模化，也就难以实现现代化、集约化收集，加之原料价格波动大，缺乏信用管理制度，人为随意调整原料（剩余物）价格以及缺少价格干预措施等因素，大大增加了资源化利用企业的运营风险。

③ 技术水平低，缺少系统行业标准。我国在农林剩余物资源化利用方面存在技术瓶颈，如生物质复合材料技术不成熟，热解生物炭技术经济性待提高等。同时，我国尚未建立完善的系统行业标准体系，未对资源化利用过程中的技术水平、经济性、能源消耗、环境影响等作相应规定，导致利用不规范。

8.2 高值化应用的趋势与前景

我国是一个农业大国，每年产生的农林剩余物也是全世界最多的国家，如何高值化利用农林剩余物有着十分重要的意义。低值高效利用技术相对成熟，成本低，但利用率低，存在环境污染风险；而高值化利用技术的利用率高，环境污染小，生态环境效益显著，但是技术还不够成熟，成本较高，高值化利用产业还不具备竞争优势。从农林的循环可持续发展来看，随着人们环保意识的增强，加上技术的不断成熟和生产成本的降低，农业剩余物资源化利用必将朝着高值化利用方向发展。

8.2.1 新兴应用领域

（1）制备绿氢

氢能被视为 21 世纪的清洁能源，具有来源广泛、低碳、零污染等特性，广泛应用于能源、工业、交通和建筑等领域，是当今世界主要经济体竞相争夺的未来战略性新兴产业。大力发展农林废弃物制备绿氢是优化国家能源结构、保证能源供应安全的重要支撑，也是实现碳中和的重要途径。当前，生物质制氢途径主要分为两大类：热化学法制氢和生物法制氢，如图 8-3 所示。热化学法制氢是指通过热化学处理，将生物质转化成富氢可燃气后通过分离提纯得到氢气的方法。该方法可由生物质原料直接制氢，也可由生物质解聚的中间产物（如甲醇、乙醇）制氢。生物法制氢技术是指利用微生物代谢将生物质中水分子与有机底物降解转化为氢气。

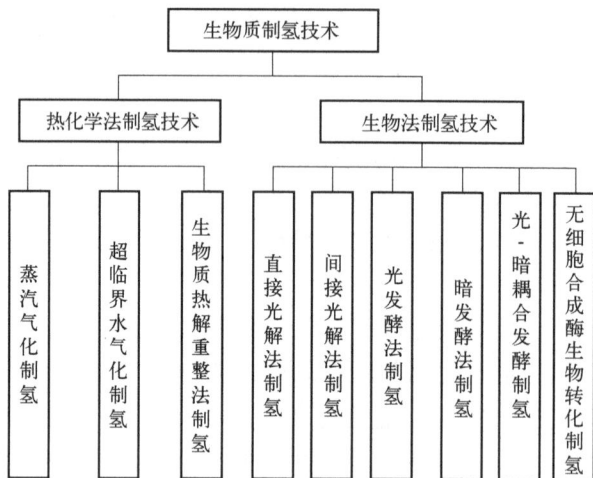

图 8-3　生物质制氢技术

（2）生物质热解多联产

生物质热解多联产依托生物质中低温慢速热解技术，通过热解气净化提质和联产技术集成，可生产清洁燃气、生物炭、热解油、醋液、电力和热水等多种产品。热解气清洁、可再生，是农村地区散煤替代的重要能源。生物炭可改良土壤、培肥地力，也可经混配成型加工高品质能源产品。热解多联产是农林剩余物综合利用的重要途径之一，能够进一步提升农林废弃物资源开发利用综合效益，具有良好的推广应用前景。

（3）可持续航空燃料

可持续航空燃料（SAK）是一种可直接使用的液体燃料替代品，与传统航空燃料相比，最高可减少 85% 的碳排放量。目前，SAF 以农林剩余物、废弃食用油脂和城市固体废弃物等资源为原料进行生产。SAF 主要有四种主流生产技术路线，其中油脂加氢（HEFA）主要以废弃油脂或油料植物为原材料，气化-费托合成主要以农林剩余物、城市固体废弃物、种植的纤维素能源作物等为原材料，醇制油主要以农林剩余物、玉米、甘蔗等可转化为醇类物质的生物质为原料，合成燃料技术主要以二氧化碳和绿氢为原料。

8.2.2　技术创新方向

中国农林剩余物高值化利用产业在几十年发展的基础上，已迈入质量和效益持续提升的发展新阶段，在技术创新发展方面正在实现"少数跟跑，总体并跑，局部领跑"的历史性转变，呈现出许多新特征、新趋势、新需求。

（1）生物质资源高值化利用的基础研究与创新

现代农林剩余物加工技术应更加重视面向绿色化、功能化、高效化和高值化产品创制的理论和方法的原创性研究。重点完善生物质热化学转化过程的热裂解调控机制、反应过程的变化规律等基础理论与方法，揭示生物质能源、生物基材料与化学品高值化利用过程中的反应机理和变化规律；不断创新生物合成、生物转化与生物炼制、催化合成、分子设计以及超微结构解译、功能化转化机理等科学理论。

（2）生物质资源的全质利用技术与工程化创新

资源高效高值化利用和绿色低碳生产过程已经成为农林产化学工业高质量发展的必然趋势。围绕秸秆等生物质资源，进一步研发生物质资源高效预处理及综合利用、低能耗清洁高效制浆、活性炭绿色生产与再生利用、植物活性成分绿色提取、化学品减量、污染物无害化处理等规模化清洁生产技术；突破农林剩余物生物质液化定向调控、高品质液化油与热化学转化关键技术，木质纤维原料绿色改性及功能化等核心技术，为产业高质量发展提供技术支撑。

（3）生物基功能材料与化学品在新兴产业中的应用与创新

新材料是颠覆性技术出现的先导与基础，新材料的持续创新成就了基础产业的深刻变革。重点开发可回收利用生物基材料、先进生物基功能材料、生物基电子化学品、功能生物基精细化学品、低成本的生物可降解塑料等新产品和新技术，推动农林生物基材料与化学品的学科研究向储能材料、高性能纤维及复合材料、生物医用等新型功能材料，增材制造等前沿材料，形状记忆等智能与仿生材料，以及大宗生物基工业材料等相关领域拓展。

8.3 政策支持与产业协同

目前，我国农林剩余物资源化利用还处于发展阶段，存在技术不成熟、产业规划不明确等问题。农林剩余物及其适宜的转化利用工艺也未达成清晰的共识，不同工艺适用的原料、应用场景及优化的利用途径也需要深入研究探索。为推动农林剩余物材料高值化利用的发展，需要政府、企业、科研机构等多方共同努力，加强政策支持和产业协同发展。

8.3.1 政策支持

（1）经济政策和规划文件

2020年9月，习近平总书记向国际社会做出二氧化碳排放"3060"郑重承诺,"碳达峰、碳中和"正式纳入经济社会发展和生态文明建设整体布局,明确了我国经济社会发展全面绿色转型的战略方向和目标要求。在近几年国家发布的有关林草、"双碳"、能源、乡村振兴、生态环境、经济发展、财税等领域和方面的政策文件中都涉及生物质产业,如表8-1所示。

表8-1 经济政策和规划文件

发布时间	发布部门	文件名称	相关内容
2021.2.2	国务院	《国务院关于加快建立健全绿色低碳循环发展经济体系的指导意见》	增加农村清洁能源供应,推动农村发展生物质能。在北方地区县城积极发展清洁热电联产集中供暖,稳步推进生物质耦合供热
2021.7.1	国家发展改革委	《"十四五"循环经济发展规划》	推动农作物秸秆、畜禽粪污、林业废弃物、农产品加工副产物等农林废弃物高效利用。加强农作物秸秆综合利用,坚持农用优先,加大秸秆还田力度,发挥耕地保育功能,鼓励秸秆离田产业化利用,开发新材料新产品,提高秸秆饲料、燃料、原料等附加值
2021.12.20	国家发展改革委	《"十四五"生物经济发展规划》	生物环保领域。推广应用生物可降解材料制品,重点在日用制品、农业地膜、包装材料、纺织材料等领域应用示范,推动降低生产成本和提升产品性能,积极开拓生物材料制品市场
2024.3.17	国家发展改革委	《节能降碳中央预算内投资专项管理办法》	支持以农林剩余物资源化利用为主的农业循环经济项目。支持可降解塑料、可循环快递包装、"以竹代塑"产品生产、废塑料回收利用。支持生物质能源化利用
2024.12.26	农业农村部	《农业农村部关于加快农业发展全面绿色转型促进乡村生态振兴的指导意见》	强化秸秆收集、储运、加工、利用等全产业链开发,发展成型燃料、食用菌基质、人造板材等产业,培育一批秸秆收储和利用主体。加快推进秸秆饲料化利用,鼓励专业化生产服务组织收储加工生产饲料产品,提升饲用价值和利用率

(2)税收优惠

2021年12月30日,财政部和税务总局印发《关于完善资源综合利用增值税政策的公告》(财政部 税务总局公告2021年第40号),以推动资源综合利用行业持续健康发展。《公告》中第三条指出:增值税一般纳税人销售自产的资源综合利用产品和提供资源综合利用劳务,可享受增值税即征即退政策,具体政策如表8-2所示。

表 8-2　促进农业资源综合利用税费优惠

税费优惠	享受主体	优惠内容
增值税即征即退 100%	以部分农林剩余物等为原料生产生物质压块、生物质破碎料、生物天然气、热解燃气、沼气、生物油、电力、热力的纳税人	销售自产的以厨余垃圾、畜禽粪污、稻壳、花生壳、玉米芯、油茶壳、棉籽壳、三剩物、次小薪材、农作物秸秆、蔗渣，以及利用上述资源发酵产生的沼气为原料，生产的生物质压块、生物质破碎料、生物天然气、热解燃气、沼气、生物油、电力、热力
增值税即征即退 90%	以部分农林剩余物等为原料生产纤维板等资源综合利用产品的纳税人	销售自产的以三剩物、次小薪材、农作物秸秆、沙柳、玉米芯为原料，生产的纤维板、刨花板、细木工板、生物炭、活性炭、栲胶、水解酒精、纤维素、木质素、木糖、阿拉伯糖、糠醛、箱板纸
增值税即征即退 70%	以废弃动植物油为原料生产生物柴油和工业级混合油的纳税人	销售自产的以废弃动物油和植物油为原料生产的生物柴油、工业级混合油
增值税即征即退 50%	以农作物秸秆为原料生产纸浆、秸秆浆和纸的纳税人	销售自产的以农作物秸秆为原料生产的纸浆、秸秆浆和纸
取得的收入减按 90% 计入收入总额	以农作物秸秆及壳皮等为原料生产纤维板等产品的纳税人	企业以农作物秸秆及壳皮、林业三剩物、次小薪材、蔗渣、糠醛渣⋯⋯农产品加工有机废弃物为主要原材料，生产的纤维板⋯⋯秸秆浆、纸制品

8.3.2　产业合作模式

我国在农林剩余物利用方面经过多年的发展，已形成多种产业合作模式，以下是一些常见的农林剩余物产业合作模式。

（1）肥料化 - 种养模式

肥料化-农业模式是指农业初级生产部门生产的生物质剩余物被次级肥料加工部门有偿回收，肥料加工企业通过堆肥、除臭、造粒等技术将生物质剩余物转化为肥料产品，肥料产品最终又流通至种植业。该模式简单高效，其产品还具有改善土壤理化性质，减少化肥施用量，增加土壤肥力，减轻土传病害，提高微生物活性的作用。

（2）饲料化 - 畜牧模式

饲料化-畜牧模式是指农业初级生产部门生产的秸秆或畜禽粪便被饲料加工部门有偿回收，而饲料加工企业通过青贮、微贮、揉搓、压块和膨化技术等将生物质剩余物转化为饲料产品，饲料产品最终由养殖企业消费，养殖企业生产的生物质剩余物又流回初级生产部门，实现物质和能量的循环利用。

（3）燃料化-发电模式

燃料化-发电模式是指农业初级生产部门生产的秸秆被次级秸秆打包企业有偿回收，秸秆打包企业通过挤压、打包、捆绑等技术将生物质剩余物转化为固体燃料，固体燃料由生物质燃料厂统一进行燃烧发电或供暖。此模式解决了秸秆露天堆放和闲置的安全隐患问题，并为当地供电和冬天集中供暖提供了原材料，实现了秸秆及农林剩余物兑换收入的业务，同时也大大减少了烟气的产生，保护了环境，成功实现了"一举四得"的效果。

（4）基质化-设施农业模式

基质化-设施农业模式是指农业初级生产部门生产的秸秆被次级企业有偿回收后，通过粉碎、造粒、压块等技术将生物质剩余物转化为可用基质，最终被设施农业用于育苗、定植蔬菜或栽培食用菌等。目前，我国注重基质栽培技术的研发与推广。

（5）材料化-产品模式

材料化-产品模式是指农业初级生产部门生产的秸秆或畜禽粪便被次级企业有偿回收后，通过相关技术开发为有价值的材料，最后供应给有相关需求的单位或企业。目前生物质剩余物开发的材料产品主要有生物炭、纸张、人造纤维、轻质建筑板材、生物可降解塑料等。其中关于生物炭的研究发现，其可以修复土壤污染，保持肥力及促进作物生长发育等。

总之，农林剩余物材料高值化利用是实现资源循环利用、促进可持续发展的重要途径。通过加强政策支持和产业协同发展，突破技术瓶颈，拓展应用领域，农林剩余物材料将迎来更加广阔的发展前景，为经济社会的可持续发展做出更大贡献。

参 考 文 献

[1] 林彦萍，任源，王晓娥，等.农业生物质废弃物转化功能材料的研究进展 [J].环境科学，2024，45（07）：4332-4351.

[2] 徐漓，吴玉锋，张元甲，等."双碳"目标背景下广东农林废弃物综合利用技术进展 [J].化工进展，2023，42（11）：5648-5660.

[3] 丛宏斌，赵立欣，孟海波，等.农林废弃物高效循环利用模式与效益分析 [J].农业工程学报，2019，35（10）：199-204.

[4] 蒋剑春.现代林产化学加工技术的现状与发展趋势 [J].林产化学与工业，2024，44（05）：1-18.